Roland Kiefer u. a.

Digitale Übertragung in SDH- und PDH-Netzen

Digitale Übertragung in SDH- und PDH-Netzen

Grundlagen – Systemtechnik – Meßaufgaben

Prof. Dipl.-Ing. Roland Kiefer

Dipl.-Ing. Heiko Bonn
Prof. Dr. Harald Melcher
Dipl.-Ing. Michael Müller
Dipl.-Ing. Siegfried Schmoll

5. Auflage

Mit 213 Bildern, 5 Tabellen und 34 Literaturstellen

Kontakt & Studium
Band 466

Herausgeber:
Prof. Dr.-Ing. Wilfried J. Bartz
Technische Akademie Esslingen
Weiterbildungszentrum
DI Elmar Wippler
expert verlag

Die Deutsche Bibliothek – CIP-Einheitsaufnahme

Digitale Übertragung in SDH- und PDH-Netzen : Grundlagen – Systemtechnik – Meßaufgaben / Roland Kiefer ... – 5. Aufl. – Renningen-Malmsheim : expert-Verl., 2001
(Kontakt & Studium ; Bd. 466)
ISBN 3-8169-1592-2

ISBN 3-8169-1592-2

5. Auflage 2001
4. Auflage 1999
3., völlig neubearbeitete Auflage 1998
2., verbesserte Auflage 1996
1. Auflage 1996

Bei der Erstellung des Buches wurde mit großer Sorgfalt vorgegangen; trotzdem können Fehler nicht vollständig ausgeschlossen werden. Verlag und Autoren können für fehlerhafte Angaben und deren Folgen weder eine juristische Verantwortung noch irgendeine Haftung übernehmen.
Für Verbesserungsvorschläge und Hinweise auf Fehler sind Verlag und Autoren dankbar.

Herausgeber-Vorwort

Bei der Bewältigung der Zukunftsaufgaben kommt der beruflichen Weiterbildung eine Schlüsselstellung zu. Im Zuge des technischen Fortschritts und der Konkurrenzfähigkeit müssen wir nicht nur ständig neue Erkenntnisse aufnehmen, sondern Anregungen auch schneller als der Wettbewerber zu marktfähigen Produkten entwickeln. Erstausbildung oder Studium genügen nicht mehr – lebenslanges Lernen ist gefordert!

Berufliche und persönliche Weiterbildung ist eine Investition in die Zukunft.
- Sie dient dazu, Fachkenntnisse zu erweitern und auf den neuesten Stand zu bringen
- sie entwickelt die Fähigkeit, wissenschaftliche Ergebnisse in praktische Problemlösungen umzusetzen
- sie fördert die Persönlichkeitsentwicklung und die Teamfähigkeit.

Diese Ziele lassen sich am besten durch die Teilnahme an Lehrgängen und durch das Studium geeigneter Fachbücher erreichen.

Die Fachbuchreihe Kontakt & Studium wird in Zusammenarbeit des expert verlages mit der Technischen Akademie Esslingen herausgegeben.

Mit ca. 500 Themenbänden, verfaßt von über 2.000 Experten, erfüllt sie nicht nur eine lehrgangsbegleitende Funktion. Ihre eigenständige Bedeutung als eines der kompetentesten und umfangreichsten deutschsprachigen technischen Nachschlagewerke für Studium und Praxis wird von den Rezensenten und der großen Leserschaft gleichermaßen bestätigt. Herausgeber und Verlag würden sich über weitere kritisch-konstruktive Anregungen aus dem Leserkreis freuen.

Möge dieser Themenband vielen Interessenten helfen und nützen.

Prof. Dr.-Ing. Wilfried J. Bartz

Dipl.-Ing. Elmar Wippler

Vorwort zur dritten Auflage

Dieses Buch befasst sich mit den Übertragungsnetzen als Rückgrat moderner Telekommunikation.
Neue Netzbetreiber und City-Carrier formieren sich, deren Netze auf der Synchronen Digitalen Hierarchie SDH basieren. Etablierte Netzbetreiber implementieren die SDH schrittweise in ihre bewährten plesiochronen Netze. ATM-Installationen werden in den Regelbetrieb überführt. Vernetzung, hohe Flexibilität, die Übertragung von Sprach-, Bild- und Datendiensten stehen dabei im Vordergrund. An der Schwelle zu dieser Revolution ändert sich die Übertragungstechnik.
Das vorliegende Buch bietet einen gut verständlichen Überblick über die neuen und etablierten Übertragungsverfahren und Systeme der Weitverkehrstechnik. Praktische Belange stehen immer im Vordergrund. Neben den Grundlagen der PDH-und SDH-Übertragung vermittelt das Buch einen Einblick in Meßverfahren und gibt damit dem Techniker und Ingenieur auch einen Leitfaden zur Lösung konkreter Übertragungsprobleme zur Hand.

Nur zwei Jahre nach Erscheinen der ersten Auflage liegt nun die dritte Auflage vor. Alle Kapitel wurden neu überarbeitet und den aktuellen Entwicklungen angepasst. Das Kapitel über „Plesiochrone Systemtechnik“ wurde deutlich gestrafft, ein Kapitel über „Synchrone Netze und Netzsynchronisation“ neu aufgenommen. Da der Richtfunk im Zuge der europaweiten Liberalisierung der Telekommunikation eine Renaissance erlebt, wurde dieses Kapitel deutlich erweitert. Das Kapitel über Meßverfahren wird insbesondere die Praktiker ansprechen.

Mein besonderer Dank gilt den Mitautoren dieses Bandes, die ihr Spezialwissen gut verständlich und didaktisch geschickt aufbereitet haben.

Tübingen, im November 1997 Roland Kiefer

Inhaltsverzeichnis

Einführung – Telekommunikation im Wandel

R. Kiefer

Im Informationszeitalter der neunziger Jahre des ausklingenden Jahrhunderts gewinnt die Telekommunikation eine zentrale Bedeutung. Anstelle der heutigen Kommunikationsformen tritt die Multimedia-Kommunikation, d.h. die gleichzeitige Übertragung von Sprache, Daten und Bildern. Einer der Schlüsselfaktoren nicht nur der wirtschaftlichen Entwicklung besteht darin, große Informationsmengen in kürzester Zeit am richtigen Ort verfügbar zu haben.
Voraussetzung dazu sind leistungsfähige Kommunikationsnetze, flexibel in der Bandbreitenzuordnung und optimiert auf die zu übertragende Dienstevielfalt, die von der Bewegtbildübertragung bis hin zur Vernetzung firmeninterner Netze über große Entfernungen („verteilte Fabriken“) reicht.
Der Kunde eines Netzbetreiber steht im Vordergrund. Auf seine Kommunikationsbedürfnisse wird reagiert, neue Bedürfnisse werden erzeugt.
An die Stelle des einstigen Massenkunden mit relativ gleichartigem Kommunikationsbedarf tritt nach und nach der Kunde, der maßgeschneiderte flexible und intelligente Lösungen für seinen Kommunikationsbearf fordert. Megabit als Ware der Zukunft.
Die Zukunft wird gekennzeichnet sein von einem stark ansteigenden Bedarf an Datenverkehr, von wachsenden Bitraten im Teilnehmeranschlußbereich und der Zunahme interkontinentalen Nachrichtenverkehrs. Die Welt als Dorf – zumindest aus Sicht der Kommunikationsnetze.
Auch im Teilnehmeranschlußbereich werden sich revolutionäre Veränderungen vollziehen. Glasfaser bis zum Teilnehmer (FTTH, Fibre to the home) und „video on demand“ seien nur als Schlagworte genannt.
Die Liberalisierung in der Telekommunikation bringt Chancen für neue private Netzbetreiber.

Gegenstand dieses Buches sind die im Hintergrund arbeitenden Netze zur Weitverkehrsübertragung als technische Voraussetzung beschriebener Entwicklungen.
Kapitel 1 und 4 erläutern die Funktionsprinzipien der Plesiochronen und Synchronen Digitalen Hierarchien (PDH, SDH). Auch der Asynchrone Transfer Modus ATM als Basis des kommenden Breitband- ISDN wird dabei berücksichtigt. Kapitel 2 und 3 beschreiben die praktische Realisierung von Systemen und führen in die Richtfunk-Übertragung ein. Kapitel 5 und 6 stellen die wichtigsten Meßverfahren zur Sicherstellung hochwertiger Übertragungsqualität vor.

1 Die Plesiochrone Digitale Hierarchie PDH

R. Kiefer

1.1 Vom Sinus zum Bit-Vorteile digitaler Übertragung

Die analoge Übertragung in Trägerfrequenznetzen, jahrzehntelang Basis der Fernsprechnetze, ist den gesteigerten Ansprüchen an Qualität und Flexibilität der Übertragung nicht mehr gewachsen. Digitale Systeme überzeugen durch ihre hohe Wirtschaftlichkeit, reduzierte Wartungsintensität und geringe Störanfälligkeit. Digitale Signaltelegramme enthalten die zu übertragene Informationen codiert, durch Regeneration können sie weitgehend von Störungen und Verzerrungen befreit werden. Einzelne Degradationen des Signals durch Nebensprechen und Dämpfung summieren sich dadurch nicht auf. Die Übertragungsqualität erreicht auch bei geringem Störanstand und ungünstigen Übertragungsbedingungen hervorragende Werte. Unterschiedliche Kommunikationsarten können über ein einheitliches Netz mit der gleichen Technologie übertragen werden.

1.2 Pulscodemodulation – wie funktioniert das?

Die Vorteile digitaler Übertragung sind sehr früh erkannt worden. Das grundlegende Verfahren wurde bereits im Jahre 1938 in Frankreich (A.Reeves) patentiert. Die wirtschaftlich effektive Nutzung war jedoch erst mit den technologischen Fortschritten in der Halbleitertechnologie möglich und führte 1962 in den USA zur Einführung der ersten kommerziellen Systeme.
Zur Mehrfachausnutzung eines Übertragungsweges bietet sich neben der antiquierten Frequenzmultiplexübertragung die zeitliche Verschachtelung der Einzelsignale an. Das „Time Division Multiplex"-Verfahren basiert auf der sequentiellen Übertragung zeitlich aufeinanderfolgender Proben des Ursprungssignals. Aus diesen Teilinformationen läßt sich die Ursprungsinformation innerhalb gewisser Grenzen zufriedenstellend zurückgewinnen.
Von Pulscodemodulation PCM spricht man, wenn die einzelnen Abtastproben eines Sprach- oder Datensignals in Form binärer Codewörter übertragen werden. Alle Verfahren der Signalverarbeitung, Übertragung und Vermittlung müssen standardisiert sein, um das reibungslose internationale Zusammenspiel der Produkte unterschiedlicher Hersteller zu ermöglichen und den großflächigen und damit wirtschaftlichen Einsatz hochintegrierter Schaltungen zu rechtfertigen.

Normen und Empfehlungen

Das wichtigste Normungsgremium ist das ITU-T (International Telecommunication Union, ehemals CCITT). Die in den entsprechenden umfangreichen Empfehlungen festgelegten Standards werden in enger Zusammenarbeit mit Netzbetreibern und Sytemherstellern erarbeitet.

1.2.1 Abtasttheorem

Nach dem Abtasttheorem kann ein Signal durch kurze Proben vollständig und eindeutig dargestellt werden, wenn die Folgefrequenz der Proben mindestens doppelt so hoch ist wie die höchste im Signal enthaltene Frequenz (Theorem von Shannon, Bild 1.1).

Auf der Empfangsseite läßt sich das Signal durch Interpolation wieder zurückgewinnen. Die Proben werden durch kurze „Blitzlichtaufnahmen" des Ursprungssignals gewonnen.

Zum Fernsprechen wird das nach empirischen Untersuchungen festgelegte Frequenzband von 300 Hz bis 3400 kHz verwendet. Es stellt einen ausreichenden Kompromiß zwischen guter Verständlichkeit und minimierter Bandbreite dar. Durch die Bandbegrenzung auf 3,4 kHz genügt es, pro Sekunde 6800 Proben zu entnehmen. Bedingt durch die Flankensteilheit der verwendeten Filter erweist sich eine Abtastfrequenz von 8 KHz als technisch sinnvoll. Der Abstand zweier Abtastwerte berechnet sich zu

$$Ta = 1/f_{abtast} = 1/\,8000 \times s = 125\ \mu s$$

Wie in Bild 1.2 dargestellt, zeigen sich im Spektrum einer modulierten periodischen Abtastfolge Seitenbänder bei Vielfachen der Abtastfrequenz. Ein Tiefpaß stellt vor der Abtastung sicher, daß die höchste Modulationsfrequenz den Sollwert von 3,4 KHz nicht überschreitet.

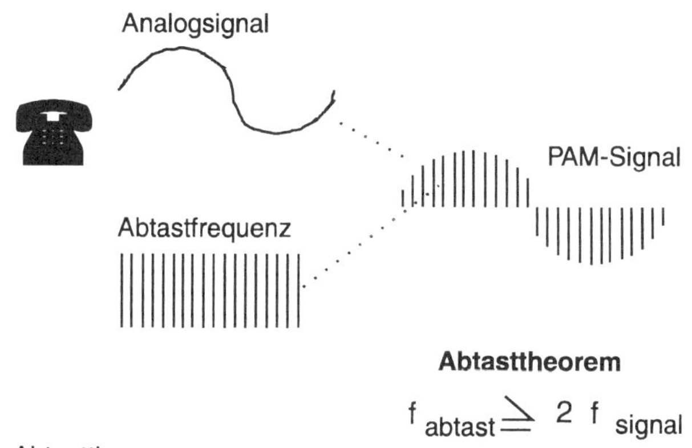

Bild 1.1: Abtasttheorem

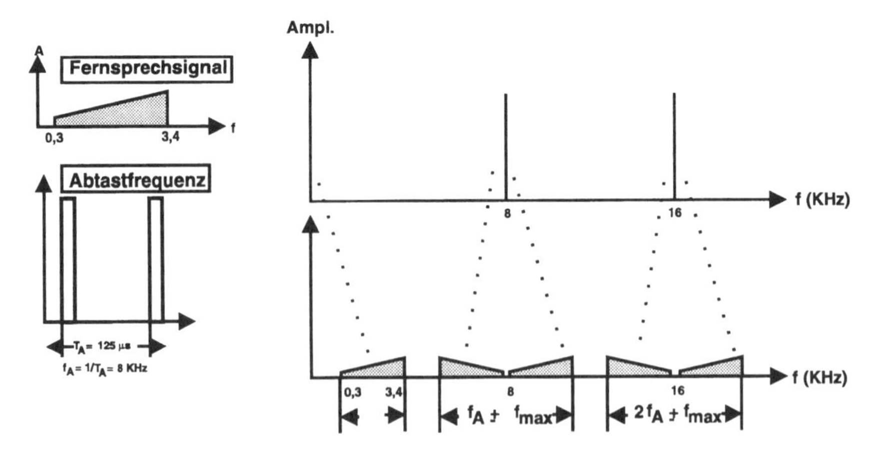

Bild 1.2: Spektrum einer pulsamplitudenmodulierten Folge PAM

Ein Tiefpaß auf der Empfangsseite filtert den gewünschten Spektralanteil des Ursprungssignals wieder aus. Ohne Bandbegrenzung auf der Sendeseite würde die Überschneidung der Seitenbänder die störungsfreie Rückgewinnung verhindern.
Die Art der Signalübertragung, bei der die Information in den Amplituden der Abtastproben enthalten ist, bezeichnet man auch als Pulsamplitudenmodulation PAM. In den Pausen zwischen den einzelnen Abtastwerten können Proben weiterer Sprachsignale übertragen werden. Durch dieses Verfahren ist die verschachtelte Übertragung (Zeitmultiplex) vieler Sprachsignale möglich. In der Trägerfrequenztechnik wurde der zur Verfügung stehende Frequenzbereich in Frequenzsegmente unterteilt, die den einzelnen Kanälen zugeordnet wurden (Frequenzmultiplex).
Das bisher betrachtete PAM-Signal ist immer noch ein Analogsignal, dessen Übertragung eine unendliche Zahl von Codewörtern voraussetzen würde.

1.2.2 Quantisierung

Der erste und entscheidende Schritt zur Gewinnung eines Digitalsignals ist die Zuordnung der Amplituden zu einer begrenzten Zahl von Quantisierungsintervallen. Dazu wird der gesamte Amplitudenbereich in gleich große Abschnitte unterteilt (gleichmäßige oder lineare Quantisierung) oder in Abschnitte unterschiedlicher Größe (nicht gleichmäßige oder nicht lineare Quantisierung).
Bild 1.3 zeigt ein Beispiel für eine gleichmäßige Quantisierung. Alle Amplitudenwerte innerhalb eines Anschnitts werden dem gleichen digitalen Wert zugeordnet. Dadurch wird es auf der Empfangsseite nie möglich sein, den exakten Wert der ursprünglichen Abtastamplitude wiederzugewinnen. Dieser prinzipbedingte Fehler wird Quantisierungsfehler genannt.

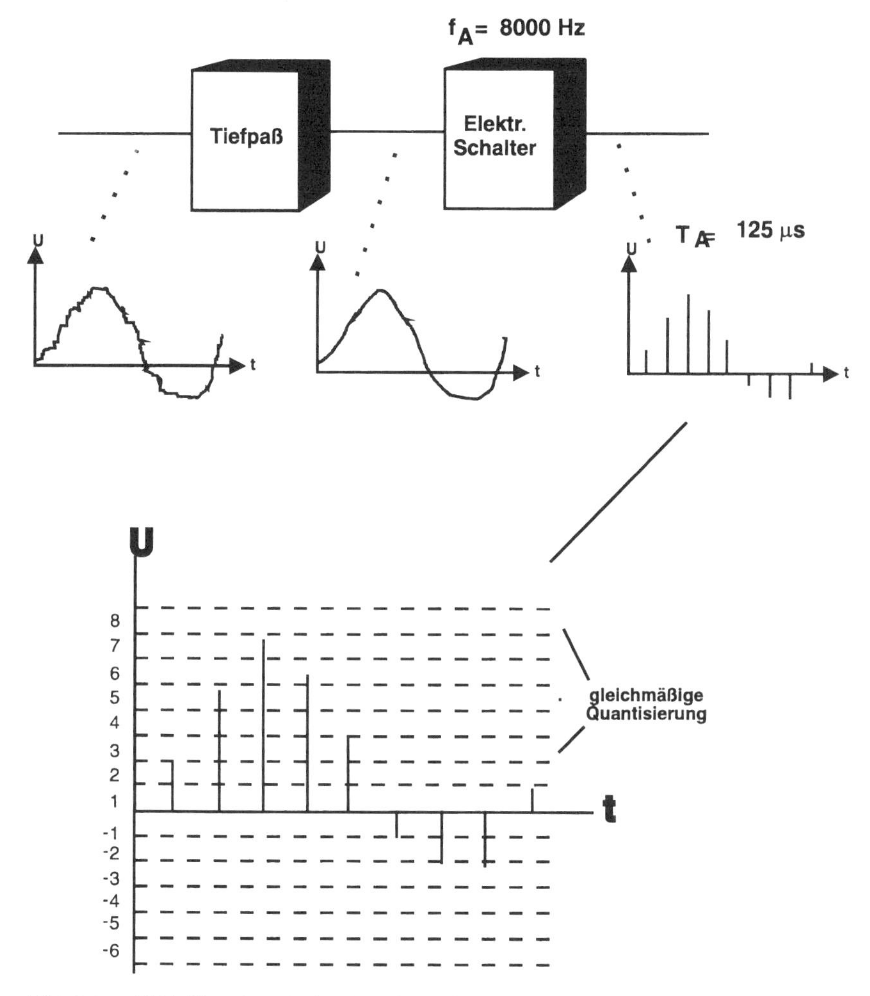

Bild 1.3: PAM-Signal und gleichmäßige Quantisierung

Eine der Dynamik menschlicher Sprache angepaßte Übertragung würde, um einen ausreichenden Störabstand sicherzustellen, etwa 4000 Quantisierungstufen erfordern. Damit wäre zur Identifizierung eines Quantisierungsintervalls eine 12 stellige Binärzahl (2Exp12 = 4096) erforderlich. Die daraus resultierende Übertagungskapazität würde unwirtschaftlich hohe Werte erreichen. Zudem ist es der besseren Verständlichkeit wegen sinnvoll, einen bei hohen wie niedrigen Amplitudenwerten etwa gleich großen Störabstand anzustreben. Bei der gleichmäßigen Quantisierung mit gleicher Breite aller Intervalle hat die Quantisierungsverzerrung bei kleinen Amplitudenwerten auch einen kleinen Signal /Quantisierungsgeräuschabstand S/Q, während S/Q bei großen Signalamplituden unnötig hohe Werte erreicht. Da zudem in der menschlichen Sprache kleine Amplitudenwerte viel häufiger vorkommen als hohe, ist es ökonomischer, den Störabstand nach Erreichen eines akzeptablen Wertes künstlich konstant zu halten. Dadurch sind weniger Intervalle zur Amplitudenübertragung erforderlich. Dies wird durch eine nichtgleichmäßige Quantisierung erreicht (Bild 1.4).

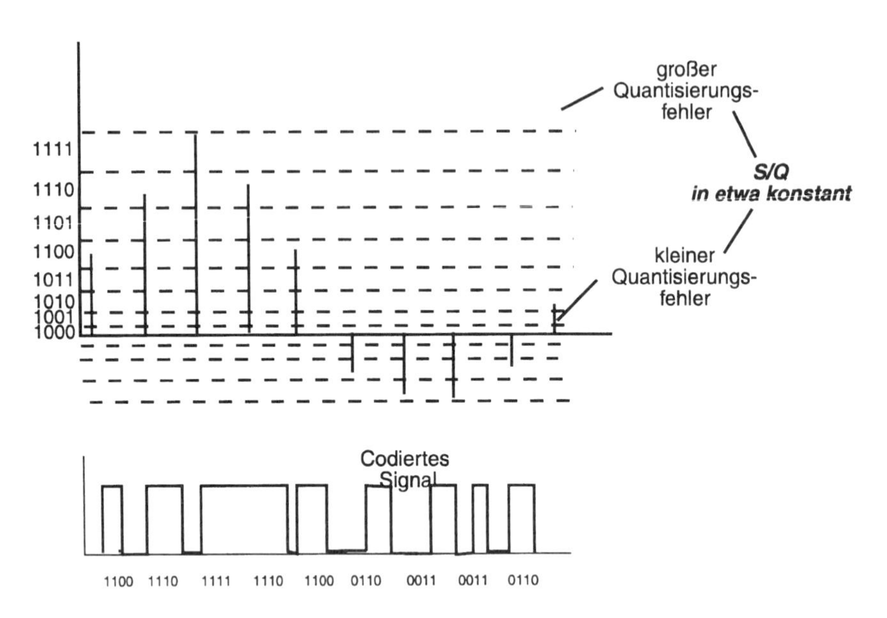

Bild 1.4: nicht gleichmäßige Quantisierung und Codesignal

Bei der nicht linearen Quantisierung werden kleinen Signalamplituden auch kleine Stufenhöhen zugeordnet. Mit steigender Signalamplitude vergrößert sich die Stufenhöhe. Beim Durchlaufen der nicht linearen Kennlinie wird das Signal auf der Sendseite komprimiert und bei der Regeneration im Empfänger expandiert. Der abgeleitete Begriff „Kompandierung" faßt beide Vorgänge zusammen.
Die nichtlineare Quantisierung ermöglicht eine deutliche Reduzierung der erforderlichen Quantisierungsintervalle. Ein ausreichender Störabstand erfordert nur noch 256 Stufen, je 128 für den positiven und negativen Bereich der Kennlinie.
Die ITU-T Empfehlung G.711 beschreibt zwei Kennlinien, eine sogenannte 13-Segment-Kennlinie (A-Gesetz) und eine 15 Segment-Kennline (µ-Gesetz).
Die A-Kennlinie (Bild 1.5) besteht aus je sieben Abschnitten im postiven und negativen Bereich, wobei die beiden Segmente um den Nullpunkt der Kennlinie ein geradliniges Segment bilden.

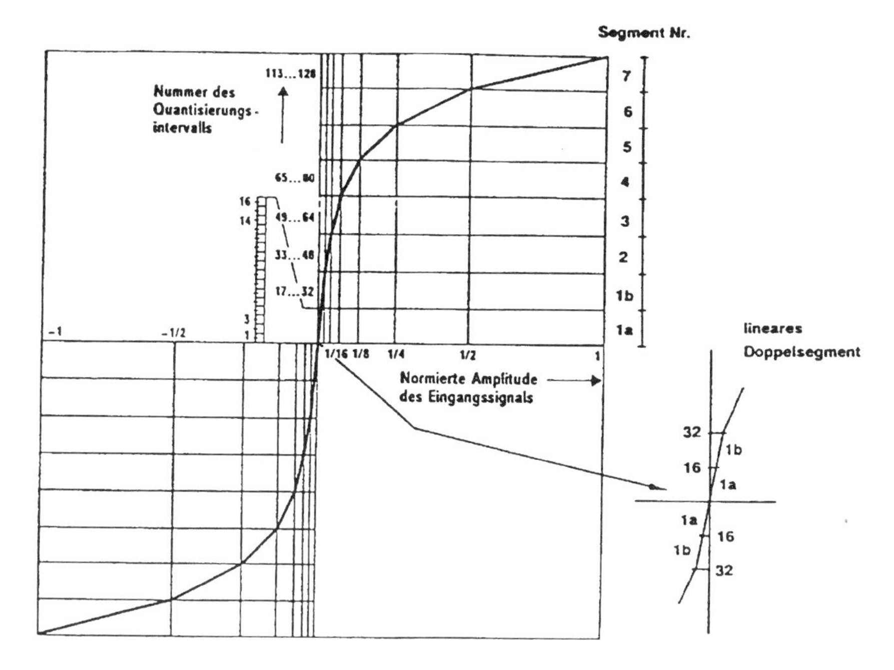

Bild 1.5: Quantisierungskennlinie (A-Gesetz)

Jedem Einzelsegment sind 16 Quantisierungsstufen zugeordnet, ein lineares Segment symmmetrisch zum Nullpunkt der Kennlinie enthält 32 Stufen.
Selbstredend muß das Ursprungssignal nicht nur in der Frequenz, sondern auch in der Amplitude begrenzt werden. Kennzeichnend für alle Arten der PCM-Übertragung ist deshalb die fehlende Aussteuerungsreserve – ein fundamentaler Unterschied zu Analogsystemen.
Wie in Bild 1.5 dargestellt, ist der Amplitudenbereich eines der sechs Grobsegmente exakt die Hälfte des nachfolgenden Segments.
Die dadurch realisierte nicht lineare Quantisierung ermöglicht bei einer 8 Bit Codierung (256 Stufen = 2Exp8) einen Signal/Geräuschabstand von annähernd 40 dB. Dieser Wert bleibt über einen weiten Amplitudenbereich relativ konstant. Dies erleichtert auch bei größeren Störpegeln die Verständlichkeit der Sprache.
In der technischen Realisierung werden aus linear codierten 12-Bit-Wörtern nichtlineare komprimierte 8-bit-Wörter erzeugt, auf der Empfangsseite wird in umgekehrter Reihenfolge vorgegangen.

1.2.3 Kompression und Codierung

Der entscheidende Schritt zur Bildung des digitalen Signals ist die Umsetzung der Analogwerte (PAM-Signal) in digitale binäre Codewörter. Die Amplitudenstufen werden von 00000000 (dezimal 0) bis 11111111 (dezimal 256) bei einer Wortbreite von acht Bit durchnummeriert. Die Gruppierung der Amplitudenstufen um den Nullpunkt der Kennlinie nutzt das jeweils erste Bit zur Vorzeichenkennung, so daß je 128 Stufen im positiven und negativen Bereich der Kennlinie zur Verfügung stehen. Entsprechend Bild 1.5 ist die Kennlinie in einen Abschnitt mit 32 und je sechs Abschnitte mit 16 gleichen Amplitudenstufen unterteilt. Das höchstwertige Bit des 8-Bit-Codewortes gibt an, ob sich die aktuelle Amplitude im positiven oder negativen Bereich der Kennlinie befindet, die nachfolgenden drei Bit detektieren eines der „Grobsegmente". Die niederwertigen vier Bit erlauben die eindeutige Zuordnung des aktuellen Amplitudenwertes zu einem der 16 Quantisierungsintervalle (Bild 1.6).

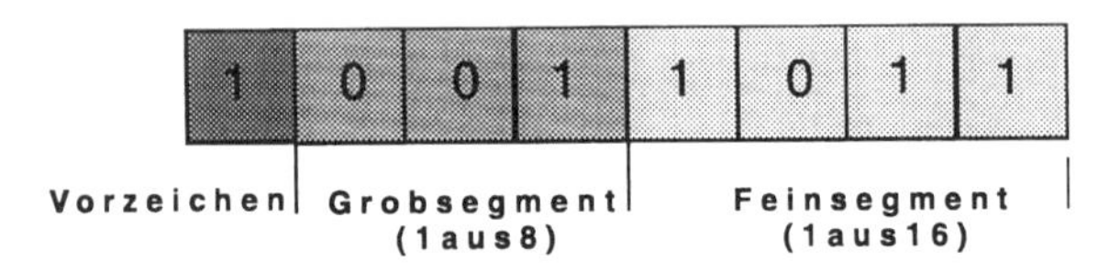

Bild 1.6: Zuordnung der Codewortbits zum Kennliniensegment

Die Umwandlung erfolgt in der technischen Realisation bei Einzelkanalcodecs, die Coder-und Decoder enthalten, durch ein Iterationsverfahren, das in entsprechenden Chips zusammen mit den erforderlichen Filter abgelegt ist.
Da im Sprachsignal vorwiegend kleine Amplituden auftreten, wäre die Wahrscheinlichkeit für längere Nullfolgen in aufeinanderfolgenden Abtastproben relativ groß. Um die daraus resultierenden Probleme bei der Taktrückgewinnung zu vermeiden wird in der Praxis vor der Übertragung jedes zweite geradzahlige Bit invertiert.

Beispiel: Stufe +128 (Aussteuergrenze)
Codewort ohne Invertierung: 11111111
Codewort mit Invertierung: 10101010

Der Empfänger ordnet dem aktuellen Empfangswert eine Analogamplitude zu, die der Mitte des Quantisierungsintervalls entspricht. Dadurch wird der Quantisierungsfehler minimiert und beträgt maximal ein halbes Quantisierungsintervall. Quantisierungsfehler machen sich auf der Empfangsseite als ein dem Grundsignal überlagertes Rauschen bemerkbar (Quantisierungsgeräusch). Die Ausgangsspannung folgt dem Eingangssignal nicht kontinuierlich, sondern ändert sich nur, wenn die Amplitude des Sendesignals das nächste Quantisierungsintervall erreicht: eine Treppenkurve entsteht. Quantisierungsfehler nehmen mit steigender Stufenzahl ab. Die Gegenüberstellung des Quantisierungsfehlers bei gleichmäßiger und nicht gleichmäßiger Quantisierung zeigt Bild 1.7.

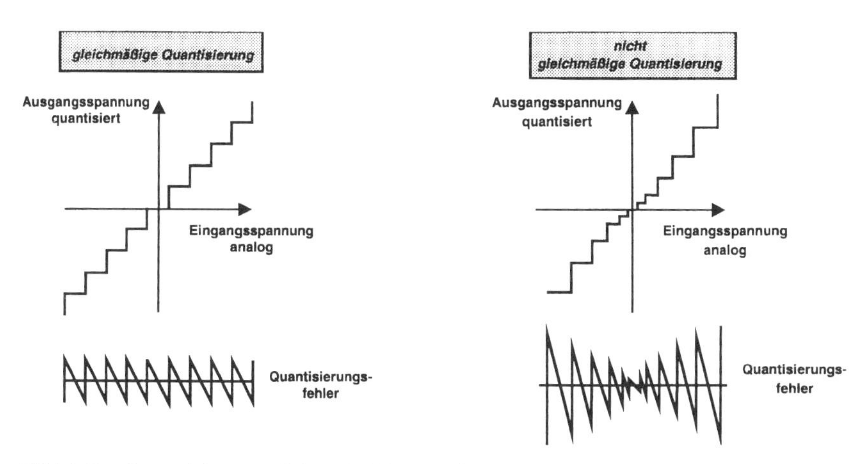

Bild 1.7: Quantisierungsfehler im Vergleich

1.2.4 Weitere Codierungsverfahren

Die Umwandlung eines analogen, auf 3,4 KHz begrenzten Analogsignals, erfordert auf der digitalen Seite einen Bitrate von

8 Bit x 8000/sec = 64 KBit/s

Die Bandbreite, die zur Übertragung dieser Bitrate erforderlich ist, ist deutlich größer als die Ursprungsbandbreite. Durch die große Übertragungskapazität der eingesetzten Medien wirkt sich dieser Nachteil jedoch wirtschaftlich nicht nachteilig aus. Basiert das Übertragungsnetz jedoch auf dem Einsatz von Mietleitungen, ist die weitere Reduzierung der Bandbreite wirtschaftlich recht sinnvoll. In den vergangenen Jahren sind deutliche Entwicklungsaufwendungen unternommen worden, um die erforderliche Bandbreite bei gleicher oder verbesserter Übertragungsqualität zu mindern. Die digitale Signalverarbeitung ermöglicht es mit Hilfe von Algorithmen, die im Sprachsignal immer vorhandene Redundanz zu entfernen. Durch geschickte Codierung wird die erforderliche Bitrate eines Sprachkanals auf Werte deutlich kleiner 64 Kbit/s verringert.
Im digitalen Mobilfunk (in Deutschland die beiden D-Netze (D1,D2) und das E-Netz (E-Plus), Stand Mitte 1995) ist zur Übertragung eines Gespräches lediglich eine Bitrate von 16 Kbit/s erforderlich (RELP-Codierung). Neue Verfahren reduzieren die Bitrate sogar auf 8 Kbit/s ohne Einbuße an Übertragungsqualität.
Andere Codierungsvarianten berücksichtigen, daß aufeinanderfolgende Abtastwerte sich nie in allen Bitzuständen ändern können. Darauf basierend ist eine „Vorhersage“ (Prädiktion) des nachfolgenden Abtastwertes möglich, übertragen wird nur die Differenz zwischen Vorhersage und tatsächlichem Wert (adaptive Quantisierung). Die auf diesem Prinzip basierende Gruppe von Codierungsver-

fahren wird unter dem Begriff ADPCM (adaptive Differenz-Pulsodemodulation) zusammengefasst. Die ADPCM-Codierung wird vorwiegend in Netzen privater Betreiber eingesetzt. ADPCM wie RELP-Codierung setzen voraus, daß der Empfänger das gleiche Verfahren zur Decodierung verwendet bzw. eine Konvertierung zwischen den verwendeten Codierungsvarianten möglich ist.
Auch das Funktionsprinzip eines CD-Player basiert auf der Pulscodemodulation. Große Wortbreite und geschickte Codierungsverfahren erlauben die Decodierung der auf der CD fixierten „Sendeinformation" mit höchster Qualität.

1.2.5 Multiplexen und Demultiplexen

Digitale Übertragung rechnet sich wirtschaftlich nicht allein durch die gesteigerte Übertragungsqualität. Da die Übertragungskapazität der zur Verfügung stehenden Übertragungsmedien deutlich größer ist als die Bandbreite eines (Sprach)kanals, werden mehrere Kanäle zusammengefaßt und teilen sich das Übertragungsmedium (Kupferkabel. Lichtwellenleiter, Richtfunk, Satellitenverbindung). Die 8 Bit Codewörter eines Quellsignals werden 8000 mal pro Sekunde, also im zeitlichen Abstand von 125 ms als kurze, wenige Mikrosekunden dauernde Impulse übertragen. Der Zeitraum zwischen zwei Codewörtern steht weiteren Kanälen zur Verfügung. Die zeitliche Verschachtelung der einzelnen digitalisierten Abtastproben resultiert in einem Pulsrahmen (Bild 1.8).

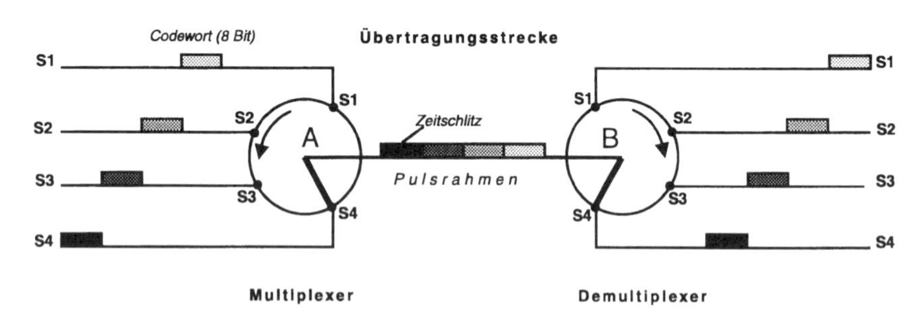

Bild 1.8: Zeitmultiplexen und -demultiplexen

Der Schalter A tastet die vier Eingangssignale zyklisch ab. Synchron zu den ankommenden Codewörtern wird der Schalter zum nächsten Eingang umgelegt. Das Signal am Ausgang des Schalter A ist ein Übertragungsrahmen, der vier PCM-Signale im Zeitmultiplex enthält und als Pulsrahmen bezeichnet wird.
Auf der Empfangsseite werden die 8-bit-Codewörter in der Reihenfolge ihres Eintreffens durch den Schalter B auf die zugehörigen Ausgänge verteilt, durch einen inversen Verlauf der Kompressionskennlinie dekomprimiert und einem Tiefpaß zugeführt. Bei der Dekompression wird das Signal jeweils in der Mitte des entsprechenden Quantisierungsintervalls wiedergegegeben. Eine Verzerrung aufgrund nicht idealer Rekonstruktion ist dabei unvermeidbar.

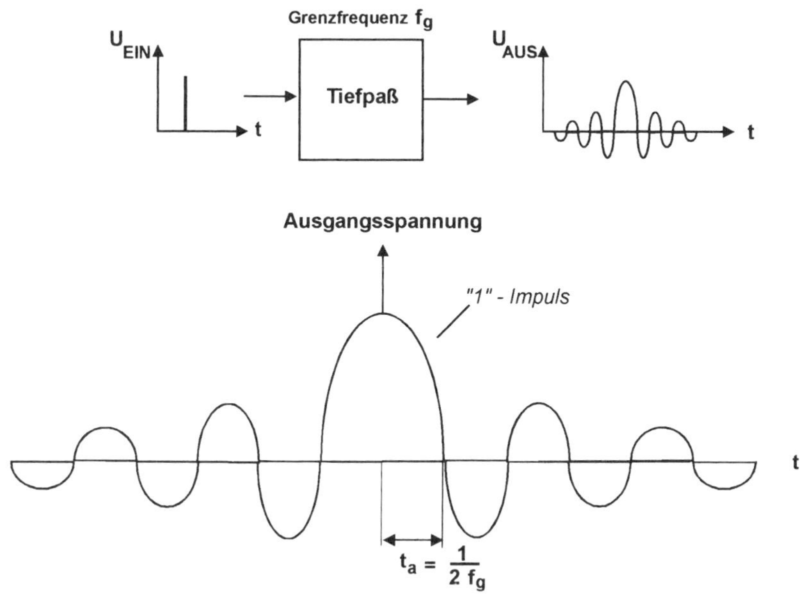

Bild 1.9: Sprungantwort eines Tiefpasses

Das letztlich relevante Kriterium einer zufriedenstellenden Übertragungsqualität menschlicher Sprache ist jedoch – wie aus täglicher Erfahrung bekannt – zur Genüge erfüllt. Eine tiefergehende Betrachtung der Decodierung erlaubt Bild 1.9. Der Tiefpass der Grenzfrequenz fg reagiert auf einen schmalen Rechteckimpuls (idealisierte Darstellung eines binären Zustandes) mit dem eingezeichneten zeitlichen Verlauf des Ausgangssignals. Diese mathematisch als sin(x) / x zu beschreibende Funktion wird auch als „Sprungantwort" eines Tiefpasses bezeichnet. Die Summe der Amplituden, die sich durch die Überlagerung der Impulse der einzelnen Sprungantworten aufaddieren, ergeben zu jedem Zeitpunkt die ursprüngliche Funktion. Die internationalen Gremien haben Übertragungssysteme definiert, die 30 Kanäle (europäischer Standard) bzw. 24 Kanäle (nordamerikanischer Standard) nach dem beschriebenen Funktionsprinzip zusammenfassen.
Die Übertragung aller Sprach- und Datenkanäle in einem Pulsrahmen erfordert Zusatzinformationen (Synchronisierung der Schalter, Zeichengabe), so daß die effektive Übertragungskapazität höher ist als die Bitrate der Einzelkanäle.

1.2.6 Störabstand

Externe oder systeminterne Störungen sind prinzipiell nicht vermeidbar. Zur Beurteilung der Qualität einer Verbindung dient das Verhältnis der Signalleistung S zur Störgeräuschleistung N, dessen 10er Logarithmus den Störabstand a definiert.

$$a = 10 \log (S/N) \text{ [dB]}$$

Der amerikanische Physiker Shannon erkannte, daß es möglich ist, die Bandbreite gegen den Störabstand auszutauschen, ohne daß sich die Nachrichtenmenge ändert, die pro Zeiteinheit übertragen werden kann, ändert (Bild 1.10).
Dies hat vorteilhafte praktische Folgen für die PCM-Übertragung: fehlerfreie Übertragung ist auch bei geringem Störabstand möglich, wenn die Bandbreite entsprechend vergrößert wird.
Folgendes Beispiel zeigt, daß auch bei einem Störabstand von 15 dB eine fehlerminimierte PCM-Übertragung möglich ist. Bei analogen Systemen sind 40 bis 50 dB Störabstand erforderlich. Der Siegeszug der PCM war besonders für problematische Umgebungsbedingungen vorprogrammiert, zumal vorhandene Kabel die erforderlichen Bandbreiten problemlos übertragen konnten.

Beispiel:
Übertragungskapazität: 2048 Kbit/s
S/N = 15 dB

B= 3 C/S/N = 400 KHz (erforderliche Bandbreite bei S/N = 15 dB)

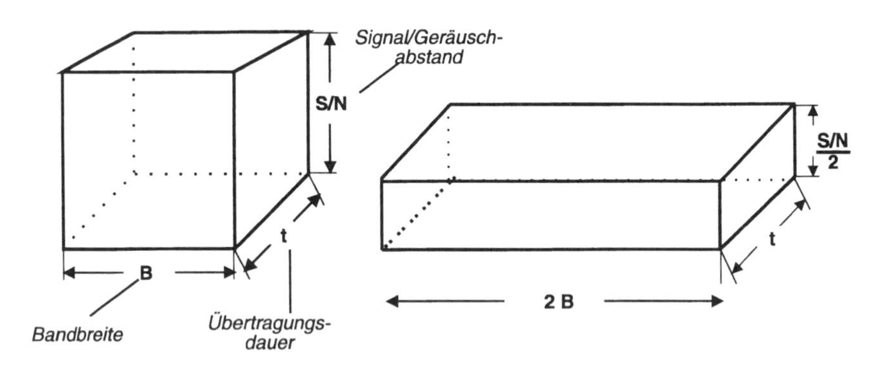

Kanalkapazität C in einem gestörten Kanal (S/N)

$$C = \frac{1}{3} B \; 10 \lg S/N$$

Bild 1.10: Informationsquader nach Shannon

1.2.7 Zusammenfassung

Sprachsignale sind zu jedem Zeitpunkt durch Angabe von Amplitude und Frequenz eindeutig gekennzeichnet. In PCM-Systemen werden Sprachsignale mit Hilfe eines Signals übertragen, das aus Impulsen konstanter Amplitude und Länge besteht, die zu vorhersagbaren Zeitpunkten auftreten und Träger der binären Information sind.

Dem Ursprungssignal wird pro Zeiteinheit eine festgelegte Zahl von Abtastwerten entnommen (z.B. 8000 pro Sekunde), die durch eine festgeschriebene Kennlinie (z.B. A-Gesetz) codiert werden. Die nichtlineare Kennlinie weist jedem Amplitudenwert eindeutig eine Amplitudenstufe zu, die durch eine binäre Darstellung charakterisiert wird (z.B. 256 Stufen, 8 Bit). Die nichtlineare Quantisierungskennlinie minimiert die unvermeidliche Quantisierungsverzerrung und die erforderliche Zahl der pro Zeiteinheit zu übertragenden Bitzustände (= Bitrate). Der Abtasttakt (z.B. 8 KHz) sorgt für eine zeitliche Quantisierung, die es erlaubt, in den „Sendepausen" die Information weiterer Kanäle zu übertragen. Den quantisierten Abtastwerten werden Codeworte zugeordnet, die durch geschickte Wahl eines Leitungscodes, während der Übertragung fehlerminimiert regeneriert werden können.
Bild 1.11 faßt die Verarbeitungsschritte innerhalb eines PCM-Systems zusammen.

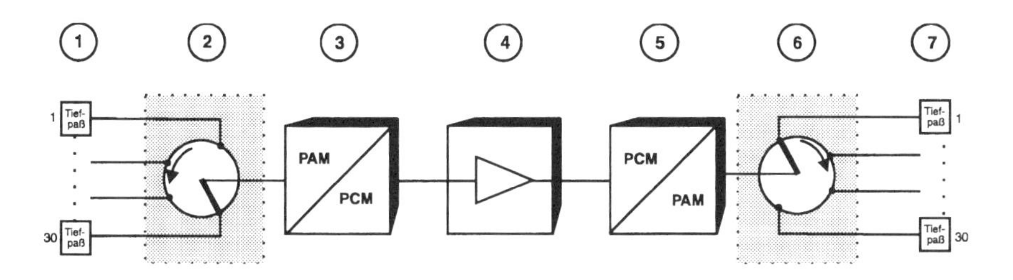

Bild 1.11: Zusammenfassung der Aufgaben eines PCM-Systems

1 Bandbegrenzung (Tiefpaß), vermeidet Mehrdeutigkeiten bei der Abtastung
2 Abtastung, Abtastfrequenz 8 KHz
3 Quantisierung und Komprimierung mit Hilfe einer nichtlinearen Kennlinie
  Codierung, durch Zuordnung eines 8 Bit Wortes zu jeder der 256 Amplitudenstufen; Multiplexen, zyklisches Zusammenfassen von Codewörtern mehrerer Signalquellen
4 Übertragung und Regeneration
5 Demultiplexen
  Expandieren und Decodieren, invers zu 3
6 Zuordnung des Empfangsssignals, Auswahlschalter mit 8KHz-Taktung
7 Umwandlung des PAM-Signals in analoges Signal (Tiefpaß)

In diesem Kapitel werden die Systemkomponenten als „black box" betrachtet, detaillierte Informationen zum Aufbau der Übertragungssysteme finden Sie in Kapitel 2.

1.3 Einführung in die PDH

Die Wirtschaftlichkeit von Systemen zur Nachrichtenübertragung hängt neben ihrer Flexibilität deutlich von der Zahl der Fernsprech- und Datenkanäle ab, die sie übertragen können.
Alle Systeme zur Daten-und Sprachübertragung basieren auf der Grundbitrate von 64 Kbit/s. Zur gleichzeitigen Übertragung werden mehrere Kanäle zusammengefaßt. In der ersten Stufe sind dies bei den europäischen Systemen 30 Kanäle zu je 64 kbit/s (PCM-Multiplexen).
Digitalsignal-Multiplexer bündeln mehrere „Datenpakete“ zu größeren Einheiten, so daß eine hierarchische Gliederung digitaler Übertragungssysteme entsteht. In den Standardsystemen sind jeweils vier Untersysteme zu einem Obersystem vereinigt (2/8/34/140 Mbit/s). 16 Kanäle zu je 2 Mbit/s können auch direkt zu 34 Mbit/s vereinigt werden.
Die Bitraten der Signale sind vor der Bündelung zwar nominell gleich, die tatsächliche Bitrate kann innerhalb einer spezifizierten Toleranz vom Nennwert abweichen. Dies wird immer dann der Fall sein, wenn die Signale aus nicht aufeinander synchronisierten Taktquellen abgeleitet sind.

1.3.1 Übertragung bei 2 Mbit/s

Die Bedeutung der Übertragung bei 2 Mbit/s hat in den vergangenen Jahren deutlich zugenommen.
In vielen Fällen ist die 2 Mbit/s-Schnittstelle – z.B. im ISDN die S2M-Schnittstelle – das Bindeglied zwischen zwei Netzen, z.B. eines privaten und eines öffentlichen Netzbetreibers.
Dort sind 2 Mbit/s-Verbindungen ein „Produkt“, das ein Netzbetreiber an seine Kunden mit der Qualität entsprechender Preisstaffelung vermietet.
Wachsende Bedeutung gewinnt die gleichzeitige Verwendung mehrerer 64 Kbit/s Zeitkanäle (n x 64 Kbit/s), um schnelle Datenzubringer (Video, Bildfernsprechen, digitaler Tonrundfunk) mit optimal angepaßter Bandbreite zu übertragen. Digitale Kanalkarten an den Multiplexereingängen erlauben es, 64 Kbit/s oder n x 64 Kbit/s Quellsignale direkt in den 2 Mbit/s Rahmen zu integrieren.

Aufbau des Pulsrahmens

Den in der ITU-T-Empfehlung G.704 standardisierten Pulsrahmen der Hierarchie 2 Mbit/s zeigt Bild 1.12. Neben den 30 Zeitabschnitten, die den jeweiligen Codewörtern zugeordnet sind, dienen zwei zusätzliche Zeitkanäle der Übertragung von Synchronisierungsinformation (ZK 0) und der Signalisierung (ZK 16). Der Rahmen ist 256 Bit lang und wiederholt sich im Rhythmus von 125 µs, der Kanalabtastrate von 8 KHz entsprechend.

Die Bitrate des Zeitmultiplexsignals berechnet sich hieraus zu

8000/s x 256 bit = 2048 Kbit/s.

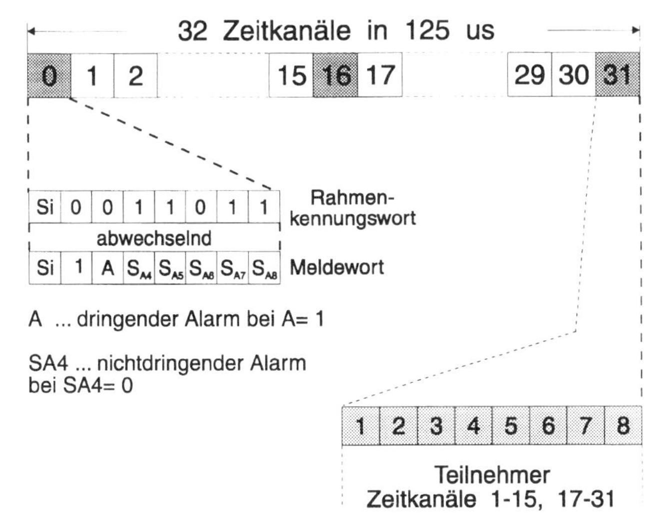

Bild 1.12: Pulsrahmen 2 Mbit/s

Zeitschlitz 0 enthält abwechselnd das Rahmenkennungswort (RKW) und das Meldewort (MW). Die Bitrate darf nicht mehr als +/- 50 ppm (=10E-6) um den Nennwert von 2048 Kbit/s variieren. Dies entspricht einer ungefährenAbweichung von +/- 100 Bit/s.

Rahmen-Synchronisation

Der im Demultiplexerteil des Multiplexgerätes empfangenen Datenstrom wird zu Beginn des Verbindungsaufbaus zunächst Bit für Bit nach dem festen 7 Bit-Muster des Rahmenkennungswortes abgesucht.
Ist es gefunden, wird ein kompletter Rahmen von 256 Bit weitergezählt und geprüft, ob das zweite Bit des darauffolgenden Codewortes(=Meldewort) dem logischen Zustand „1“ entspricht. Ist dies der Fall wird wiederum nach der Übertragung eines Rahmens nach dem Rahmenkennungswort gesucht. Wird es auch diesmal erkannt, wird Synchronisation auf das Rahmenkennungswort vermutet und die CRC-4 Blockprüfung eingeleitet.

Alarm- und Fehlerüberwachung

Definierte Bitpositionen im Meldwort dienen der Übertragung von Alarmen. Der „dringende Alarm“ informiert die Gegenstelle über Fehlsynchronisation oder extrem hohe Fehlerhäufigkeit (10E-3,d.h. im Mittel jedes tausendste Bit gestört), er führt in der Regel zum Abbruch der Verbindung. Der „dringende Alarm“ wird außerdem in folgenden Fällen gesetzt:

- Stromversorgung fällt aus
- Ausfall des Codec

- Wegfall des ankommenden 2 Mbit/s-Signals
- Verlust der Rahmensynchronisation (Taktprobleme)

Der „nicht dringende Alarm“ ist ein Warnhinweis auf ansteigende Fehlerhäufigkeit der Übertragung (z.B. 10E-6, d.h. jedes millionste Bit ist gestört). Er kann jedoch auch als Signal zum Abbruch der Übertragung interpretiert werden, insbesondere bei Verbindungen, die eine große Zahl von Daten oder redundanzminimierter Sprache übertragen (z.B. im digitalen Mobilfunk).

Zusätzliche Überwachung im Meldwort: Sa-Bits

Wie im Rahmenaufbau zu erkennen, sind die Bits 5 bis 8 des Meldewortes für „nationale Verwendungen“ reserviert. Die Bedeutung dieser Bits ist speziell in ISDN-Netzen fundamental.
Zwischen konkurrierenden Netzbetreibern gehört die Diskussion zur Tagesordnung, welcher der Netzbetreiber im Fehlerfall verantwortlich ist und für die wirtschaftlichen Folgen gestörter Übertragung haftet (Mietleitungen).
Die Verwendung der Sa-Bits zur Fehlerrückmeldung, Schaltung von Prüfschleifen und zur Überwachung des ankommenden Signals trägt wesentlich zur Klärung dieser Fragen bei. Die Sa-Bits werden dabei in vertikaler Richtung verwendet (vgl. Bild 1.13), also in aufeinanderfolgenden Meldeworten, um mit einer Bitrate von 4 Kbit/s Fehler- und Prüffunktionen zwischen Vermittlungen und Endeinrichtungen zu realisieren. Nähere Erläuterungen zu den wichtigen Steuer- und Meldefunktionen der Sa-Bits folgen in Kapitel 2.2.3.

1.3.2 CRC4-Verfahren

Das Übertragungsverfahren bei 2 Mbit/s weist in der bisher beschriebenen Form zwei gravierende Mängel auf.

1) Durch bewußtes oder zufälliges Senden des Rahmenkennungswortes/Meldewortes in einem der 64 Kbit/s-Teilnehmerkanäle (Anschluß eines PC) kann bei einer Neusynchronisation die Gegen- oder Vermittlungsstelle auf das vorgetäuschte Rahmenkennungswort aufsynchronisieren,. Dadurch werden die einzelnen Kanäle falsch zugeordnet.

2) Die Übertragungsqualität kann nur durch bitweisen Vergleich eines Empfangsmusters mit einer bekannten Bitkombination gemessen werden. Da im 2 Mbit/s Rahmen lediglich das Rahmenkennungswort zuverlässig zu jedem Zeitpunkt bekannt ist, stellt es die einzige Möglichkeit dar, Übertragungsfehler in einem voll belegten 2 Mbit/s-Rahmen zu erkennen. Die Bitrate des Rahmenkennungswortes beträgt jedoch nur 7 Bit x 4000 /s = 28 Kbit/s, die zur Überwachung des 2 Mbit/s-Rahmens verwendet werden.

Beide Probleme löst das Verfahren der zyklischen Redundanzprüfung (Cyclic Redundancy Check, CRC4), das seit Ende der achtziger Jahre schrittweise in die Systeme Einzug hält.

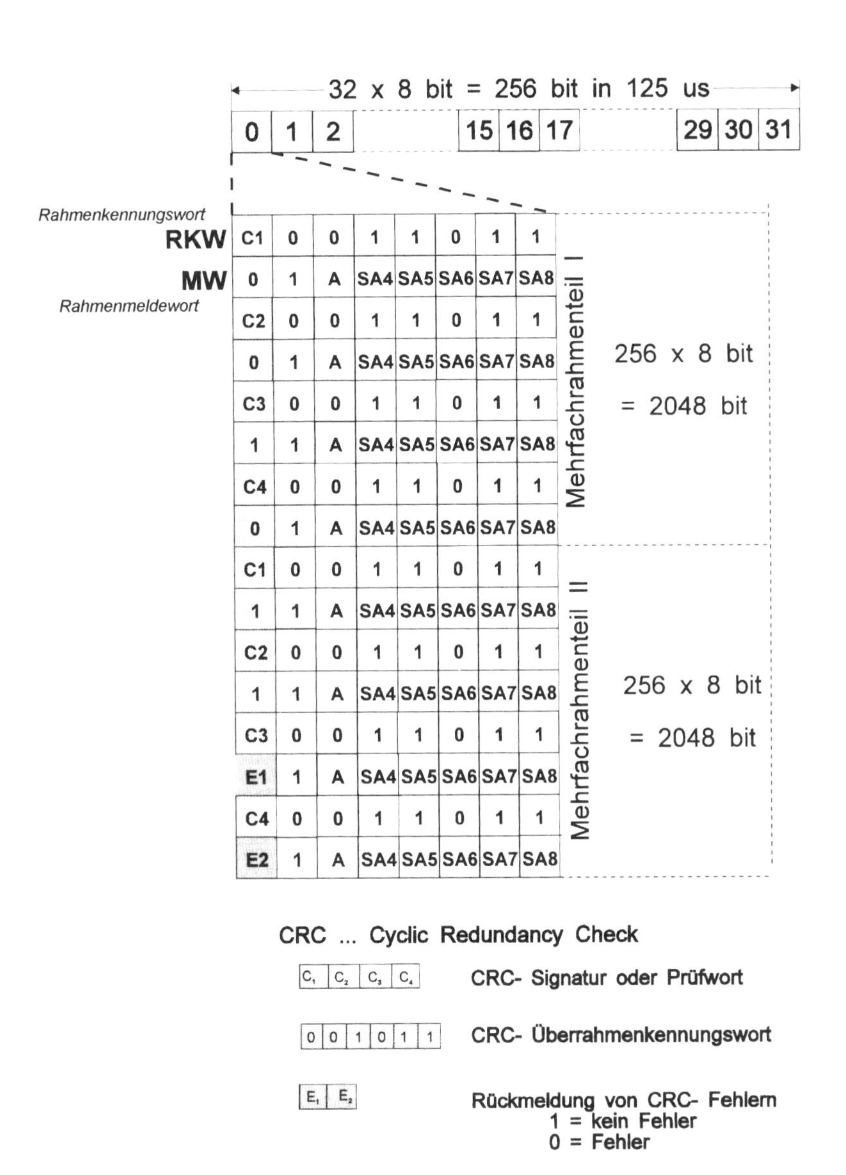

Bild 1.13: CRC4-Rahmenstruktur

Bild 1.13 zeigt die CRC4-Rahmenstruktur gemäß ITU-T G.704. 16 aufeinanderfolgende Rahmen werden dabei als ein Mehrfachrahmen betrachtet, der in zwei Hälften (I und II) zu je 8 Rahmen unterteilt ist.
In die Rahmen 1,3,5 usw. ist ein CRC-Überrahmensynchronwort der Länge 7 Bit eingebettet, das die Synchronisation des Empfängers ermöglicht. Zu Beginn der Rahmen, die mit einem Rahmenkennungswort beginnen, wird jeweils ein Bit des 4 Bit breiten CRC-Vergleiches übertragen.

Wie funktioniert die Bildung der CRC-Worte ?

Zunächt wird der Inhalt eines Überrahmenteils (also 8 aufeinanderfolgende Rahmen) durch ein Polynom vierten Grades ($X^4 + x + 1$) binär geteilt. Der 4 Bit breite Divisionsrest wird an den mit C1 bis C4 gekennzeichneten Stellen übertragen. Auf der Empfangsseite wird die Prozedur mit dem gleichen Überrahmenteil wiederholt und ein neues CRC4 Wort errechnet. Dieses Wort wird mit dem auf der Empfangsseite ebenfalls bekannten CRC4-Wort der Sendeseite verglichen. Treten Unterschiede der beiden Worte zutage, wurde mindestens ein Bit des untersuchten Mehrfachrrahmens (insgesamt 8 x 256 bit = 2048 bit) verfälscht. Es kann nicht erkannt werden, ob nur ein Bit oder tausend Bits während der Übertragung verfälscht wurden! Trotzdem ist das CRC4 Verfahren unverzichtbar, weil es die Fehlerüberwachung auch inhaltlich unbekannter Bitströme ermöglicht.
Auch die Problematik fehlerhafter Synchronisation ist gelöst: da ein CRC4 Vergleich sich auf mehrere Rahmen bezieht, ist es nicht möglich, daß eine zufällige oder gezielte Simulation von Rahmenkennungs-und Meldwort in einem Teilnehmerkanal die Übertragung stört. Erst seit Einführung des CRC-Verfahrens sind volltransparente 64 Kbit/-Verbindungen möglich.
Das CRC4 Verfahren arbeitet unabhängig vom Signalisierungsverfahren, da es sich nur auf Bitpositionen im Rahmenkennungs- und Meldewort abstützt.
Auch eine Meldung erkannter Übertragungsfehler in Rückwärtsrichtung ist möglich. Die E-Bits (E1/2 für Mehrfachrahmen I/II) werden bei Übertragungsfehlern kurzzeitig für die Dauer eines Mehrfachrahmens invertiert. Die Überwachung der E-Bits und der CRC-Worte ermöglicht die kontinuierliche Prüfung der Übertragungsqualität und die statistische Auswertung der Fehlerverteilung (z.B. entsprechend ITU-T G.826 und G.821, vgl. Kapitel 5).
Die im ISDN definierte S2M-Primärmultiplexschnittstelle ist ein 2 Mbit/s Rahmen mit CRC-4-Check und einem zentralen Zeichengabeprotokoll.

1.3.3 Signalisierungsverfahren

Signalisierung ist grundlegend für die Vermittlung von Verbindungen, für ihre Tarifierung und die Übertragung von Zusatzinformationen (Besetztzeichen, Schlußzeichen, Signalisierungsmanagement).
Die Signalisierung kann kanalzugeordnet (CAS, channel associated signalling) oder mit Hilfe eines „zentralen Signalisierungskanals" (CCS, common channel signalling) erfolgen (Bild 1.14)

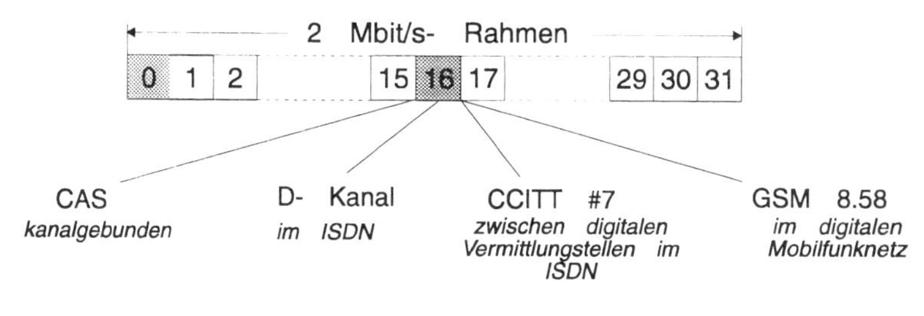

Bild 1.14: Signalisierungsprotokolle

CAS Signalisierung

Die Signalisierung wird in einem Signalsierungskanal übertragen, der einem Fernsprechkanal fest zugeordnet ist. Die relative kleine Menge an zu übertragener Signalisierungsinformation erlaubt es, die Signalisierungsinformationen aller Fernsprechkanäle in einem 64 Kbit/s Zeitkanal zu bündeln. Dieser Signalisierungspulsrahmen ist dem 2 Mbit/s-Rahmen übergeordnet (Bild 1.15).

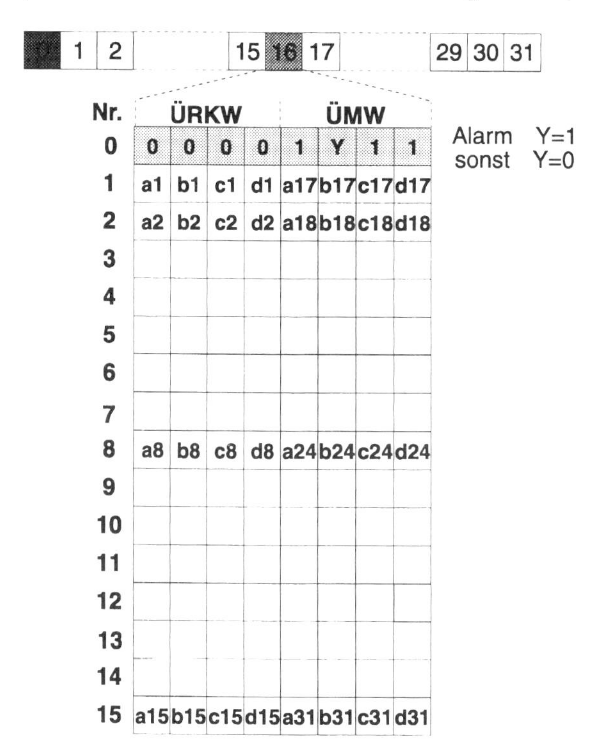

Bild 1.15:
CAS-Signalisierung

Jeder der Signalisierungskanäle hat eine Wortbreite von 4 Bit und wird nur in jedem 16. Übertragungsrahmen einmal übertragen. Die Kapazität eines einzelnen Signalisierungskanals beträgt somit 8000/s x (1/16) x 4 bit = 2 Kbit/s.
Die Signalisierungsinformation wird alle 2 Millisekunden abgetastet und in Zeitkanal 16 eingebaut. Zwei zusätzliche 2 Kbit/s Kanäle erlauben die Übertragung von Synchronisation und Signalisierungsalarmen.
Die CAS-Signalisierung genügt den Anforderungen moderner Netze (z.B. ISDN) nicht mehr, ist aber immer noch weit verbreitet.

CCS-Signalisierung

Die erforderlichen vermittlungstechnischen Kennzeichen werden über einen zentralen Kanal übertragen (Common Channel Signalling CCS). Dabei besteht im Gegensatz zur CAS-Signalisierung keine feste Zuordnung bestimmter Zeitkanäle zu einzelnen Daten- oder Sprachkanälen.
CCS bietet zusätzliche Leistungsmerkmale und übertrifft an Schnelligkeit, Übertragungssicherheit und Flexibilität die CAS-Signalisierung bei weitem.
Die CCS-Signalisierung ist unter anderem in ISDN-Netzen die Voraussetzung, daß Leistungsmerkmale privater Nebenstellenanlagen auch in flächenumspannenden Netzen öffentlicher und privater Netzbetreiber möglich sind. Hierzu gehören beispielweise Anrufweiterschaltung, Anschluß-Sperrung, Rufnummernanzeige, Gebührennachweis und Konferenzverbindungen.
Zwischen Digitalvermittlungsstellen im ISDN wird das standardisierte Zeichengabesystem Nr. 7 (ITU-T Nr.7) verwendet, von der Vermittlungsstelle zum Teilnehmer oder zur Nebenstellenanlage das D-Kanal-Protokoll EDSS1 (in Deutschland auch noch die Variante 1TR6).
Ja nach Art der Verbindung zum Teilnehmer (S_0-Bus oder S_{2M}-Primärmultiplexanschluß) hat der für die 2 (So) bzw. 30 (S_{2M})-Kanäle zu je 64 Kbit/s verwendete zentrale Signalisierungskanal eine Kapazität von 16 Kbit/s bzw. 64 kbit/s.

OSI-Modell

Nicht nur die Signalisierungsprotokolle im ISDN basieren auf dem „Open-System-Interconnection"-Referenzmodell (OSI), das von der Internationalen Organisation für Normung (ISO) entwickelt wurde. Es beschreibt die einzelnen Kommunikationsfunktionen in einem siebenschichtigen Modell und regelt das Zusammenspiel zwischen den einzelnen Kommunikationselementen.

Der großen Bedeutung wegen zeigt Bild 1.16 das OSI-Referenzmodell im Überblick.

Die Hauptaufgaben der einzelnen Schichten sind:

Schicht 1: Steuerung des physikalischen Übertragungsmediums
Schicht 2: Sicherung der Übertragung über die Teilstrecken
Schicht 3: Vermittlung und Aufbau der Netzverbindung,Wegelenkung
Schicht 4: Ende-Ende Transportverbindung

Schicht 5: Steuerung der Ende-Ende-Beziehung
Schicht 6: Anwender- und geräteunabhängige Darstellung der Kommunikation
Schicht 7: Steuerung anwenderspezifischer Kommunikation

Die einzelnen Schichten sind „Dienstleister" für die jeweils darüber liegende Ebene. Die Behandlung einzelner Protokolle sprengt den Rahmen dieses Buches.

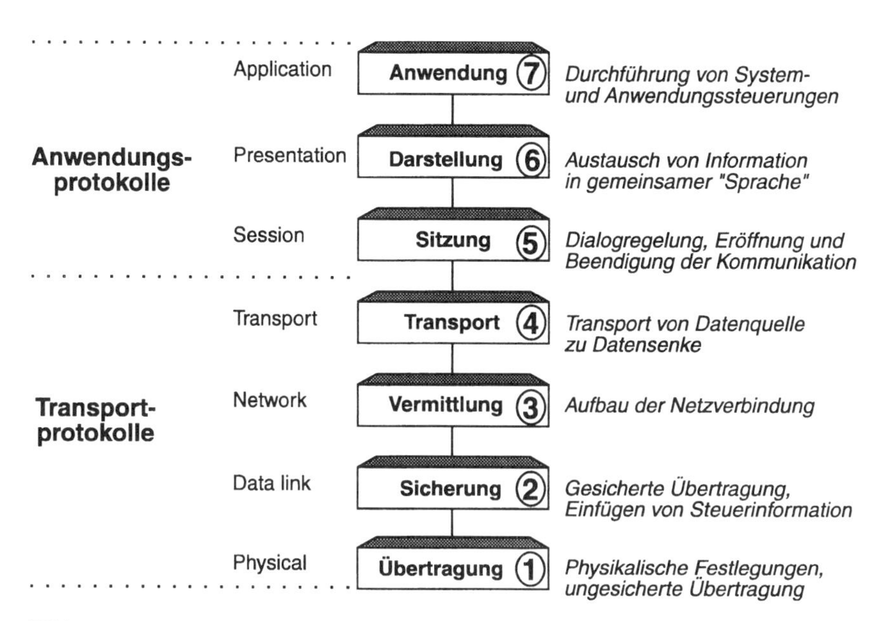

Bild 1.16: OSI-Referenzmodell

1.3.4 Übertragungsprinzip bei Systemen höherer Kapazität

Multiplexer höherer Ordnung verschachteln die Signale bitweise. Lediglich beim 2 Mbit/s Grundsystem wird – wie wir bereits gesehen haben – eine oktettweise Verschachtelung durchgeführt. Jedes der Zubringersignale darf innerhalb definierter Grenzen um den Sollwert schwanken.
Bild 1.17 zeigt die einzelnen Hierarchiestufen der Plesiochronen Digitalen Hierarchie.
Der „nordamerikanische Standard" ist bis 45 Mbit/s realisiert. Die in Europa verwendeten 565 Mbit/s sind nicht von ITU-T standardisiert.
Informationen zum Rahmenaufbau und den zwingend erforderlichen Stopftechniken finden Sie in Kapitel 2.

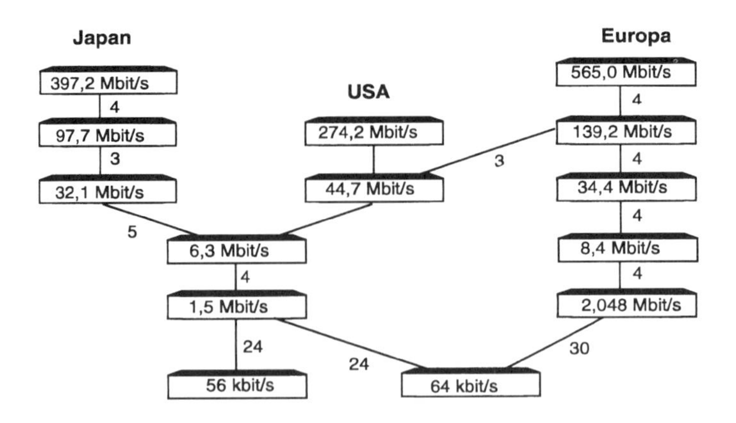

Bild 1.17: Aufbau der Plesiochronen Digitalen Hierarchie.

1.4 Übertragungscodes

Ein binäres, unipolares Signal, wie es am Ausgang des Codierers zur Verfügung steht, ist für die Übertragung über ein Kabel nicht geeignet. Grundsätzlich werden an die Leitungscodes für die Übertragung über Kupferkabel folgende Anforderungen gestellt:

- möglichst wenig lange Nullfolgen:
  der „Empfänger“ – ein Regenerator oder Demultiplexer – leitet aus dem ankommenden Signal seinen Abtasttakt ab. Die Güte der Taktableitung ist von der Zahl der Flankenwechsel im ankommenden Signal abhängig.
- keine Gleichstromkomponente im Signal:
  zur galvanischen Trennung und zur Minimierung von Störsignalen werden Kupferleitungen mit Übertragern abgeschlossen. Wie bekannt können diese nur Wechselspannungen übertragen
- Minimierung der spektralen Energieverteilung
- Prüfung auf Übertragungsfehler durch Überwachung der Codierregel.

Auf Lichtwellenleiterkabeln werde im allgemeinen nur binäre Zustände („Licht“/ „Kein Licht“) übertragen. Da die Bandbreite, die LWL-Kabel zur Verfügung stellen, außerordentlich groß ist, kann das Spektrum des optischen Signals durch Einfügen zusätzlicher Bits zur Fehlererkennung verbreitert werden. Nähre Erläuterungen zu den optischen Übertragungscodes finden Sie in Kapitel 2.

1.4.1 Beispiele für Übertragungscodes: AMI / HDB3 /CMI

Um die Gleichstromfreiheit zu gewährleisten wird ein „ternärer Code“ verwendet. Der Begriff „ternär“ weist darauf hin, daß die Anzahl der diskreten Amplitudenwerte, die der Code annehmen kann, drei beträgt. Im statistischen Mittel sind die beiden Codes AMI und HDB3 somit gleichstromfrei.

AMI-Code

AMI bedeutet „alternate mark inversion“. Die binären Werte „1“ werden wechselweise mit positiver und negativer Polarität übertragen, während die Null unverändert bleibt. Die Fehlererkennung ist nicht sehr effektiv und kann durch Doppelfehler (Fehlerbüschel) überlistet werden. Mit dem AMI-Code arbeiten beispielweise 1,5 Mbit/s Systeme der nordamerikanischen Hierarchie und – in leicht modifizierter Form- die ISDN-So-Schnittstelle.

HDB3-Code

Die Problematik langer Nullfolgen löst der HDB3 Code („high density bipolar“). Maximal drei Nullen sind erlaubt, eine vierte Null wird unterdrückt und stattdessen ein zu der AMI-Regel nicht konformes „Verletzungsbit“ gesendet, das die gleiche Polarität wie die vorausgehende „1“ aufweist. Dadurch würde jedoch ein neuer Gleichstromanteil erzeugt. Um den Polaritätswechsel aufeinanderfolgender Verletzungsbits zu gewährleisten, wird an geeigneter Stelle die erste Null von vier aufeinanderfolgenden „0“-Elementen durch ein sogenanntes B-Bit ersetzt. Der Empfänger detektiert die Gruppe B00V korrekt als Folge von vier „0“-Elementen. HDB3 ist der Leitungscode bei 2 Mbit/s-Systemen und ist auch für 34 Mbit/s-Systeme zugelassen. Bild 1.18 erläutert den AMI- und HDB3-Code.

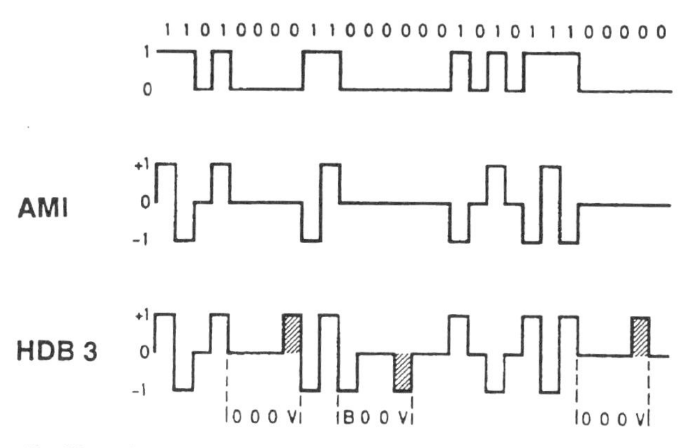

V: Bit zur Verletzung der AMI-Regel
B: Zusätzliches Bit. Es sorgt dafür, daß die Verletzungsbits mit alternierender Polarität eingefügt werden

Bild 1.18: Codes AMI und HDB3

CMI-Code

Der CMI-Code (Coded Mark Inversion, Bild 1.19) ist ein Zweipegelcode und wird überwiegend bei 140 Mbit/s verwendet. Er zeichnet sich durch eine hohe Taktdichte aus. Durch die gewählte Codierung verbreitert sich das Spektrum, das Signal erhält jedoch eine höhere Redundanz, die zur Fehlererkennung genutzt wird.

1.4.2 Weitere Codierungsvarianten

Eine weitere Gruppe von Codierungsverfahren läßt sich durch die Zahl X der binären Signalelemente beschreiben, die in Y ternäre (oder auch weiterhin binäre) Elemente umgewandelt werden.

xB yT bzw. xB yB (B = Binär, T = Ternär)

Beispiele sind der 4B3T-Code (Leitungscode bei 34 und 140 Mbit/s) oder der 5B6B-Code, der bei Lichtwellenleitern eingesetzt wird. Mit den 3 ternären Codewörtern des 4B3T-Code lassen sich 3^3 = 27 Codewörter darstellen, während binär nur 4^2= 16 Codewörter vorhanden sind. Der Gewinn an Redundanz wird zur Fehlerüberwachung und Synchronisierung benutzt, die geringere Bandbreite verbessert die Übertragungseigenschaften. Weitere Bemerkungen zu Übertragungscodes finden Sie in Kapitel 2.2.4.

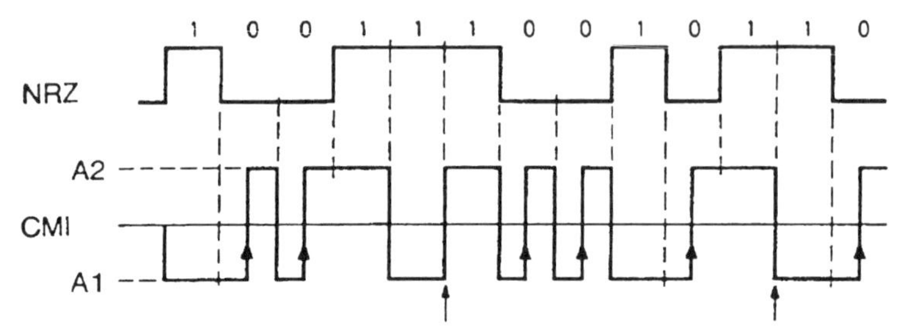

Für eine binäre "0" erfolgt ein Wechsel von A1 nach A2 innerhalb des Bitelements

Für eine binäre "1"

*erfolgt ein positiver Wechsel A1/A2 mit Beginn des Bitelements, wenn der Pegel des vorausgehenden Elements A1 ist

* erfolgt ein negativer Wechsel mit Beginn des Bitelements, wenn der Pegel des vorausgehenden Elements A2 ist

Bild 1.19: Code CMI

1.5 Literatur

ITU-T G.703, G.704
telekom-praxis: Meßtechnik für digitale Telekommunikations-Systeme (Heft15-16, 1990)
Seminarunterlagen „Digitale Übertragungstechnik“, Wandel & Goltermann
Schuon/Wolf: Nachrichten-Meßtechnik, Springer-Verlag.

2 Systemtechnik: Multiplexer und Leitungsausrüstungen

S. Schmoll

2.1 Multiplexer für die plesiochrone digitale Übertragung

2.1.1 Aufbau der PCM-Grundsysteme

Die PCM-Grundsysteme bilden die Grundlage sowohl für die plesiochrone als auch die synchrone Multiplexer-Hierarchie. Die Systemgeräte PCM 30 bzw. DSMX 64k/2, ein Blockschaltbild ist in Bild 2.1 dargestellt, sind aus verschiedenen Schaltungsblöcken mit definierten Aufgaben, den Systemteilen, aufgebaut. Sie besitzten einen Zentralteil, in dem die notwendigen Takte erzeugt und der Ablauf der Multiplexsignalbildung gesteuert wird, mehrere Kanaleinheiten, welche die Anpassung an die unterschiedlichen analogen Vermittlungsstellen oder Endgeräte durchführen und auf denen die Signalisierungs- und die Sprach- oder Dateninformationen behandelt werden, und einige zusätzliche Peripherieeinheiten.

Zentralteil
Im Zentralteil werden die für die Ablaufsteuerung des Sende- und des Empfangsteils notwendigen Takte mit verschiedenen Frequenzen und Puls/Pausenverhältnissen abgeleitet. Für die Sende- und die Empfangsseite stehen zwei unabhängige Grundtakte mit der Frequenz von 2048 kHz zur Verfügung. Der Empfangstakt muß immer auf das Empfangssignal synchronisiert werden.
Für die Ableitung des Sendetaktes gibt es dagegen unterschiedliche Betriebsarten.

- Im Normalfall wird er aus einem systemeigenen, freilaufenden Oszillator abgeleitet, der eine Toleranz von ±50 ppm einhalten muß.
- Er kann aber auch auf den externen, an der Taktschnittstelle T3an anliegenden Netztakt geregelt werden, wie es z.B. beim Einsatz in synchronen Netzen notwendig ist.
- Im besonderen Einsatzfall mit Taktschleife, z.B. in synchronen Systemen ohne externe Taktzuführung, kann als Sendetakt auch der Empfangstakt verwendet werden.

Im Sendeteil werden die im Zentralteil erzeugten, für die Multiplexbildung notwendigen Takte an die einzelnen Kanaleinheiten verteilt. Damit werden die aufbereiteten Sprachsignale zeitgenau in ein zentrales Bussystem eingefügt und von dort durch den Zentralteil übernommen, wo sie noch durch die Synchronisier-, die Melde- und die Signalisierinformation ergänzt werden.

Im Empfangsteil wird aus dem ankommenden Signal zuerst der Bittakt abgeleitet, auf den mit Hilfe eines PLL der Grundtakt synchronisiert wird. Dann durchläuft das Signal ein Schieberegister, in dem es nach dem Rahmenkennwort abgesucht wird. Der Rahmensynchronismus gilt als erkannt, wenn nach dem ersten Entdekken des Rahmenkennwortes in der ersten Stelle des Meldeworts im folgenden Rahmen eine „1“ und im danachfolgenden Rahmen wieder das Rahmenkennwort gefunden wurde. Nach dem Erkennen des Synchronismus können die Oktette in den empfangenen Zeitschlitzen auf die entsprechenden Kanaleinheiten verteilt und dort weiterverarbeitet werden. Das Verteilen wird blockiert und eine Neusynchronisierung eingeleitet, wenn das Rahmenkennwort, bei der laufenden Überwachung während des Betriebs, dreimal hintereinander nicht erkannt wurde.
Das Rahmenkennwort kann auch zur laufenden Überwachung der Übertragungsqualität auf die Grenzwerte der Bitfehlerwahrscheinlichkeit von $1*10^{-5}$ und $1*10^{-3}$ benutzt werden. Wird der Grenzwert überschritten wird ein nichtdringender oder ein dringender Alarm gemeldet. Günstiger für die Fehlererkennung ist allerdings die Auswertung der CRC-4-Signatur, die zur Sicherung des Synchronwortes gegen Vortäuschung bei allen modernen Geräten mitübertragen werden muß.

Kanaleinheiten

Auf den Kanaleinheiten werden die analogen Sende- und Empfangsleitungen durch Trennübertrager abgeschlossen, elektrisch angepaßt und für Meßaufgaben zusätzlich über einen Meß- und Trennstecker geführt. Im Sendezweig wird das analoge Signal auf eine Bandbreite von 3,4 kHz begrenzt, abgetastet und im PCM-Coder in ein digitales Signal gewandelt. Im Empfangsteil werden die digitalen Sprachsignale im Decoder wieder in analoge Abtastwerte umgesetzt, die, um einen höheren Energieanteil zu erzeugen, zu Rechtecken mit 125 µs Breite ausgedehnt werden. Die Verbreiterung verzerrt das entstehende analoge Signal, weil dadurch das konstante Frequenzspektrum zu höheren Frequenzanteilen hin bedämpft wird. Diese Verzerrung muß durch einen frequenzabhängigen Dämpfungsverlauf im Durchlaßbereich des Tiefpasses, der zur Unterdrückung der im decodierten Signal enthaltenen oberen Seitenbänder auf den Decoder folgen muß, ausgeglichen werden. Ein Verlauf nach einem (sin f)/f-Gesetz ist notwendig, der auch auf die beiden Tiefpässe von Sende- und Empfangsseite aufgeteilt werden darf.
Der zugehörige Zeitschlitz im Multiplexrahmen wird entweder beim Stecken der Kanalkarte festgelegt oder durch einen Steuerrechner im Zentralteil bei der Installation zugeteilt.

Neben dem „Codec“ für die Sprachumwandlung enthalten die Kanalkarten für die analogen Telefonanschlüsse noch Fühler, welche die Signalisierung für die verschiedenen Anwendungen aufnehmen und in 4 bit lange Meldungen zur Übertragung im 16. Zeitschlitz umsetzen, und Geber, welche die empfangenen digitalen Meldungen wieder in analoge Signalisierungszeichen wandeln. Für die Fernanschaltung von Telefonen gibt es spezielle Anschlüsse mit analoger Schnittstelle oder mit S_0- und U_{k0}-Schnittstelle für ISDN. Eine Kanalkarte für die schnelle Datenübertragung erlaubt es, Digitalsignale mit 64 kbit/s oder 128 kbit/s oktettrichtig in die Rahmenstruktur des Multiplexers einzufügen.

Schnittstelle zum Leitungsendgerät

Leitungsendgeräte LE, die unten genauer beschrieben werden, sind bei allen Multiplexern zur Anpassung an das Übertragungsmedium notwendig. Es kann in älteren Geräten ein selbständiges, vom Multiplexer unabhängiges Netzelement sein, das in größeren Ämtern oftmals räumlich weit entfernt vom Multiplexer steht. Das Signal am Multiplexerausgang muß dann so aufbereitet werden, daß Kabellängen mit einer Dämpfung von bis zu 6 dB bei der Nyquistfrequenz überbrückt werden können. Auf der Sendeseite wird dazu das binäre Signal in ein ternäres Signal mit HDB 3-Codierung und hohem Taktgehalt umgewandelt. Am Empfänger muß der Einfluß des Kabels ausgeglichen, d.h. das Signal muß entzerrt und verstärkt werden, bevor es in ein binäres Signal zurückgewandelt werden kann.
In neueren Geräten sind die Leitungsendgeräte, teilweise schon mit optischen Schnittstellen, in die Multiplexer integriert.

Alarmgabe

Weil bei einer Störung des Multiplexsignales immer mehrere Signale gleichzeitig gestört werden, ist bei den Digitalsignalmultiplexern eine wirkungsvolle Überwachung vorgesehen, die eine rasche Lokalisierung der Störungen gewährleistet. Eine Signalisierungseinheit überwacht alle Signale und Funktionseinheiten des Systems, sammelt und verknüpft die Meldungen, zeigt die entdeckten Störungen an und meldet sie der Gegenstelle mit Hilfe der an 3. und 4. Stelle im Meldewort reservierten Bit für dringenden (D-Bit) bzw. nicht dringenden Alarm (letzterer als N-Bit nur in älteren Geräten der Deutschen Telekom).
Nachgeschalteten Systemen wird, auch in den einzelnen Kanälen auf den Kanalkarten, bei Verlust des Empfangssignales das Alarm Indication Signal (AIS) geschickt, das ist ein Dauereins-Signal, das eine Störung und den Verlust des Netztaktes anzeigt, aber einen Folgealarm in den nachfolgenden Geräten verhindert.

Die Kanalkarten haben Leuchtdioden, die den Ausfall des jeweiligen Schnittstellensignals anzeigen und beim Empfang von AIS flackern. Die Überwachungsstellen innerhalb des Systems sind in Bild 2.1 mit **ü** gekennzeichnet.
Es werden folgende Funktionen überwacht:
- die Stromversorgung
- die Funktionsfähigkeit der Codecs
- die Sende- und Empfangstakte
- der Rahmensynchronismus und der Pegel des empfangenen Multiplexsignals

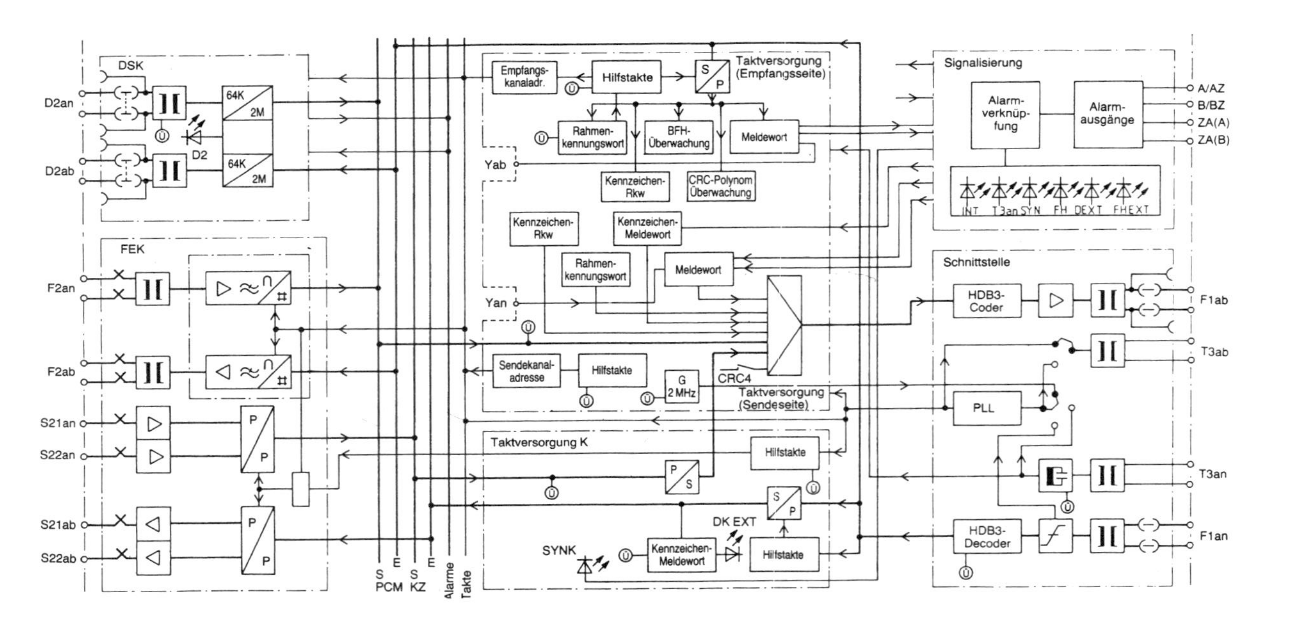

Bild 2.1: Blockschaltbild des Multiplexers DSMX 64k/2-CRC

- der Empfang des AIS
- die Fehlerhäufigkeit $>10^{-3}$

Störungen dieser Funktionen führen zur Meldung eines dringenden Alarms und zum Einblenden von AIS;

- die Fehlerhäufigkeit $>10^{-5}$

bei Überschreitung dieses Wertes wird – falls die Funktion implementiert ist – ein nicht dringender Alarm gemeldet;

- der Kennzeichen-Rahmensynchronismus
- die Belegungsquittung

deren Fehlen einen dringenden Alarm im Kennzeichenüberrahmen erzeugt.

Die Überwachungseinheiten moderner Geräte enthalten Rechner, die eine Q2-Schnittstelle nach außen besitzen, über die sie durch lokale PC (Craft Terminal) oder zentrale Management-Systeme gesteuert werden können. Mehrere Geräte können damit zu einem größeren lokalen oder, über längere Datenleitungen, auch zu einem verteilten Netzelement zusammengeschaltet werden.
Die Überwachungseinheit eines Multiplexers kann beispielsweise als Master über eine Busleitung 16 Slaves mitüberwachen, von denen vier räumlich entfernt sein und über Modems angeschaltet sein können.

2.1.2 Drop and Insert

Der in Multiplexern implementierte Steuerrechner ermöglicht auch eine flexible und veränderbare Kanalzuordnung und damit die „Drop and Insert“- oder „Add and Drop“-Technik. Dabei werden mehrere Multiplexer gemeinsam an eine Bus- oder Ringleitung geschaltet, die mit gedoppelten Zentralteilen ausgestattet sind. Jedes Gerät kann die Information aus bestimmten Zeitschlitzen auslesen und diese in Vorwärs- und Rückrichtung wieder mit eigener Information füllen, während die anderen Zeitschlitze transparent durchgeschaltet werden.
Bei einer bidirektionalen Ringanordnung ist mit Hilfe von „Drop and Insert“ eine einfache Ersatzschaltung möglich.

2.1.3 Plesiochrone digitale Multiplexer-Hierarchie (PDH)

Einführung

Zur besseren Nutzung der vorhandenen Übertragungskapazität fassen Multiplexergeräten die digitalen Signalströme in einer hierarchischen Stufung zusammen. In der europäischen Version bilden, wie in Kapitel 1.3.4 erläutert, jeweils vier Untersysteme ein Obersystem. Dabei werden die Signale, im Gegensatz zu der oktettweisen Verschachtelung der Grundsysteme, bitweise verschachtelt.
Die einzelnen Multiplexer arbeiten dabei plesiochron: alle Multiplexer der selben Hierarchiestufe arbeiten mit der gleichen nominellen Taktfrequenz, ihre individuellen Taktgeneratoren sind aber völlig unabhängig und können innerhalb vorgegebe-

ner Toleranzgrenzen voneinander abweichen. Die zulässigen Toleranzgrenzen sind $5*10^{-5}$ bei 2 Mbit/s, $3*10^{-5}$ bei 8 Mbit/s, $2*10^{-5}$ bei 34 Mbit/s und $1,5*10^{-5}$ bei 140 und 565 Mbit/s. Durch die plesiochrone Arbeitsweise werden die Takte der PCM 30-Grundsysteme transparent durch das Netz durchgereicht. Die Frequenzunterschiede der einzelnen Multiplexerstufen werden durch eine sog. Stopftechnik ausgeglichen.

Stopftechnik

Zum Ausgleich von Taktunterschieden wird die Stopftechnik angewendet. Man unterscheidet dabei drei mögliche Verfahren:

- *Positv-Stopfen:* Dabei ist die Taktfrequenz des Obersystems so hoch, daß selbst bei ungünstigsten Toleranzverhältnissen der Taktfrequenzen für jedes Untersystem mehr Übertragungskapazität zur Verfügung steht, als benötigt wird. So muß niemals Information unterdrückt werden. Kurzzeitig kann jedoch keine Information mehr zur Übertragung vorhanden sein, so daß Lükken im Multiplexsignal entstehen, die mit Leerinformation gefüllt werden müssen.
- *Negativ-Stopfen:* Dabei ist die Taktfrequenz des Obersystems so niedrig, daß für jedes Untersystem immer weniger Übertragungskapazität zur Verfügung steht als benötigt wird. Die veränderliche,überzählige Kapazität wird in einem schmalen „Überlaufkanal" übertragen.
- *Null-Positiv-Negativ-Stopfen:* Bei diesem Verfahren stimmen die nominellen Taktfrequenzen von Unter- und Obersystem überein. Bei Taktabweichungen muß deshalb entweder Leerinformation eingefügt (Positiv-Stopfen) oder Nutzinformation in einen Zusatzkanal umgeleitet (Negativ-Stopfen) werden.

In der PDH wird zum Ausgleich der Taktunterschiede zwischen Unter- und Obersystem für alle vier Untersysteme völlig unabhängig voneinander die Positiv-Stopftechnik angewendet. Wird Leerinformation übertragen – also „gestopft" – wird dies dem Empfänger durch ein Füllbitkennzeichen markiert. Dieses wird über den Rahmen verteilt mit ungerader Anzahl mehrfach gesendet, damit es unempfindlicher gegen burstförmige Störer ist. Die ungerade Anzahl wird gewählt, damit zur besseren Fehlersicherung ein Mehrheitsentscheid getroffen werden kann. Diese Sicherungen sind besonders wichtig, weil jeder falsche Stopfvorgang zu einem Synchronverlust im betroffenen Untersystem führen würde.

Rahmenaufbau

Der Rahmenaufbau muß die Rahmensynchronisierung ermöglichen und die Stopftechnik unterstützen. Er hat für die Multiplexer aller Hierarchiestufen die gleiche Struktur, wie aus den Darstellungen in Bild 2.2 zu entnehmen ist. Jeder der Rahmen ist in gleichlange Blöcke unterteilt, vier bei DSMX 2/8 und 8/34, sechs bei DSMX 34/140 und sieben bei DSMX 140/565. Zu Beginn jedes Blokkes wird Zusatzinformation eingefügt, der Rest steht für die bitweise Verschachte-

lung der von den Untersystemen kommenden Signale zur Verfügung. Dabei liegen die Rahmenanfänge der Untersysteme innerhalb des Multiplexsignals völlig zufällig und unabhängig voneinander und vom Rahmenaufbau des Obersystems.
Der erste Block beginnt immer mit dem Rahmenkennungswort, das abhängig von der Hierarchiestufe 10 bit oder 12 bit lang ist. Es können sich daran noch die Meldebits für den dringenden und den nicht dringenden Alarm und ein Dienstkanal anschließen. Die nächsten 3 oder 5 Blöcke beginnen jeweils mit dem Füllbitkennzeichen, wobei pro Unterkanal ein Bit je Block reserviert ist. Beim DSMX 140/565 enthält der letzte, der siebte Block, wegen der notwendigen ungeraden Anzahl, kein Füllbitkennzeichen, sondern nur zwei Meldebits und den Dienstkanal.
Die 5. bis 8. Bit im letzten Block eines jeden Rahmens sind als „stopfbare Bit" für die notwendig werdende Übertragung von Leerinformation vorgesehen, wobei wieder ein Bit pro Untersystem im Rahmen vorhanden ist.

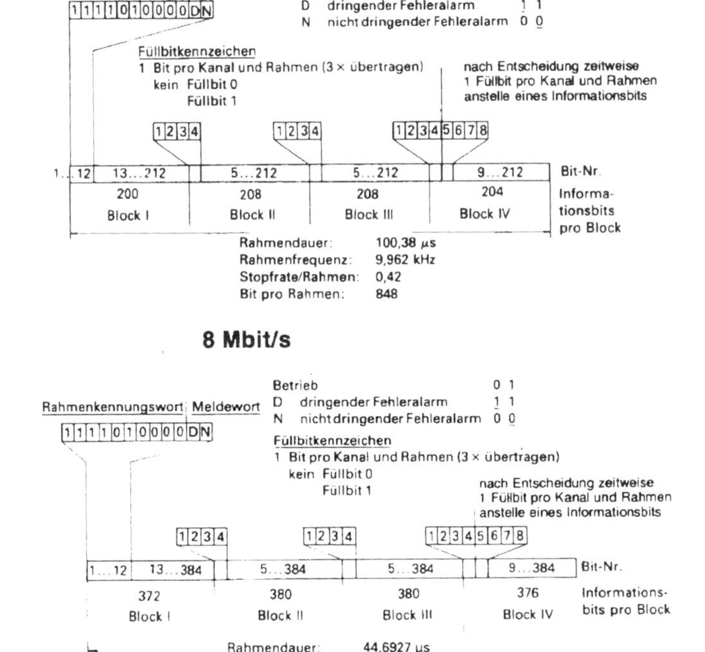

Bild 2.2: Rahmenaufbauten für die verschiedenen Hierarchiestufen der PDH (Fortsetzung nächste Seite)

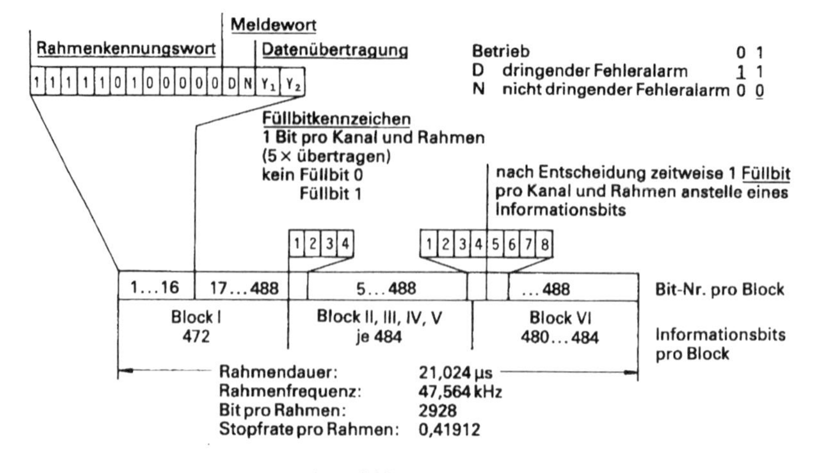

140

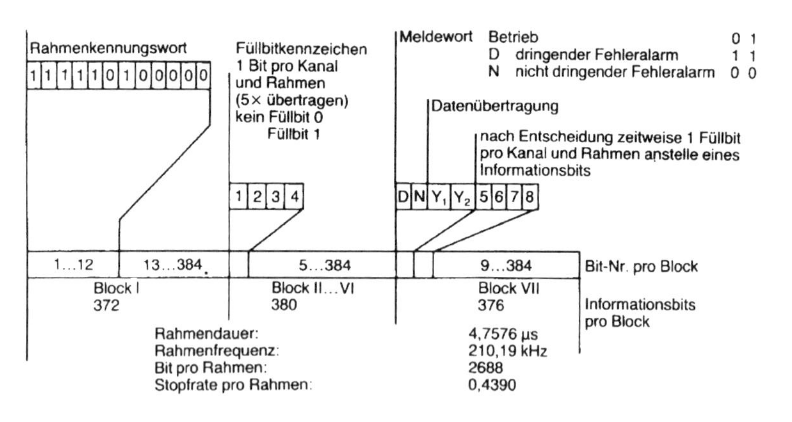

565-Mbit/s

Bild 2.2: Fortzsetzung

In den Rahmenstrukturen von Bild 2.2 sind die wichtigsten Daten der entsprechenden Rahmen eingetragen. Eine wichtige Größe ist dabei die Stopfrate r, die ein Maß für das Verhältnis der Anzahl von gestopften zu übertragenen Rahmen ist. Natürlich können nur ganze Bit gestopft werden, deshalb muß der Phasenunterschied solange aufgesammelt werden, bis er auf mindestens eine ganze Bitlänge angewachsen ist und auf einen Schlag ausgeglichen werden kann. Dieser Vorgang erzeugt einen Frequenzsprung und damit Jitter im Empfangssignal.

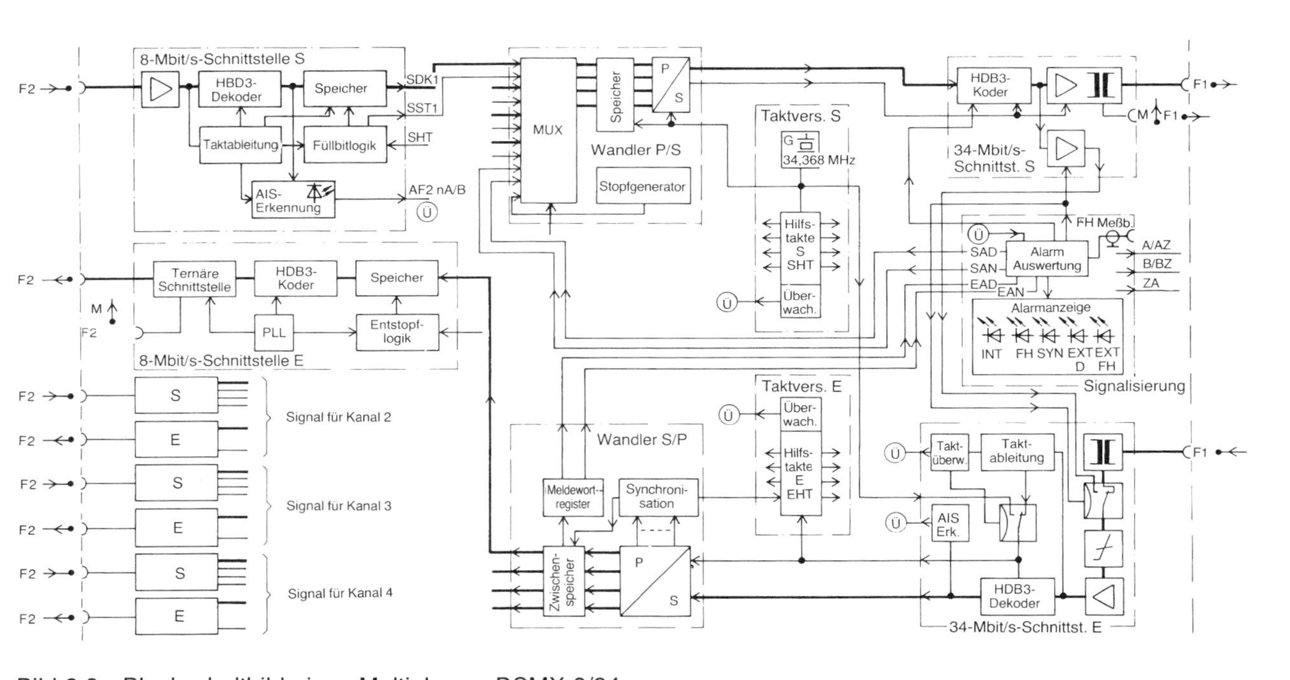

Bild 2.3: Blockschaltbild eines Multiplexers DSMX 8/34

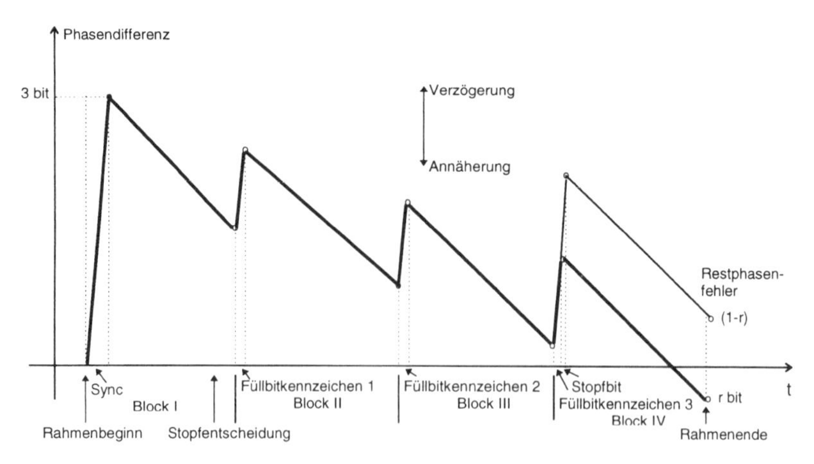

Bild 2.4: Phasenverlauf über einen Rahmen beim DSMX 2/8mit und ohne Stopfen

Funktionsweise der Multiplexer

Die Funktionsweise ist für die Multiplexer aller Hierarchiestufen prinzipiell die gleiche. Bild 2.3 zeigt das Blockschaltbild eines Multiplexer DSMX 8/34, der vier Untersysteme mit einer Geschwindigkeit von (8448 ± 0,254) kbit/s zu einem Obersystem mit (34368 ± 0,688) kbit/s zusammenfasst.

Sendeteil

Auf der Schnittstellenkarte des Untersystems wird aus dem ankommenden Signal, das entweder HDB 3- (bis 34 Mbit/s) oder CMI-codiert (bei 140 Mbit/s) ist, der Takt abgeleitet und mit seiner Hilfe das Signal in ein binäres Signal gewandelt und in einen Pufferspeicher der Länge 8 oder 12 Bit eingeschrieben. Aus diesem Speicher werden die Daten mit einem Takt ausgelesen, der durch Teilung durch den Faktor vier aus dem Takt des Multiplexerausgangssignals gewonnen wird.
Ein zentraler Multipexer verschachtelt die Daten der vier Untersysteme.
Da der Auslesetakt durch seine höhere Frequenz über die Blocklänge immer näher an den Einlesetakt heranrückt, wird der Auslesevorgang immer wieder angehalten. Die Pausen betragen beim Einfügen des Rahmenkennungswortes drei und an den anderen Blockanfängen jeweils eine Bitlänge. Die Takte laufen somit dort wieder auseinander. Dadurch verlaufen die Phasen des Einlese- und des Auslesetaktes innerhalb eines Rahmens sägezahnförmig gegeneinander und die Phasendifferenz ist bis zum Rahmenende in etwa ausgeglichen (Bild 2.4). Wenn die Einlese- und die Ausleseadresse des Speichers entsprechend gegeneinander versetzt sind, wird eine gegenseitige Störung des Schreib- und des Lesevorgangs innerhalb des Rahmens verhindert. Der Phasenausgleich kann aber nicht exakt

sein: durch die beim Positiv-Stopfen höhere Taktfrequenz des Obersystems bleibt am Rahmenende immer ein um Stopfrate mal Bitlänge verkleinerter Abstand zwischen den Takten, so daß der Auslesetakt im Laufe einer Rahmenfolge immer näher an den Schreibtakt heranrückt. Dann setzt der Stopfvorgang ein. In einem Phasenvergleicher werden der Schreib- und der Lesetakt überwacht. Wenn zu einem bestimmten Entscheidungszeitpunkt, der am Rahmenanfang, spätestens aber vor der Aussendung des ersten Füllbitkennzeichens, liegen muß, der Abstand zwischen den Takten eine vorgegebene Schwelle unterschritten hat, so wird in das stopfbare Bit dieses Rahmens Leerinformation eingefügt, damit sich der Taktabstand in diesem Rahmen um eine zusätzliche Bitlänge vergrößert.

Nach der Multiplexbildung wird das Sendesignal -bei entfernt stehendem Leitungsendgerät- auf der Schnittstellenkarte des Obersystems noch in den vorgeschriebenen Code mit hohem Taktgehalt (HDB3 oder CMI) umgesetzt und anschließend verstärkt. Beim DSMX 140/565 werden die Teilsignale vor der Multiplexbildung in einem Scrambler verwürfelt, so daß bei diesem Gerät der AMI-Code ausreichend ist.

Empfangsteil

Im Empfangsteil der Schnittstellenkarte des Obersystems muß aus dem HDB 3- oder CMI-codierten Empfangsignal der Multiplexer bis DSMX 34/140 der Empfangstakt abgeleitet werden. Beim DSMX 140/565 wird dieser schon zusammen mit dem AMI-codierten Empfangssignal vom Leitungsendgerät geliefert. Mit diesem Takt wird das Empfangssignal in Binärcode gewandelt und auf das Rahmenkennungswort abgesucht. Der Rahmensynchronismus gilt als erkannt, wenn das Rahmenkennungswort nach einem ersten Erkennen noch zweimal hintereinander an der selben Stelle wiedergefunden wird, und als verloren, wenn bei Rahmensynchronismus das Rahmenkennungswort viermal nacheinander nicht entdeckt werden kann.
Nachdem das Rahmenkennungswort unterdrückt und die Meldebits und ggf. der Dienstkanal abgetrennt sind, werden die Signale – entsprechend der Rahmenstruktur – im Serien/Parallel-Wandler auf die Untersysteme verteilt und deren Füllbitkennzeichen in einer speziellen Überwachungsschaltung ausgewertet. Die Empfangssignale werden dann mit einem lückenhaften Takt, der das Einlesen unterbricht, wenn die eingefügte Zusatzinformation oder ein Stopfbit anliegt, in einen Pufferspeicher eingeschrieben. Mit einem PLL hoher Güte wird aus dem lückenhaften Takt der Mittelwert ausgefiltert, der genau der Taktfrequenz des Senders im entfernten Untersystem entspricht, und mit diesem die Information kontinuierlich aus dem Pufferspeicher ausgelesen. Dieser Vorgang verläuft also umgekehrt symmetrisch zum Schreib/Lese-Vorgang auf der Sendeseite mit gegeneinander springenden Takten unterschiedlicher Frequenz.
Das Signal wird anschließend noch codiert und an der Schnittstellenkarte des Untersystems abgegeben.

Alarmierung

Die Alarmgabe der Multiplexer folgt dem Prinzip der Grundsysteme. Jeder Multiplexer enthält eine Signaleinheit, welche die Störungsmeldungen sammelt, weiterleitet und durch Leuchtdioden anzeigt.
Das Multiplexsignal wird auf Takt- und Rahmensynchronismus und auf ausreichenden Empfangspegel überwacht. Ist eines dieser Kriterien verletzt, so wird ein dringender Alarm (Remote Defect Indication, RDI) der Gegenstelle gemeldet und in alle weiterführenden Untersysteme wird AIS eingefügt. Außerdem wird durch Auswerten von falschen Rahmenkennungsworten die Bitfehlerhäufigkeit überwacht. Die Überschreitung der Schwelle 10^{-3} führt zu einem dringenden Alarm. In den Geräten im Netz der Deutschen Telekom führt zusätzlich das Überschreiten von 10^{-6} zu einem nicht dringenden Alarm, der angezeigt und durch das N-bit rückgemeldet wird.
Auf jeder Schnittstellenkarte wird das Empfangssignal auf Synchron- oder Signalverlust und AIS untersucht und der Fehlerzustand durch eine Leuchtdiode angezeigt und AIS im zugehörigen weiterführenden Untersystem eingefügt.

2.2 Leitungsausrüstung

2.2.1 Leitungsverstärker

Leitungsübertragungssysteme sind für die Anpassung an die verschiedenen Übertragungsmedien und für die fehlerfreie Übertragung darüber verantwortlich. Als Übertragungsmedien kommen Kupferleitungen in der Ausführung als symmetrische, verdrillte Adernpaare oder Koaxialleitungen und Lichtwellenleiter (LWL) in Betracht. Die Leitungsausrüstungen bestehen aus den sende- und empfangsseitigen Leitungsendgeräten, die den Multiplexern zugeordnet sind, und den -meist unterirdischen- Zwischenverstärkern, die von den Endstellen aus gespeist und überwacht werden. Die Funktionseinheiten von Leitungsendgeräten und Zwischenregeneratoren sind in Tabelle 2.1 zusammengestellt.

Die Leitungsausrüstungen der unterschiedlichen Hierarchiestufen unterscheiden sich in Funktion und Realisierung nur wenig. Beispielsweise enthalten die LE für 2 Mbit/s (im System nicht vorgesehen) und LE 565 (bereits im Mux enthalten) keine Scrambler.

Zwischenregeneratoren

Die Zwischenregeneratoren bestehen aus zwei Rücken an Rücken geschalteten vereinfachten Leitungsendgeräten ohne Scrambler/Descrambler und Multiplexer-Schnittstellenschaltungen. Dafür enthalten sie eine Stromversorgungsschaltung für die Fernspeisung aus den Endgeräten und eine Ortungseinrichtung für das Erkennen von an sie adressierten Meldungen und das Schalten von Leitungsschleifen.

Leitungsendgerät	**Zwischenregenerator**
Geräteschnittstelle	
geräteseitige Taktableitung	
Überwachung des Schnittstellensignals	
Schnittstellen-Decoder	
(Scrambler)	
Leitungs-Coder	
Leitungsverstärker bzw. elektrisch/optischer Wandler	Leitungsverstärker
Entzerrer bzw. optisch/elektrischer Wandler	Entzerrer
Verstärker	Verstärker
Taktrückgewinnung	Taktrückgewinnung
Regenerierung	Regenerierung
Leitungs-Decoder	
(Descrambler)	
Schnittstellen-Coder	
Geräteschnittstelle	
Überwachung	
Fehlerortung	Fehlerortung
(Ortungs-Zusatzkanal)	(Ortungs-Zusatzkanal)
Fernspeisung	Fernspeisung

Tabelle 2.1: Funktionseinheiten der Leitungsausrüstung

Bei Lichtwellenleitern kann im allgemeinen durch die großen Verstärkerfeldlängen auf Zwischenregeneratoren verzichtet werden.

Taktrückgewinnung

Die wichtigste Funktion der Leitungsausrüstungen ist die Rückgewinnung eines genauen und jitterfreien Taktes aus dem Empfangssignal. Damit kann wieder ein völlig geräusch- und verzerrungsfreies Signal erzeugt werden, wenn die Signalverzerrungen kleiner als der halbe Entscheidungsbereich sind. Es könnte also – theoretisch – eine unendliche Zahl von Verstärkungen erfolgen, die Qualität des Signals wird nur durch die Jitterakkumulation der Taktrückgewinnungsschaltungen begrenzt.
Die Qualität der Taktableitung wird durch den Gütefaktor Q bestimmt, das ist das Verhältnis der Taktfrequenz zur Bandbreite der selektiven Schaltung, der – abhängig von der Anwendung – im Bereich zwischen 30 und 3000 liegen kann. Die Bandbreite bestimmt zugleich die Jitterfrequenz des Ausgangssignals. Als passive Taktableitungen mit meist niedriger Güte, verwendet man hauptsächlich LC-Schwingkreise. Diese haben aber, neben dem Vorteil keine Leistung zu verbrauchen, was beim Einsatz in ferngespeisten Zwischenregeneratoren wichtig sein kann, den Nachteil, daß sie eine große Bandbreite und damit eine schlech-

te Störungsunterdrückung haben und bei Frequenzabweichung einen Phasenfehler erzeugen.
Heute werden meist aktive Taktableitungen durch „phasengeregelte Oszillatoren (PLL)“ realisiert. Dabei handelt es sich um abstimmbare Oszillatoren, die durch das Phasendifferenzsignal ihres Ausgangssignals und des Empfangssignals, das in einem Tiefpaß gefiltert wurde, gesteuert werden. Diese Schaltungen haben eine bessere Störungsunterdrückung und liefern außerdem auch bei fehlendem Empfangssignal ein – freilaufendes – Taktsignal, dessen Genauigkeit von der Güte des Oszillators bestimmt wird.

Fernspeisung

Bei der Übertragung über Kupferleitungen werden die unterirdischen Zwischenregeneratoren über die Signalleitungen mit einem eingeprägten Strom von ≈ 60 mA gespeist, aus dem sich die hintereinander geschalteten Zwischenverstärker ihre Versorgungsspannung ableiten. Bei den symmetrischen Leitungen kann der Fernspeisestrom über die Phantomschaltung der beiden Adernpaare geführt werden. Bei den Koaxialleitungen dagegen werden die Innenleiter für die Speisung mitbenützt und der Signal- muß vom Fernspeiseweg durch eine Hoch-/Tiefpaßschaltung, die sog. Fernspeiseweiche getrennt werden. Die Zwischenregeneratoren eines Verstärkerabschnittes zwischen zwei oberirdischen Verstärkerstellen werden je zur Hälfte von beiden Seiten versorgt, bei 2 Mbit/s Verbindungen müssen z.B. 2 mal 8 Verstärker ferngespeist werden können. Die beiden mittleren Zwischenverstärker bilden jeweils eine Versorgungsschleife.

2.2.2 Übertragungsmedien

Symmetrische Kupferleitungen

Diese Leitungen bestehen aus Kupferadern mit einem Durchmesser zwischen 0,4 mm und 1,4 mm, die mit Polyäthylen oder bei alten Kabeln auch noch mit Papier isoliert sind. Die Adern werden zur besseren Störunterdrückung verdrillt, wobei es zwei verschiedene Herstellungen mit unterschiedlicher Qualität gibt. Beim Sternvierer werden vier Adern gleichzeitig verdrillt, während bei der qualitativ höherwertigen Dieselhorst-Martin-Verseilung (DM) zuerst zwei Adern zu einem Paar und anschließend zwei Paare mit unterschiedlicher Schlaglänge zu einem Vierer verseilt werden.
Im interessiernden Frequenzbereich haben die Kabel eine frequenzabhängige Dämpfung, die proportional zu $\sqrt{f}$ ist und vom Skin-Effekt herrührt. Dieser Frequenzgang muß in den Empfängern durch automatische Entzerrer ausgeglichen werden. Die Reichweite wird bei diesen Kabeln hauptsächlich durch die Leitungstörungen bezogen auf den Empfangspegel und die geforderte Übertragungsqualität begrenzt. Als Leitungsstörungen treten Einkopplungen von Impulsstörern z.B. von Starkstromschaltern und vorallem das Nahnebensprechen von anderen Leitungen des selben Bündels auf. Das Nebensprechen nimmt mit wachsender Frequenz stark zu, deshalb werden symmetrische Kabel nur für

Übertragungsgeschwindigkeiten bis zu 2 Mbit/s verwendet. Bei höheren Übertragungsgeschwindigleiten werden Koaxialkabel oder Lichtwellenleiter eingesetzt.

Koaxialleitungen

Bei Koaxialleitungen ist ein Außenleiter als geschlossene Röhre und Schirm um den Innenleiter gelegt. Die Dämpfung hat auch hier den für Kupferleitungen charakteristischen $\sqrt{f}$-Gang und der erreichbare Verstärkerabstand wird durch den Einstellbereich der erforderlichen Entzerrer begrenzt. Eingesetzt werden zwei international genormte Ausführungen von Koaxialkabeln: 1,2/4,4 mm und 2,6/9,5 mm, wobei die erste Zahl den Durchmesser des Innenleiters und die zweite den des Außenleiters angibt.

Optische Übertragungstechnik

Die haarfeinen Fasern werden bevorzugt aus reinstem Quarzglas hergestellt. Für die Übertragung wird Licht verwendet, das zwischen dem ultravioletten und dem infraroten Bereich liegt, d.h. Licht mit einer Wellenlänge zwischen 700 nm und 1600 nm bzw. einer Frequenz zwischen 200 000 GHz und 420 000 GHz. Die extrem hohe Trägerfrequenz erlaubt auch bei breitbandigen Basisbandsignalen eine Schmalband-Übertragung ($B/f_0<10^{-5}$) mit allen bekannten Vorteilen (z.B. frequenzunabhängige Dämpfung, keine Gruppenlaufzeitverzerrung)
Weitere Vorteile der Lichtwellenleiter sind:
- geringe Abmessungen, niedriges Gewicht, hohe Flexibilität
- keine Beschränkung in der Übertragungsbandbreite
- keine externe Störbeeinflussung und keine Abstrahlung (EMV-Sicherheit)
- bei Glas als Isolator können keine Probleme mit Starkstrombeeinflussung und Erdung auftreten
- der Rohstoff Glas ist in beliebiger Menge und zu geringen Kosten verfügbar

Als Nachteile sind anzuführen:
- keine Möglichkeit zur Fernspeisung über die Faser
- das Verhalten der optischen Komponenten ist stark von der Umgebungstemperatur abhängig.

Lichtwellenleiter

Lichtwellenleiter (LWL) sind Glasfasern, deren Kern aus Glas mit einem Brechungsindex n_k besteht und einen Durchmesser von 6 µm bis 50 µm hat. Um diesen Kern schließt sich ein Mantel mit einem kleineren Brechungsindex n_m, der durch eine Kunststoffumhüllung („cladding") geschützt ist. So entsteht ein Übertragungsmedium mit einem gesamten Außendurchmesser von etwa 125 µm. Der Brechungsindex des Kerns muß größer als der des Mantels sein, damit die Lichtwellen im Kern geführt werden können. Beispielsweise besteht bei einem viel verwendeten LWL-Typ der Kern aus Quarzglas, das mit Germaniumoxyd dotiert ist ($SiO_2 + GeO_2$) und einen Brechungsindex von $n_k = 1{,}471$ hat, und einem Mantel aus reinem Quarzglas (SiO_2) mit einem Brechungsindex $n = 1{,}457$.

Die Ausbreitungsgeschwindigkeit des Lichtes ist abhängig vom Brechungsindex des Kerns und berechnet sich zu $c_L = c/n_k$, wobei c die Lichtgeschwindigkeit im Vakuum ist.
Da Lichtwellen als elektromagnetische Wellen beschreibbar sind, ist es möglich die Ausbreitungsbedingungen mit Hilfe der Maxwell'schen Differentialgleichungen zu berechnen. Deren Lösung führt zu speziellen "Moden", die Lichtwellen mit dem Einfallswinkel in die Fasern kennzeichnen, die als einzige in der Faser ausbreitungsfähig sind. Alle unter einem anderen Winkel einfallenden Strahlen werden durch interne Interferenzen ausgelöscht.

Fortpflanzung des Lichtes

Der Verlauf der Lichtstrahlen an den Faser-Grenzflächen ist in Bild 2.5 gezeigt. Lichtstrahlen, die mit einem Winkel θ_0 zur Längsachse auf die Stinfläche der Faser auftreffen, werden beim Übergang aus der Luft mit dem Brechungsindex $n_0 = 1{,}003$ in das dichtere Kerngebiet mit dem Winkel θ_k zur Achse hin gebrochen. Wenn sie in der neuen Richtung weiterlaufen treffen sie, sofern sie nicht in der Achse verlaufen, auf die Grenzfläche zum Mantel und werden dort unter dem Winkel θ_m zur Senkrechten der Grenzfläche erneut gebrochen. Dabei ist $\theta_m > \theta_k$, weil $n_m < n_k$, so daß ab einem bestimmten Winkel θ_{0max} die Lichtwellen im Kern bleiben und sich auf Zick-Zacklinien mit Reflexion an den Grenzflächen Kern-Mantel ausbreiten. Den Winkel θ_{0max}, der den Kegel bestimmt innerhalb dem das ausbreitbare Licht einfallen muß, wird als Akzeptanzwinkel und sein Sinus als „Numerische Apertur" bezeichnet. Er wird bestimmt durch $\theta_m = 90°$. Nach den Gesetzen der Optik und der Trigonometrie ergibt sich:

$$\sin \theta_{0max} = NA = \sqrt{n_k^2 - n_m^2}$$

Die Numerische Apertur NA ist davon abhängig an welcher Stelle der Faserstirnfläche das Licht eintritt.

Faserdämpfung

Das Licht wird entlang der Faser abgeschwächt und das Signal dadurch gedämpft. Für die Dämpfung auf der ungestörten Faser sind hauptsächlich drei Vorgänge verantwortlich:

- **Strahlung,** bei der durch geometrische Unregelmäßigkeiten im Aufbau der Faser Licht in den Mantel abgelenkt wird und dort verloren geht.
- **Absorption,** bei der Lichtenergie von den Molekülen des Glases aufgenommen und in Wärme umgewandelt wird. An den Rändern des Spektralbereichs sind das die natürliche Ultraviolett- und Infrarot-Absorption. Bei bestimmten Wellenlängen innerhalb des nutzbaren Frequenzbereichs wird sie durch Verunreinigungen in der Molekülstruktur, hauptsächlich durch OH- und Metallionen, hervorgerufen.
- **Streuung,** bei der das Licht durch kleinste Inhomogenitäten in der Glasstruktur, die kleiner als die Wellenlänge des Lichtes sein müssen und eine Verände-

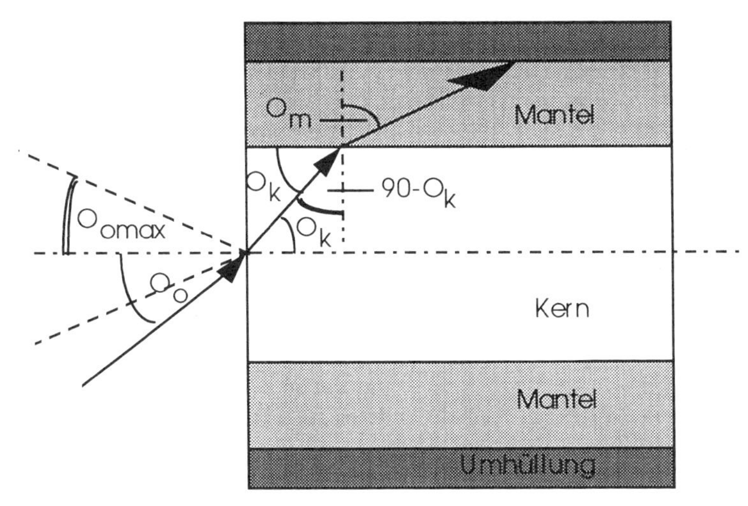

Bild 2.5: Herleitung der Numerischen Apertur

rung des Brechungsindexes verursachen, diffus abgelenkt werden. Die Streuung folgt dem Rayleigh'schen Gesetz und ist umgekehrt proportional zur vierten Potenz der Wellenlänge (Rayleigh-Streuung ~ $1/\lambda^4$). Bei sehr hohen Lichtstärken ist noch die Brillouin- und die Ramanstreuung zu beachten.

Der Dämpfungsverlauf des Lichtes in Abhängigkeit von der Wellenlänge ist in Bild 2.6 gezeigt. Die Ultraviolett-Absorption und vorallem die Rayleigh-Streuung begrenzen den verfügbaren Bereich des Lichtspektrum zu niederen und die Infrarot-Absorption zu hohen Wellenlängen hin. Dazwischen werden Bereiche durch die unvermeidlichen Verunreinigungen bei der Herstellung unbrauchbar. So machen sich beispielsweise OH-Ionen mit einer Verdünnung von 1 ppm schon dämpfend bemerkbar. Es bleiben für die Übertragung drei Wellenbereiche – die sog. „Fenster“ – übrig, die bei ≈ 780 nm, ≈ 1300 nm und ≈ 1550 nm liegen. Bei guten Fasern sind dabei heute Dämpfungen pro Kilometer von <3 dB bei 780 nm, <0,5 dB bei 1300 nm und <0,2 dB bei 1550 nm erreichbar. Derzeit wird das Fenster bei 1300 nm am häufigsten benützt, weil es dort opto-elektrische Wandler mit einem sehr gutem Preis-Leistungsverhältnis gibt.

Dispersion

Neben der Dämpfung spielt für die erreichbare Übertragungsstrecke auch die Dispersion eine entscheidende Rolle, besonders bei Fasern mit niedriger Dämpfung und bei breitbandigen Signalen, bei denen sie die Reichweite begrenzt. Unter Dispersion versteht man die Verzerrung des Signals, die hervorgerufen wird durch die unterschiedliche Laufzeit der im Signal enthaltenen Lichtanteile entlang der Faser.

Modendispersion

Wie oben beschrieben sind in der Faser nur bestimmte Moden ausbreitungsfähig, die unter verschiedenen Winkeln in die Faser eintreten. Wie in Bild 2.7 dargestellt werden diese Moden bei der Stufenindexfaser an der Kern-Mantel-Grenzfläche immer wieder reflektiert, so daß unterschiedlich steile Zick-Zack-Linien auftreten. Die einzelnen Moden müssen deshalb verschieden lange Wege zurücklegen und kommen zu unterschiedlichen Zeiten am Faserende an. Der Sendeimpuls der sich aus mehreren überlagerten Moden zusammensetzt wird deshalb am Leitungsende erniedrigt und verbreitert, wobei die Pulsform abhängig ist von der Anzahl der Moden, den Brechungsindizes und der Geometrie und der Länge der Faser. Die Modendispersion begrenzt bei den sog. **Mehrmodenfasern**, bei denen zwischen 100 und 1000 Moden ausbreitungsfähig sind, die sich in ebenen oder zirkularen Polarisationsebenen fortpflanzen, die Reichweite eher als die Dämpfung. Die Anzahl der Moden berechnet sich bei einem Kerndurchmesser d nach der Formel:

$$N \approx 0{,}5\ [\pi\ d\ NA / \lambda]^2$$

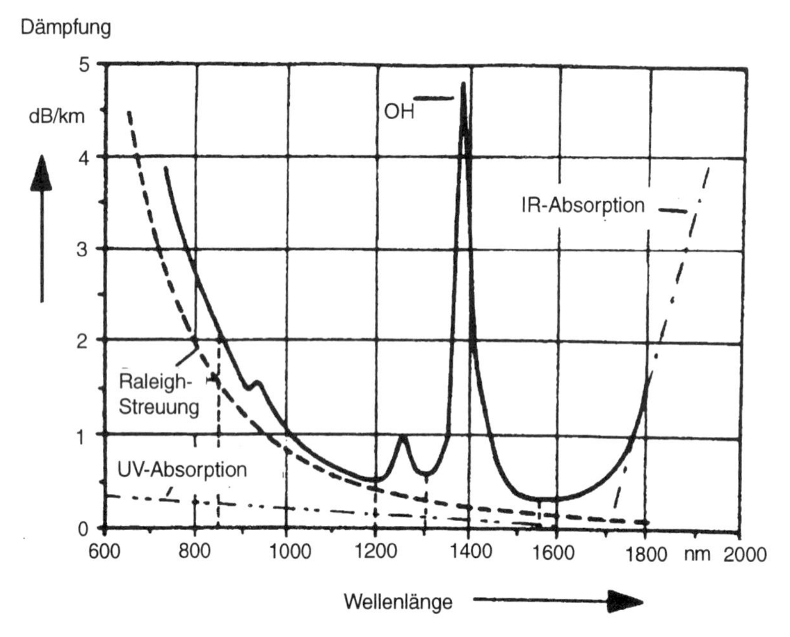

Bild 2.6: Faserdämpfung

An Störstellen, geometrischen Abweichungen, Faserbiegungen und vorallem an Spleißstellen mit den darin erzeugten Inhomogenitäten treten Richtungsänderungen der Moden auf. Sie führen zur Ablenkung von Lichtanteilen in den Mantel, zur Umwandlung von Moden in andere oder zu einem Leistungsaustausch unter den Moden (Modenkopplung und -mischung). Diese Effekte erzeugen zwar eine zusätzliche Dämpfung, durch die Modenmischung kann aber ein Ausgleich der Laufzeitunterschiede und damit eine Verringerung der Modendispersion eintreten.

Eine Minimierung der Modendispersion ermöglicht die **Gradientenindexfaser**. Dabei versucht man den Moden, die lange Wege zurücklegen müssen und mehr Zeit in den äußeren Bereichen es Kerns verbringen, eine höhere Geschwindigkeit zu geben. Der Brechungsindex wird dazu nicht mehr über den ganzen Kern konstant gehalten, sondern zum Mantel hin erniedrigt, wodurch eine höhere Geschwindigkeit in den äußeren Bereichen des Kerns erreicht wird. Eine konstante Laufzeit für alle Moden würde sich einstellen, wenn der Brechungsindex nach einer parabolischen Kurve verlaufen würde, was sich in der Praxis natürlich nur sehr schwer darstellen läßt, so daß nur eine angenäherte Kompensation möglich ist. Die Anzahl der Moden bei der Gradientenindexfaser halbiert sich im Vergleich zur Mehrmodenfaser.
Die Gradientenindexfaser hat nie große praktische Bedeutung erlangt, sie wurde durch die **Einmodenfaser** überholt, deren Fertigung durch rasante technologische Fortschritte möglich wurde. Wie man aus der Formel für die Modenzahl sieht nimmt ihre Anzahl ab je dünner der Kern wird. Kommt der Kerndurchmesser in die Größenordnung von 5 µm, so kann sich bei Wellenlängen von 1300 nm und 1550 nm nur noch ein einzelner Mode ausbreiten, man hat dann die Einmoden- oder Monomodefaser, bei der keine Modendispersion mehr auftreten kann. Allerdings muß wegen des geringen Kerndurchmesers mit sehr scharf gebündeltem Licht gearbeitet werden, um eine ausreichende Einkopplung zu gewährleisten.

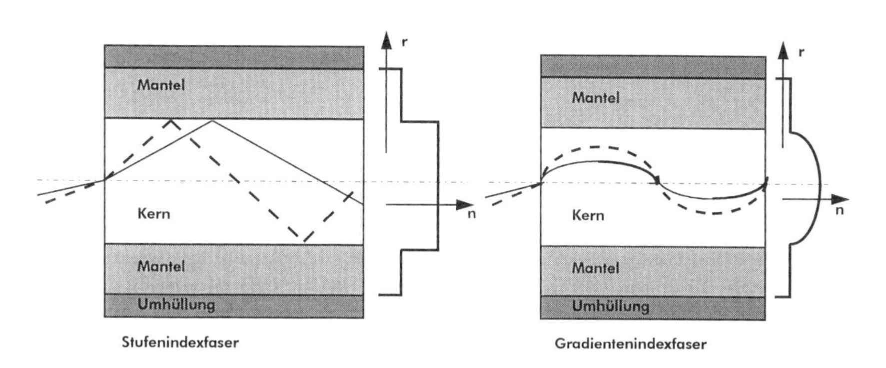

Bild 2.7: Verlauf der Moden in der Faser

Chromatische Dispersion

Wenn keine Modendispersion mehr auftritt wird der Einfluß der wesentlich kleineren chromatischen Dispersion sichtbar, die von der Breite des Lichtspektrums des Sendeimpulses abhängt und deshalb bei einem Laser mit einer Spektralbreite von ≈ 4 nm wesentlich kleiner ist als bei einer LED mit ≈ 50 nm. Die chromatische Dispersion setzt sich zusammen aus der Material- und der Wellenleiterdispersion. Ein typischer Verlauf ist in Bild 2.8 gezeigt.

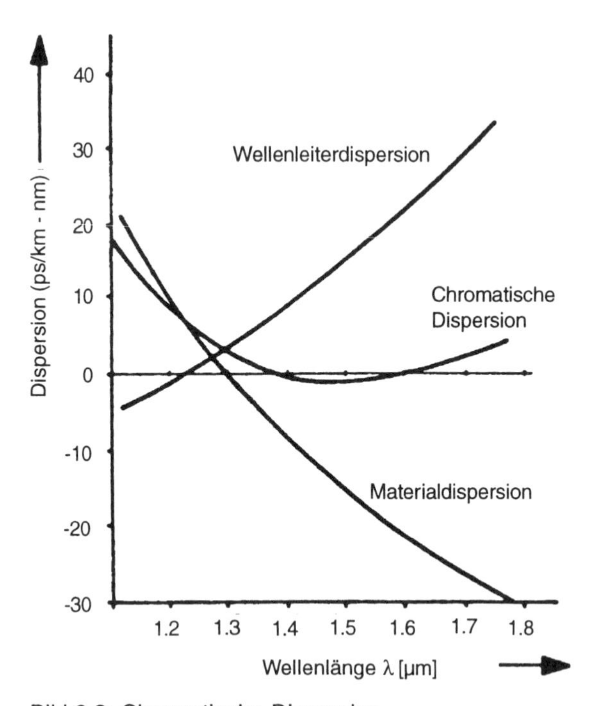

Bild 2.8: Chromatische Dispersion

Materialdispersion

Die Materialdispersion tritt bei nicht monochromatischem Licht auf, weil der Brechungsindex abhängig von der Wellenlänge ist. Ihr Einfluß ist vergleichbar mit der Gruppenlaufzeitverzerrung der Kupferleitungen. Sie nimmt mit zunehmender Wellenlänge ab und hat bei 1300 nm einen Nulldurchgang, was ein sehr großer Vorteil für die Übertragung im zweiten Fenster ist.

Wellenleiterdispersion

Die Wellenleiterdispersion ist noch einmal kleiner als die Materialdispersion. Sie tritt bei nicht monochromatischem Licht auf, weil die Ausbreitungsgeschwindigkeit der Lichtwellen bei konstanten geometrischen Abmessungen der Faser abhängig von der Wellenlänge ist. Sie nimmt mit zunehmender Wellenlänge zu, ist also gegenläufig zur Materialdispersion. Man versucht durch sorgfältige Gestaltung der Fasergeometrie eine Kompensation der beiden chromatischen Dispersionen und ein Minimum bei 1550 nm zu ereichen, damit bei der Wellenlänge mit der geringsten Dämpfung auch eine niedrige Dispersion erreicht wird.

Zusammenhang zwischen elektrischer und optischer Bandbreite

Zwischen der elektrischen und der optischen Leistung besteht ein quadratischer Zusammenhang $N_E \sim N_0^2$, weil der Strom im optisch-elektrischen Wandler proportional zur Lichtleistung ist: $i \sim N_0$ und $N_E \sim i^2 R$. Wegen dieses Zusammenhangs quadriert sich der Wert des Geräuschabstands und der Pegel im Vergleich der elektrischen mit der optischen Seite. Die Bandbreite des elektrischen Signals wird um den Faktor 2 kleiner als die des optischen: $B_E = B_0/\sqrt{2}$.

Optische Verstärker

Die optischen Verstärker ermöglichen die Verstärkung von optischen Signalen ohne Umsetzung in den elektrischen Zustand. Solche Verstärker stehen im Moment nur für Wellenlängen im 3. Fenster bei 1550 nm als sog. EDFA (Erbium Doped Fiber Amplifier) zur Verfügung.
Als verstärkendes Element wird beim EDFA eine Faser aus SiO_2 verwendet, die mit Ionen der seltenen Erde Erbium dotiert ist. Vor diese Faser wird, wie in Bild 2.9 dargestellt, ein Wellenlängenmultiplexer geschaltet, in welchem dem signaltragenden Licht ein zweites mit anderer Wellenlänge und höherer Energie überlagert wird, das in einem sog. Pumplaser erzeugt wird. Als Wellenlängen für dieses Licht eignen sich besonders 1480 nm oder 980 nm, weil dafür Laser mit genügend hoher Ausgangsleistung zur Verfügung stehen. Mit 980 nm lassen sich höhere Verstärkungen als mit 1480 nm erzeugen.
Die Photonen des Pumplichtes heben Elektronen im dotierten Glas in ein höheres Energieniveau. Die Photonen des signaltragenden Lichtes stimulieren diese dazu,

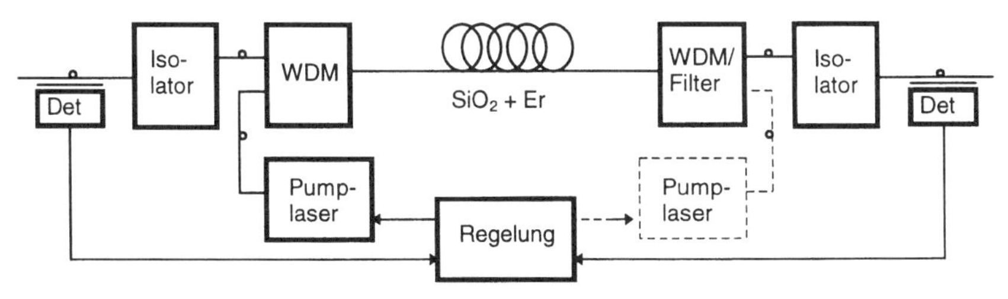

Bild 2.9: Prinzipschaltbild eines optischen Verstärkers

unter Aussenden von Lichtenergie mit der Wellenlänge des anregenden Lichtes, wieder auf das Basisniveau zurückzufallen. Am Ausgang des Verstärkers muß der Rest des Pumplichtes unterdrückt werden. Bei Vorverstärkern wird dazu ein abstimmbares optisches Filter eingesetzt, das gleichzeitig das Signal/Geräuschverhältnis verbessert. Bei Leistungsverstärkern in doppelt gepumpter Ausführung dagegen verwendet man auch am Ausgang einen Wellenlängenmultiplexer über den dann auch von der Ausgangsseite her noch Pumpleistung eingekoppelt und dadurch die Ausgangsleistung verdoppelt werden kann. Detektoren überwachen die Signalpegel am Ein- und Ausgang und steuern in Abhängigkeit von ihrer Höhe die Leistung des Pumplasers. Dadurch wird die Übersteuerung des Verstärkers verhindert. Die optischen Verstärker arbeiten in einem Wellenlängenbereich von ≈ 35 nm und erlauben eine zulässige Signalbandbreite von >100 GHz. Sie haben eine Verstärkung <30 dB und liefern einen Ausgangspegel von 14 dBm bei einfach und 17 dBm bei doppelt gepumpter Ausführung. Bei Vorverstärkern macht sich die spontane Emission und bei analogen Leistungsverstärkern die Nichtlinearität störend bemerkbar.

2.2.3 Leitungsausrüstungen für die verschiedenen Übertragungsgeschwindigkeiten

2.2.3.1 Leitungsausrüstung für 2 Mbit/s

Konventionelle Systeme

Vorwiegend werden hier symmetrische Kabel mit einem Durchmesser von 0,6 mm bis 1,4 mm oder im Teilnehmeranschlußbereich auch mit 0,4 mm verwendet. Als Leitungscode wird HDB-3 eingesetzt, der Sendepegel beträgt 2,36 V_{0S} und die Sendeimpulse haben -in Deutschland- die Form von Sinushalbwellen, um das Nebensprechen auf den Leitungen zu begrenzen. Es werden keine Scrambler verwendet. Wegen der Leitungsstörungen kann nur eine Dämpfung von <40 dB bei der Nyquistfrequenz (1024 kHz) überbrückt werden. Dies führt für die unterschiedichen Kabel zu den in der folgenden Tabelle 2.2 angegebenen Verstärkerfeldlängen:

Verseilart	St III			St I			DM
Aderndurchmesser	0,4 mm	0,6 mm	0,8mm	0,9 mm	1,2 mm	1,4 mm	1,4 mm
Dämpfung pro km	20 .. 24 dB	15,4 dB	12,8 dB	11,1 dB	9,4 dB	8,4 dB	7,4 dB
Verstärkerfeldlänge	1,6 .. 2 km	2,53 km	3,13 km	3,6 km	4,22 km	4,76 km	5,41 km

Tabelle 2.2: Verstärkerfeldlängen bei Systemen für 2 Mbit/s und HBB3-Code

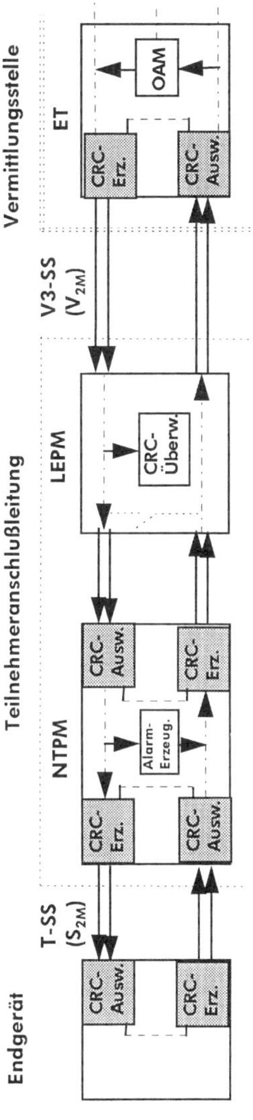

Primärmultiplexanschluß (PMXA)

Die Zahl von 2 Mbit/s-Übertragungsstrecken im Teilnehmeranschlußbereich hat mit der Einführung von ISDN erheblich zugenommen, weil größere ISDN-Nebenstellenanlagen über S_{2M}-Verbindungen (30 B-Kanäle, ein D-Kanal) an die Vermittlungsstelle angeschlossen werden. Man hat für die Übertragung dieser Signale ein eigenes System PMXA geschaffen, bei dem zwar der selbe Rahmen mit 32 Zeitschlitzen, wie bei den PCM 30-Grundsystemen, verwendet wird, bei dem aber in den Meldeworten der ersten Zeitschlitze eine zusätzliche Kapazität für Übertragung von Befehlen und Meldungen zur Überwachung der Strecke bereitgestellt wurde. Den Abschluß der PMXA-Übertragungsstrecken bilden auf der Vermittlungsseite die Leitungsendgeräte LE, die der Vermittlungsstelle die genormte Schnittstelle V3 (in Deutschland V_{2M}) anbieten. Auf der Teilnehmerseite ist die „Network Termination" (NT1), welche den Abschluß des Netzes und des Hoheitsgebietes des Netzbetreibers darstellt und an die man Endgeräte (ISDN-Nebenstellenanlagen) über die international genormte T3-Schnittstelle (in Deutschland S_{2M}) angeschließen kann. Die PMXA-Übertragungsstrecke ist dabei in ihrer Funktion unsymmetrisch, denn die Vermittlungsstelle enthält eine „Exchange Termination" (ET) genannte Funktionseinheit, welche als „Master" die ganze PMXA-Übertragungsstrekke überwacht und das NT1 und die Endgeräte mit einem hochgenauen Takt synchronisiert. Das Blockschaltbild einer PMXA-Übertragungsstrecke ist in Bild 2.10 gezeigt.

Bild 2.10: PMXA-Übertragungsstrecke

Es gibt zwei unterschiedliche Ausführungen von NT1 und LE, eine für die symmetrischen Kupfer-Doppeladern im Teilnehmeranschlußbereich und eine andere für Lichtwellenleiter. Für die Kupferleitungen werden als $LEPM_{Ku}$ modifizierte Ausführungen der normalen LE der PCM 30 Verbindungen mit HDB-3-Code verwendet, die lediglich so abgeändert sind, daß sie bei Signal- und Synchronisationsverlust statt AIS ein Ersatzpattern (AUXP) 101010... in beiden Übertragungsrichtungen senden. Bei den neu entwickelten Geräten für Lichtwellenleiter $LEPM_{Gf}$ kann zusätzlich eine vom ET gesteuerte Prüfschleife am teilnehmerseitigen Ausgang des LE geschlossen werden. Als Leitungscode wird bei den Lichtwellenleitern ein 1T2B-Code eingesetzt, der die ternären Zustände von HDB-3 folgendermaßen umsetzt: +1 =11; -1 = 00 und 0 = 01. Dies führt zu einer Verdopplung der Übertragungsbandbreite, was aber bei der optischen Übertragung nicht stört.

Mit den $LEPM_{Ku}$ ist über eine 0,4 mm-Ader nur eine Reichweite von 1,7 km erreichbar, während beim $LEPM_{Gf}$ mit einer Wellenlänge von 1300 nm und einem Laser eine Regeneratorfelddämpfung von 29 dB erreichbar ist, was einer Reichweite von bis zu 45 km bei einer Mehrmodenfaser und bis zu 89 km bei einer Einmodenfaser entspricht.

Im Meldewort des Übertragungsrahmens wird mit Hilfe des 5. Bit Sa5 (Y1) die Richtung der Signale gekennzeichnet. Eine 0 bedeutet, daß das Signal von der Vermittlungsstelle und eine 1, daß es vom Teilnehmer gesendet wurde. Mit Hilfe dieses Richtungskennungsbits lassen sich auch ungewollte Kurzschlüsse und gewollte Testschleifen erkennen.
Die Strecken NT1→ET und ET→T1 werden nach der bekannten Methode auf CRC-4-Fehler überwacht und das Ergebnis mit Hilfe der E-bit der jeweiligen Gegenstelle mitgeteilt. Die selbe Überwachung mit Rückmeldung wird davon unabhängig nocheinmal für beide Richtungen der Schnittstellenverbindung zwischen NT1 und Endgerät durchgeführt. Die LE sind für die Fehlermeldungen und CRC-4-Signaturen transparent, im $LEPM_{Gf}$ wird allerdings zur sicheren Rahmensynchronisierung, die man zum Erkennen des Schleifenbefehls braucht, die CRC-4-Überwachung durchgeführt.

Mit den 6. Bit des Meldewortes Sa6 (Y2) werden Zeichen mit 4 bit Länge gebildet, mit deren Hilfe Befehle und Meldungen zur Überwachung zwischen ET und NT1 ausgetauscht werden können. Es werden folgende Zeichen benützt:

zwischen ET⇒NT1
0000 Normale Übertragung
1111 Testschleife 1 am LE-Ausgang Richtung NT1 schließen
1010 Testschleife 2 im NT1 schließen

zwischen NT1⇒ET
0000 Normale Übertragung ohne CRC-4-Fehler auf der Schnittstellenverbindung Endgerät⇒NT1
0001 Normale Übertragung mit vom Endgerät gemeldeten CRC-4-Fehlern NT1⇒Endgerät *)
0010 Normale Übertragung mit CRC-4-Fehler auf der Schnittstellenverbindung Endgerät⇒NT1 *)

0011 Normale Übertragung mit gleichzeitigen CRC-4-Fehlern NT1⇒Endgerät und Endgerät⇒NT1 *)

*) Diese Meldungen sind optional und müssen nicht erzeugt werden.

1000 Ausfall der Versorgung des NT1 (eine Pufferspeisung ist vorzusehen, damit diese Meldung noch mindestens 60 ms gesendet werden kann)

1100 Signal- oder Synchronausfall am Schnittstelleneingang des NT1

1110 Signal- oder Synchronausfall am Leitungseingang des NT1

1111 Empfang von AIS am Leitungseingang des NT1

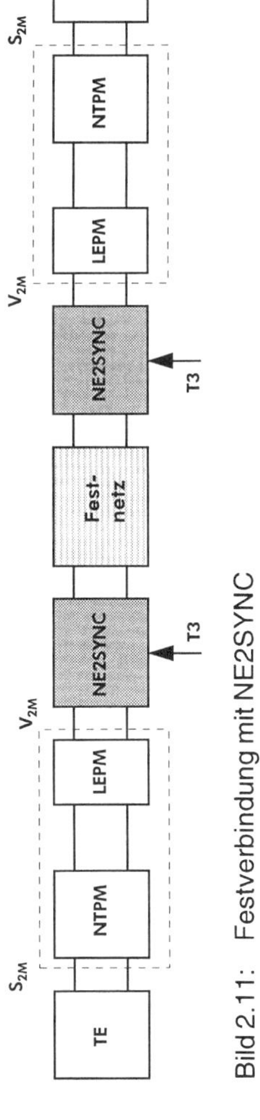

Bild 2.11: Festverbindung mit NE2SYNC

Mit Hilfe dieser Meldungen, dem Alarm RDI, der im ET und im Endgerät erzeugt und transparent durch LE und NT1 gereicht wird, und dem im LE erzeugten AUXP ist eine genaue Fehlerlokalisierung möglich.

Netztakteinspeisegerät (NE2SYNC)

Primärmultiplexstrecken ermöglichen auch Festverbindungen zur transparenten Übertragung von strukturierten Signalen mit n*64 kbit/s ($n \leq 31$). Diese werden nicht über eine Vermittlungsstelle geführt. Deshalb ist ein Zusatzgerät erforderlich, das die Synchronisierungs- und Überwachungsaufgaben der ET übernimmt. Die Festverbindungen sind auf beiden Seiten mit einem NE2SYNC abgeschlossen (Bild 2.11).

Das NE2SYNC besitzt eine Schnittstelle T3 für den Netztakt aus dem der notwendige hochgenaue Takt abgeleitet werden kann. Es ist aber auch möglich, den Takt nur in einem NE2SYNC aus T3 abzuleiten und im anderen das ankommende Leitungssignal als Taktquelle zu verwenden.

Die NE2SYNC erfüllen bezüglich der Überwachung des Teilnehmeranschlusses alle Funktionen des ET. Für die Einbindung in das Network Management System „SISA“ der Deutschen Telekom besitzt das NE2SYNC eine Networkmanagement-Schnittstelle Q_{D2}.

Bei nicht voller Ausnützung der Übertragungskapazität ($n < 31$) werden die leeren Zeitschlitze von den NE2SYNC gesperrt und mit Dauer-1 gefüllt.

High bit rate Digital Subscriber Line (HDSL)

Verwendet man für die PMXA-Anschlüsse die konventionelle Technik mit HDB-3-Codierung, so kann man mit einer maximalen Reichweite von nur 1,7 km rechnen. Um möglichst viele Teilnehmer ohne Zwischenverstärker anschließen zu können wurde deshalb eine andere Übertragungstechnik entwickelt, die eine größere Reichweite erlaubt.
Bei der Deutschen Telekom wurden die sog. Anschluß-Multiplexer eingeführt. Diese verwenden eine 2B1Q-Codierung, d.h. daß zwei binäre Zeichen in eines mit vier Pegeln umgesetzt werden. Durch die Umcodierung wird zwar der Störabstand heruntergesetzt, aber wegen der halbierten Schrittgeschwindigkeit und Grenzfrequenz wird die Leitungsdämpfung um etwa 30 % kleiner und die Nebensprechdämpfung um 4,5 dB höher. Dadurch und wegen der verbesserten Empfänger mit störungs-prädiktiver quantisierter Rückkopplung wird eine deutlich vergrößerte Reichweite erzielt.

Diese Technik wurde beim HDSL noch verbessert indem man die Empfänger mit Echolöschern ausrüstete, so daß auf einer Doppelader im Gegenbetrieb gearbeitet werden kann. Durch die Aufteilung der Signale in zwei oder drei parallele Teilströme erreicht man eine weitere Reduzierung der Schrittgeschwindigkeit und eine größere Reichweite. Die Systeme mit zwei Doppeladern erlauben eine Reichweite von 3 km bis 3,5 km.

2.2.3.2 Leitungsausrüstungen für höhere Übertragungsgeschwindigkeiten

Bei Geschwindigkeiten ab 34 Mbit/s werden entweder Koaxialkabel 1,2/4,4 mm oder 2,6/9,5 mm oder Lichtwellenleiter verwendet. In der folgenden Tabelle 2.3 sind die verwendeten Übertragungsmedien und die Leitungs- und Schnittstellencode für die verschiedenen Übertragungsgeschwindigkeiten zusammengestellt:

Übertragungsgeschwindigkeit	Medium	Leitungscode	Stufenzahl	Schrittgeschwindigkeit	Fehlervervielfachung	Redundanz	Schnittst.-code
34 Mbit/s	Koax	MMS43	3	26 Mb	1,5	19 %	HDB 3
34 Mbit/s	LWL	5B6B	2	41 MB	1,3	20%	HDB 3
140 Mbit/s	Koax	MMS43	3	105 Mb	1,5	19%	CMI
140 Mbit/s	LWL	5B6B	2	168 Mb	1,3	20%	CMI
565 Mbit/s	Koax	AMI	3	565 Mb	1	58%	AMI
565 Mbit/s	LWL	5B6B	2	678 Mb	1,3	20%	AMI

Tabelle 2.3: Zusammenstellung von Übertragungsmedien und Codes von Übertragungsssstemen

Die verwendeten Leitungscode MMS43 für Koaxialkabel und 5B6B für Lichtwellenleiter sind in Kapitel 2.2.4 beschrieben.
Die Regeneratorfeldlänge auf den Koaxialkabeln wird durch den Regelbereich der Entzerrer bestimmt. Die Impulsform der Sendeimpulse ist rechteckförmig. Für die verschiedenen Übertragungsgeschwindigkeiten sind in der folgenden Tabelle 2.4 für die beiden Kabeltypen die Sendepegel an 75, die überbrückbaren Dämpfungen und die sich daraus ergebenden Reichweiten zusammengestellt:

Übertragungs- geschw.	Kabeltyp	Sende- pegel	Mittlere Dämpfung	Mittlerer Abstand	Überbrückb. Dämpfung	Überbrückb. Abstand	Speisbare Reg
34 Mbit/s	1,2/,44 mm	3 V_{0S}	76 dB	4,1 km	61...84 dB	3,4...4,2 km	2 mal 12
34 Mbit/s	2,6/9,5 mm	3 V_{0S}	77,8 dB	9,3 km	61...84 dB	7,5...9,4 km	2 mal 13
140 Mbit/s	1,2/,44 mm	6 V_{0S}	77 dB	2,05 km	63...85 dB	1,7...2,3 km	2 mal 12
140 Mbit/s	2,6/9,5 mm	6 V_{0S}	78,7 dB	4,65 km	63...85 dB	3,7...5 km	2 mal 14
565 Mbit/s	2,6/9,5 mm	1,8 V_{0S}	62,3 dB	1,55 km	57..69 dB	1,4...1,7 km	2 mal 21

Tabelle 2.4: Kennwerte der Übertragungsysteme

2.2.4 Kanalcodierung

Einführung

Die Kanalcodierung wird dazu eingesetzt die digitalen Signale an die Eigenschaften des Übertragungskanales anzupassen. Beeinflußt werden können folgende Eigenschaften:

- *Spektrale Eigenschaften*
  Einen Vergleich der Leistungsspektren der Code AMI, MMS43 und 5B6B zeigt Bild 2.12. Die Anforderungen an einen Code sind:
- Geringe Spektralanteile bei niederen Frequenzen, möglichst Gleichspannungsfreiheit
- Geringe Bandbreite, denn ein schmales Spektrum ergibt neben der Bandbreitenersparnis auch eine gute Störunterdrückung und erleichtert die Entzerrung

Ein niederer Frequenzbereich sorgt für große Reichweite und geringes Nebensprechen

- *Taktgehalt*
- *Fehlerüberwachung durch Redundanz*
- Die Redundanz R ist der Unterschied zwischen dem maximal möglichen – durch Stufenzahl und Zeichenlänge vorgegebenen – Informationsgehalt des Codes H_0 (Entropie) und dem tatsächlich genutzten Informationsgehalt H. Mit r wird die relative Redundanz R/H_0 bezeichnet.

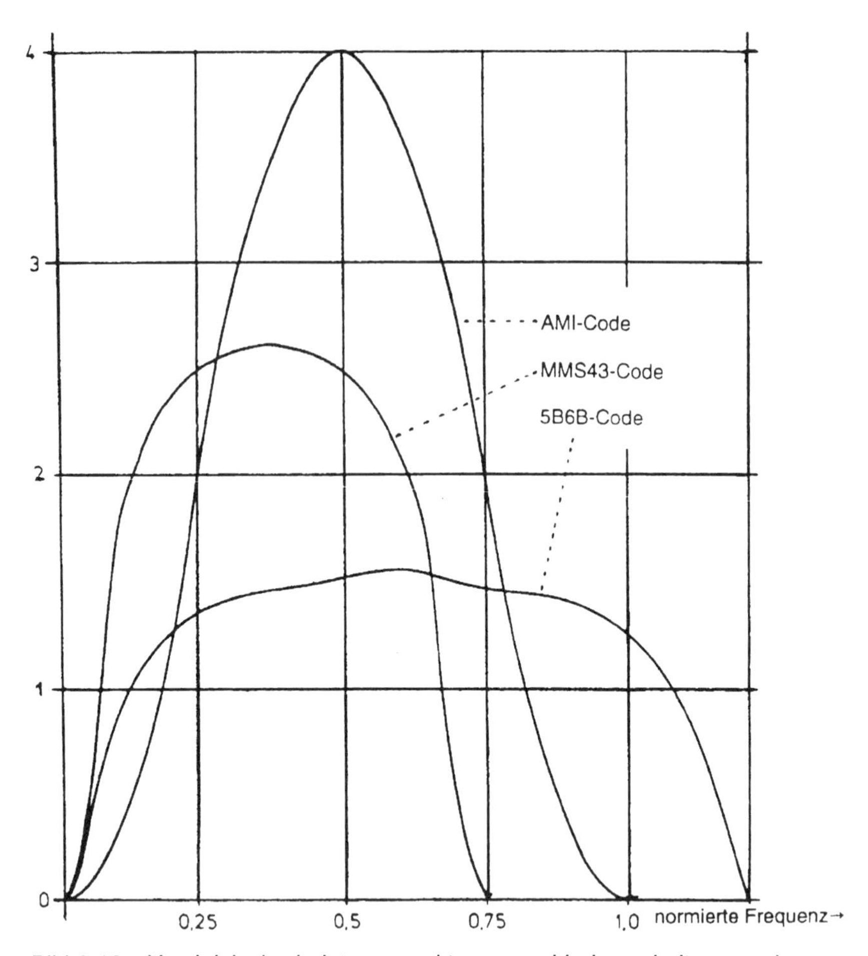

Bild 2.12: Vergleich der Leistungsspektren verschiedener Leitungscode

- Die Digitale Wort Summe (DWS) ist die Quersumme über die Wertigkeiten der Zeichen eines Codewortes.
- Die Variation der LDS (DSV) gibt den Unterschied zwischen dem maximalen und dem minimalen Wert der LDS an.

Blockcode

Die Blockcode werden häufig als Leitungscode eingesetzt. Dabei werden Bitgruppen (Blöcke) zusammengefaßt und in andere Bitgruppen mit verschiedener Anzahl von Zeichen und/oder Wertigkeit der Zeichen umgesetzt. Für die Übertragung mit 34 Mbit/s und 140 Mbit/s über Koaxialkabel verwendet man einen 4B3T-Code in der Ausführung MMS43 und für alle Übertragungsgeschwindigkeiten 34 Mbit/s über LWL den 5B6B-Code.

Ternärer Blockcode 4B3T

Der 4B3T-Code setzt Codeworte mit 4 binären Zeichen in solche mit 3 ternären (3 mögliche Amplitudenwerte) um. Mit 3 ternären Zeichen kann man $3^3 = 27$ Codewörter bilden, braucht aber nur $2^4 = 16$, um die möglichen binären Codeworte darzustellen. Es bleibt also eine Redundanz r = (ld 27 - ld 16)/ld 27 = 16 %, die zur Synchronisierung und Fehlerüberwachung genutzt wird. Die Bandbreitenverringerung beträgt ca. 25 %.
Für die Umsetzung werden mehrere Codetabellen verwendet, die einem binären Codewort, abhängig vom Wert der Laufenden Digitalen Summe (LDS) am Ende des vorhergehenden ternären Codewortes, unterschiedliche ternäre Codeworte zugeordnet. Damit sind Gleichspannungsfreiheit und geringe Fehlervervielfachung erreichbar. Die LDS ist die Summe der Wertigkeiten aller bis zum Abfragezeitpunkt gesendeten Zeichen.
Es wurden verschiedene Verfahren entwickelt, die mit unterschiedlichen Codetabellen arbeiten und sich in der Fehlervervielfachung, im Verlauf des Spektrums bei niederen Frequenzen und im Taktgehalt unterscheiden. Als Kompromiß wurde bei der Deutschen Telekom der **MMS43 Modified Monitored Sum** mit 4 Alphabeten gewählt, die in der folgenden Tabelle 2.5 dargestellt sind.

Von den ternären Codewörter sind nur 6 gleichspannungsfrei, alle anderen haben eine eine von Null verschiedene Digitale Wortsumme DWS. Es könnte sich ein Gleichspannungsmittelwert aufbauen, der bei der Übertragung störend wäre. Deshalb wird mit Hilfe der LDS am Ende der Ternärworte das Ternärwort für den nächsten Schritt so gewählt, wie es in der letzten Zeile angegeben ist, um den Gleichspannungsanteil klein zu halten. Bei den in der Tabelle dargestellten Alphabeten kann die LDS nur die Grenzwerte +3 und -2 erreichen. Wenn diese am Empfänger überschritten werden, ist während der Übertragung ein Fehler aufgetreten. Um lange Nullfolgen zu vermeiden wird das Ternärwort 000 nicht verwendet.

Synchronisierung

Die fehlerfreie Decodierung setzt den Wortsynchronismus voraus. Bei der Suche nach den Wortgrenzen werden folgende Kriterien angewendet:
- das Ternärwort 000 darf nicht auftreten
- die Grenzwerte der LDS dürfen nicht überschritten werden ($-2 \leq LDS \leq 3$) und die DWS muß für den Wert der LDS zulässig sein (z.B $DWS \geq 0$ für $LDS \leq 0$; $DWS \leq 0$ für $LDS > 0$)

Binärwort	Ternärwort				DWS
0011	0-+				
0101	-0+				
0110	-+0				0
1110	+-0				
1101	+0-				
1011	0+-				
1000	+-+	+-+	+-+	—	+1; -3
1001	00+	00+	00+	—0	
1010	0+0	0+0	0+0	-0-	+1; -2
1100	+00	+00	+00	0—	
0111	-++	-+	—+	—+	
1111	++-	++-	+—	+—	+1; -1
0001	++0	00-	00-	00-	
0010	+0+	0-0	0-0	0-0	+2; -1
0100	0++	-00	-00	-00	
0000	+++	-+-	-+-	-+-	+3; -1
DWS	0...+3	-1...+1	-1...+1	-3 0	
Alphabet verwendet bei LDS	-1	0	+1	+2	

Tabelle 2.5: Alphabete des Ternärcodes MMS 43

Fehlererkennung

Für die Fehlererkennung werden die selben Kriterien wie für die Synchronisation herangezogen.

Binärer Blockcode 5B6B

Dieser bei der Übertragung über LWL verwendete Code wandelt Blöcke mit 5 Bit in solche mit 6 Bit um und verwendet dazu 2 Codetabellen mit 64 möglichen Worten, von denen jedoch nur 46 verwendet werden. Ähnlich wie beim 4B3T erreicht man damit ein günstiges Spektrum und schafft die Möglichkeit zur Synchronisierung und Fehlerüberwachung.

2.2.5 Fehlerortung

Eine große Rolle für das kostengünstige Betreiben der Übertragungstrecken spielt das automatische Erkennen und Eingrenzen von Fehlern, vorallem bei den unterirdischen Zwischenverstärkern. Für diese Aufgabe enthalten die Leitungsausrüstungen besondere Schnittstellen an welche die sog. Ortungsgeräte angeschlossen werden können, mit denen eine Überwachung während des Betriebes („in service monitoring") und beim Auftreten schwerwiegender Fehler auch eine nach Außerbetriebnahme („Schleifenmessung") durchgeführt werden kann. Für die Übertragung der Steuer- und Meldesignale stehen bei den Geräten für Übertragungsgeschwindigkeiten ≥ 140 Mbit/s, eigene Kanäle auf Trägerfrequenzen oder durch Intensitätsmodulation des Lichtes zur Verfügung. Bei den 2 Mbit/s-Übertragungsstrecken sind diese Zusatzkanäle nicht vorhanden, deshalb wird dort bei den meisten Geräten keine Überwachung während des Betriebes durchgeführt. Die verschiedenen Herstellern verwenden sehr unterschiedliche Ortungsverfahren.

Gleichstromfehlerortung

Dieses Verfahren wird bei den 2 Mbit/s- und 34 Mbit/s-Übertragungsstrecken verwendet. In den Zwischenverstärkern liegen zwischen den Speiseleitungen individuelle Meßwiderstände, die im Normalbetrieb durch eine Diode gesperrt sind. Bei einer Leitungsunterbrechung wird die Speisespannung umgepolt, so daß die Dioden leitend werden und man aus dem in die Leitung hineingemessenen Widerstand die Unterbrechungsstelle identifizieren kann.
Die Zwischenverstärker für ≥ 34 Mbit/s erkennen eine Unterbrechung im weitergehenden Speisekreis und bilden selbst eine Speiseschleife, damit die nicht betroffenen Verstärker weiter versorgt werden können und eine einfachere Eingrenzung des Fehlerortes mit Hilfe der Ortungsgeräte ermöglicht wird.

Fehlerortung mit Ortungsfrequenzen

Sie wird bei PCM 30-Verbindungen eingesetzt. Dabei wird eine Impulsfolge ausgesendet, die neben einem Prüfmuster eine unterlagerte Kennfrequenz enthält. Die Regeneratoren enthalten frequenzselektive Schaltungen, die auf eine der Kennfrequenzen abgestimmt sind und beim Empfang der individuellen Frequenz eine Prüfschleife schalten über die das Empfangssignal auf den Sendeweg zurückgeschleift wird. Mit dem Ortungsgerät sind über die unterschiedlichen Kennfrequenzen einzelne Regeneratoren ansprechbar. Der Nachteil ist jedoch, daß die Regeneratoren einer Übertragungsstrecke einzeln auf die jeweilige Kennfrequenz eingestellt werden müssen.
Um dies zu vermeiden setzt man adressenlose Verfahren ein. Die moderne Speichertechnik macht es möglich, daß den Verstärkern bei der Installation durch das Ortungsgrät Adressen zugewiesen werden, die dort in programmierbaren Speichern abgelegt werden, oder daß den Verstärkern bei der Fertigung bereits die Adressen eingeschrieben und diese dann bei der Installation abgefragt und im Ortungsgerät festgehalten werden.

Fehlerortung für 140 Mbit/s und 565 Mbit/s-Übertragungsstrecken

Eine Überwachung während des Betriebs ist mit Hilfe von Hilfsträgern möglich. Das sendende LE schickt ein Impulstelegramm, das von Zwischenverstärker zu Zwischenverstärker weitergereicht wird. So entsteht eine Telegrammkette an deren Ende jeder Zwischenverstärker sein eigenes Meldetelegramm mit darin enthaltener Adresse anhängt. Wenn ein Zwischenverstärker kein Impulstelegramm mehr empfängt, startet er von sich aus eine neue Kette.

2.2.6 Scrambler

Scrambler in den Leitungsendgeräten verwürfeln die Signalfolge, um genügend Nulldurchgänge für die Taktableitung unabhängig vom zu übertragenden Signal zu erhalten oder um kurze, für das Spektrum ungünstige Perioden zu vermeiden.

Aufbau eines Scramblers

Das Prinipschaltbild eines Scramblers zeigt Bild 2.13. Er besteht aus einem m-stufigen Schieberegister, bei dem die Ausgänge von mindestens zwei Stufen in einem Exklusiv-Oder-Gatter zusammengefaßt werden. Das Ausgangssignal dieses Exklusiv-Oder-Gatters wird in einem weiteren Exklusiv-Oder-Gatter mit dem Eingangssignal a_n des Schieberegisters zum Ausgangssignal b_n des Scramblers zusammengefaßt.
Der Descrambler hat die selbe Struktu. Das verwürfelte Signal wird in das Schieberegister geführt und das entscrambelte Signal c_n entsteht durch Vereinigung des Empfangssignals b_n mit dem über ein Exklusiv-Oder-Gatter rückgekoppelten Signal in einem weiteren Exklusiv-Oder-Gatter.
Die Zusammenfassung in einem Exklusiv-Oder-Gatter entspricht mathematisch gesehen einer modulo-2-Addition $\oplus$.

Eigenschaften des Scramblers

Der Scrambler ist selbstsynchronisierend. Nach spätestens einem Durchlauf (m Schiebungen bei einem m-stufigen Register) hat sich der Descrambler richtig eingestellt, unabhängig vom Startmuster im Register.
Ein Nachteil ist die Fehlervervielfachung um den Faktor (Anzahl der Rückführungen + 1).
Der Scrambler bricht lange Dauerfolgen auf, die ungünstig für die Taktableitung sind, und Muster mit kurzer Periodenfolge, die keine gleichmäßig dichte Spektrallinienverteilung haben. Die Periode des Ausgangssignals wird um den Faktor 2^m-1 gegenüber der des Eingangssignals verlängert.
Bei ungünstigen Eingangsfolgen kann ein Scrambler natürlich auch eine ungünstige Ausgangsfolge erzeugen. Um dies zu verhindern werden dort wo dies stört Überwachungsschaltungen hinter den Scrambler geschaltet, die bei Dauerfolgen oder zu kurzen Perioden ein Bit umpolen, damit die Folge unterbrochen

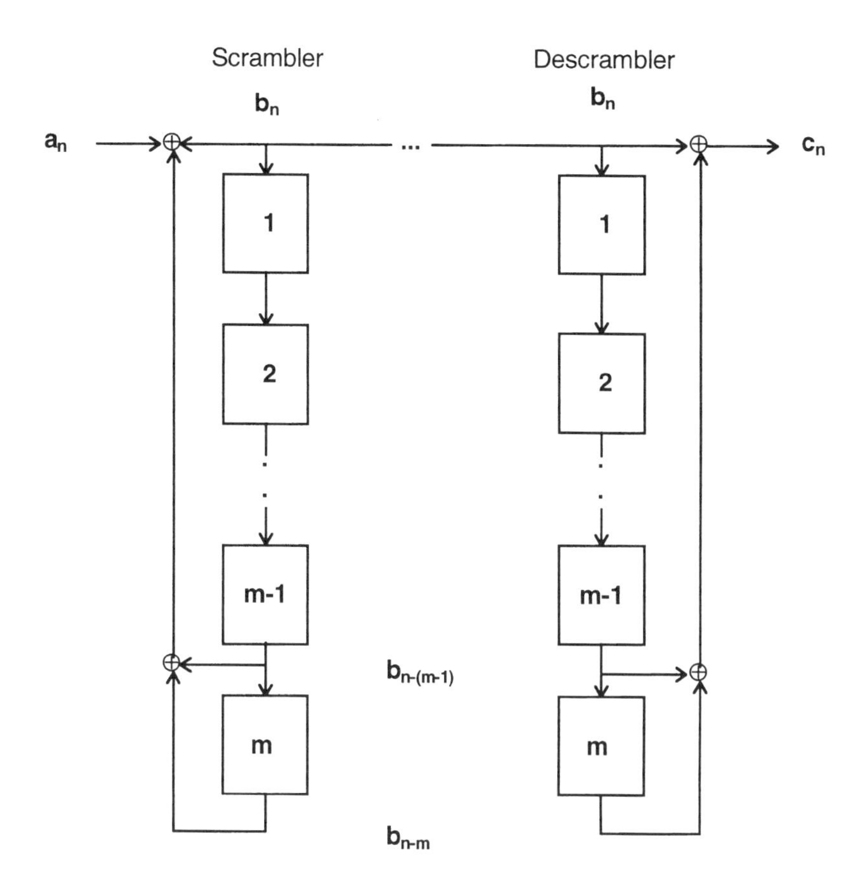

Bild 2.13: Scrambler

wird. Dieser Fehler muß am Descrambler durch eine identische Überwachungsschaltung wieder rückgängig gemacht werden.

Eine häufig eingesetzte Variante ist der Reset-Scrambler, bei dem der Inhalt des Registers zu einem bestimmten Zeitpunkt, z.B. am Ende eines nicht verscrambelten Rahmenkennungsworts, im Scrambler und im Descrambler auf einen definierten Ausgangswert gesetzt wird.

3 Die Synchrone Digitale Hierarchie SDH

R. Kiefer

3.1 Wozu SDH?

Warum wird das mit hohen Kosten eingeführte plesiochrone Netz nicht konsequent zu höheren Bitraten hin ausgebaut? Wodurch sind die Milliardeninvestitionen in eine neues Netz volks- und betriebswirtschaftlich gerechtfertigt?
Die Antwort ist eindeutig: plesiochrone Netze werden den Anforderungen an zukünftige Netze nicht gerecht. Multimedia-Kommunikation, die gleichzeitige Übertragung von Sprache, Daten und Bildern sind mit ihnen nicht in der erforderlichen Form realisierbar. Ein weiterer Ausbau der PDH würde das Zusammenwachsen der privaten (LAN) und öffentlichen Netze (WAN) verhindern. Zudem sind die plesiochronen Netze in ihrem Unterhalt sehr personalintensiv. In lokalen Unternehmensnetzen ist die SDH in Verbindung mit dem Asynchronen Transport Modus (ATM) die Grundlage leistungsfähiger Backbone-Netze.

3.1.1 Schwächen plesiochroner Übertragung

Die wichtigsten Schwachpunkte sind:

- zwei weltweite Standards (der europäische und der nordamerikanische) erschweren den Austausch von Nachrichten über Kontinente hinweg

- die bitweise Verschachtelung der Multiplexersignale erlaubt den Zugriff auf Zubringersignale niedriger Bitrate nur durch umständliches und unwirtschaftliches Multiplexen und Demultiplexen. Beispielsweise ist ein Direktzugriff („Drop & Insert") auf die 2 Mbit/s-Signalbündel eines 140 Mbit/s-Datenstroms ohne Demultiplexen nicht möglich. Zur Umkonfigurierung von 64 kbit/s-Kanälen sind mehrere Demultiplexvorgänge erforderlich.
  Bild 3.1 zeigt hierzu ein Beispiel.

  Das Rangieren der Signalbündel höherer Ordnung wird in plesiochronen Netzen manuell durchgeführt, ein zeitaufweniger und personalintensiver Prozeß, der die Bereitstellungszeit von Verbindungsleitungen deutlich erhöht.
  Zudem ist für jede Hierarchieebene eine eigene Rahmenstruktur definiert. Dies erhöht die Kosten für die Entwicklung der entsprechenden Systemchips.

- Die Möglichkeiten der Übertragung von Zusatzinformation zur Überwachung des Netzes sind außerordentlich beschränkt. Dies erschwert ein effektives Netzmanagement.

- Die Plesiochrone Digitale Hierarchie bietet keine durchgängige Standardisierung, so daß das Zusammenspiel von Komponenten unterschiedlicher Hersteller insbesondere bei den höheren Hierarchieebenen kritisch sein kann.

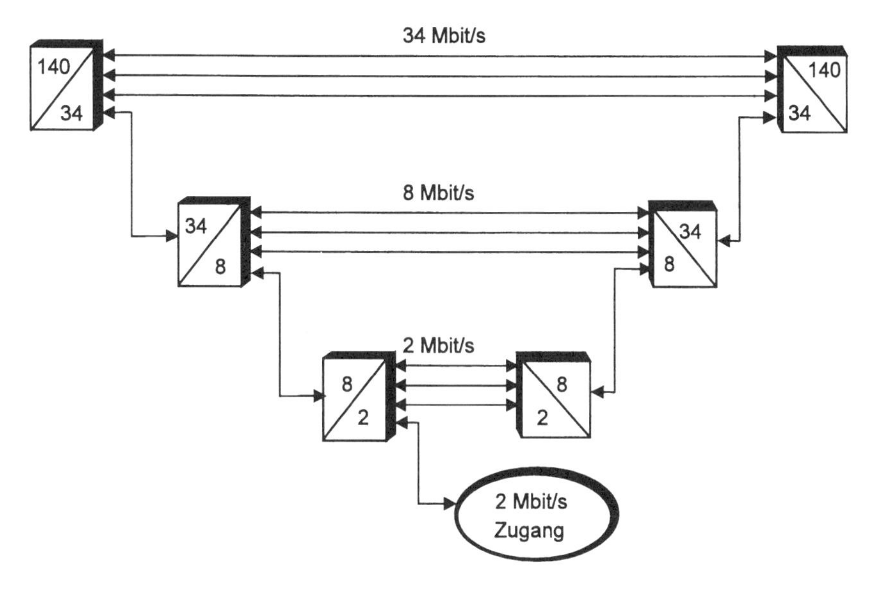

Bild 3.1: "Drop and Insert" bei plesiochroner Übertragung

3.1.2 Vorteile der SDH

Erst die enormen technologischen Fortschritte in der Mikroelektronik und Optoelektronik haben die wirtschaftlich tragbare Realisierung des SDH-Standards ermöglicht, der Ende 1988 in Form erster Empfehlungen verabschiedet wurde.

Die Vorteile der SDH sind selbstredend:

- Die SDH erlaubt es, die beiden weltweit etablierten Standards der Plesiochronen Digitalen Hierarchie im gleichen Transportrahmen zu übertragen. PDH-Signale können, in SDH-Übertragungsrahmen eingebettet, übertragen werden.

– Multiplexen und Demultiplexen ist innerhalb der SDH außerordentlich einfach. Ein Signal niedrigerer Bitrate kann direkt ohne Demultiplexen entnommen werden.
  Übertragungswege lassen sich Dank eines effizienten Netzmanagements in Minutenschnelle neu konfigurieren.
  Die Rahmenstruktur ist für alle SDH-Hierarchieebenen einheitlich.

– Übertragungskapazität für ein effizientes Netzmanagement zum Steuern und Verwalten der Netze wird direkt im synchronen Rahmen bereitgestellt, so daß die Informationen allen Komponenten des Übertragungsnetzes zur Verfügung stehen.
  Eine automatische Ersatzwegsuche im Fehlerfall ist der erste Schritt zu einem „selbstheilenden Netz" (vgl. Kapitel 4). Die Übertragungsqualität wird kontinuierlich durch effiziente Prozeduren überwacht.

– die SDH-Netzschnittstellen sind durchgängig standardisiert, die wirtschaftlichen Vorteile treten besonders bei hochbitratiger Übertragung deutlich zu Tage. Erstmals ist in der SDH ein optischer Übertragungscode auf der Leitung international standardisiert.
  Bild 3.2 zeigt zusammenfassend einen Vergleich der wesentlichen Unterschiede von SDH und PDH.

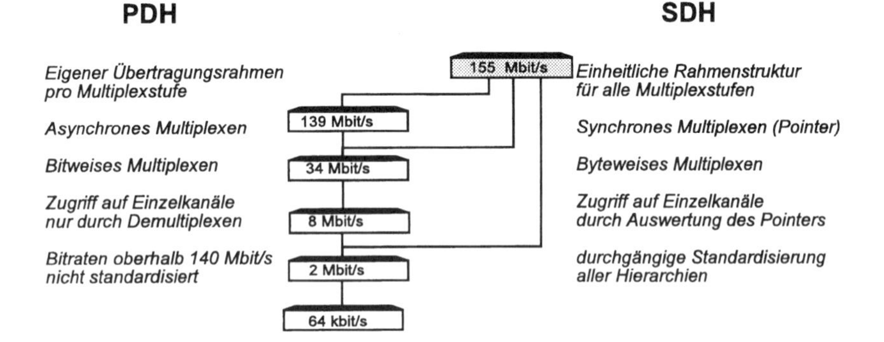

Bild 3.2: Vergleich PDH – SDH

3.2 SDH – wie funktioniert das ?

Das Grundsignal der SDH ist das Synchrone Transport-Modul STM-1, das neben der eigentlichen Nutzlast sämtliche Informationen zur Netzsteuerung, Fehlerüberwachung und fehlerfreien Weiterschaltung enthält.
Das Synchrone Transport Modul ist mit einem Postsack fester Größe vergleichbar, der zum Transport vieler einzelner Briefe bzw. Briefumschläge unterschiedlicher Größe dient. Innerhalb eines Postsacks sind die Briefe teilweise wieder-

um in kleinere Transportsäckchen verpackt. Der Postsack als übergeordnete Verpackungseinheit ist mit einer Zieladresse und weiteren postspezifischen Informationen gekennzeichnet und wird zu einem zentralen Zustellpostamt in räumlicher Nähe des Empfängers transportiert. Dort erfolgt die Entnahme der Briefumschläge und die weitere Zustellung zum Empfänger unter Berücksichtigung spezieller Zustellvarianten wie Eilpost oder Einschreiben.
Die Größe der Briefe selbst ist nicht vorgeschrieben, die der Briefumschläge ist im allgemeinen standardisiert. Wird der Briefumschlag während des Transports beschädigt, bringt der Postangestellte einen entsprechenden Vermerk darauf an. Aufgabe des Postunternehmens ist es, den Brief möglichst unversehrt dem Empfänger zuzustellen. Auch Besonderheiten des Briefes (Schreibfehler, Fettflecken) werden mit übertragen.

Diese simple Analogie erklärt die SDH: die Nutzlast (Brief) wird in Container (Briefumschlag) verpackt, und Zusatzinformation (Adresse) zugefügt. Direkt oder nach Einbau in einen größeren Container erfolgt der Transport im Synchronen Transportmodul STM-1 (Postsack), das wiederum eine Vielzahl von Zusatzinformationen zur korrekten Wegeleitung und Fehlerüberwachung enthält.

3.2.1 Von der Nutzlast zum Synchronen Transport Modul

Das Synchrone Transport Modul STM-1 wird nach folgender Methode gebildet: Plesiochrone Signale (Nutzlast, *Payload*) werden durch eine Abbildungsvorschrift (*Mapping*) in Container fester Größe eingebaut. Zu jedem Container wird Zusatzinformation (*Path Overhead, POH*) hinzugefügt, die den Container bis zum Zerlegen (Demappen) begleitet. Mehrere kleinere Container werden zu größeren standardisierten Verpackungseinheiten zusammengefasst. Die Synchronisierung und die Kommunikation zwischen zwei SDH-Multiplexern wird durch ein Begleitsignal (*Section Overhead,SOH*) ermöglicht, das unter anderem Übertragungskanäle für das Netzmanagement enthält. Innerhalb des Synchronen Transport Moduls können die Container gleiten, die Position eines bestimmten Bits der Nutzlast relativ zum Rahmenbeginn ist somit nicht starr. Zeiger (*Pointer*) kennzeichnen den Anfang eines Containers. Durch Auswertung von maximal zwei Pointern ist der direkte Zugriff auf das Nutzsignal möglich. Demultiplexen wie in der PDH ist somit nicht mehr erforderlich.

Der STM-1-Rahmen (Bild 3.3) wird üblicherweise in der bildlichen Darstellung in Form von 9 Zeilen zu je 270 Byte strukturiert. Die zeitlich Reihenfolge der Übertragung der einzelnen Bitzustände erfolgt pro Zeile von links nach rechts. Die Rahmendauer beträgt 125 ms, die Rahmenwiederholfrequenz 8000 Hz.
Die Übertragungssgeschwindigkeit berechnet sich aus Zahl der Bits und Wiederholfrequenz zu

270 x 9 x 8 bit x 8000/s = 155,52 Mbit/s

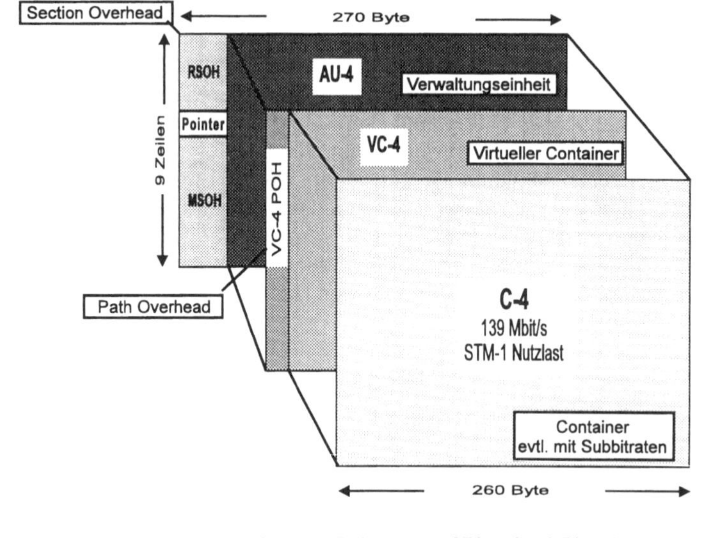

Anzahl der Bits pro Rahmen: 270 x 9 x 8 Bit = 19440 bit

Übertragungsrate: **19440 Bit x 8000/s = 155,52 Mbit/s**

Bild 3.3: Aufbau des Synchronen Transport Moduls STM-1

Die Bitrate jedes einzelnen Bytes des Rahmens beträgt 64 kbit/s.
Bild 3. 4 zeigt die wesentlichen Funktionen der drei Blöcke POH, SOH und Pointer.
Jeder einzelne im STM-1 übertragene Container verfügt über einen eigenen POH, so daß unter anderem die Qualität jedes Containers zyklisch überwacht wird.

3.2.2 Section Overhead

Der SOH ist ein Block der Größe 9 x 9 Byte, entsprechend einer Übertragungskapazität von 5,1 Mbit/s, der zerstückelt übertragen wird.
Die Bedeutung der einzelnen Bytes erläutert Bild 3.5.
Die als „medienabhängige Bytes" gekennzeichneten Kanäle werden vorwiegend für die Übertragung im Richtfunk verwendet.
Der obere Teil des SOH wird als RSOH (Regenerator-SOH), der untere als MSOH (Multiplexer-SOH) bezeichnet. Der RSOH ist allen Netzelementen zugänglich. Er kann von einem dazu berechtigten Netzelement ausgelesen und verändert werden. Der MSOH wird über den gesamten Grundleitungsabschnitt von Anfang bis Ende unverändert übertragen und darf somit nur von Cross-Connects und End-

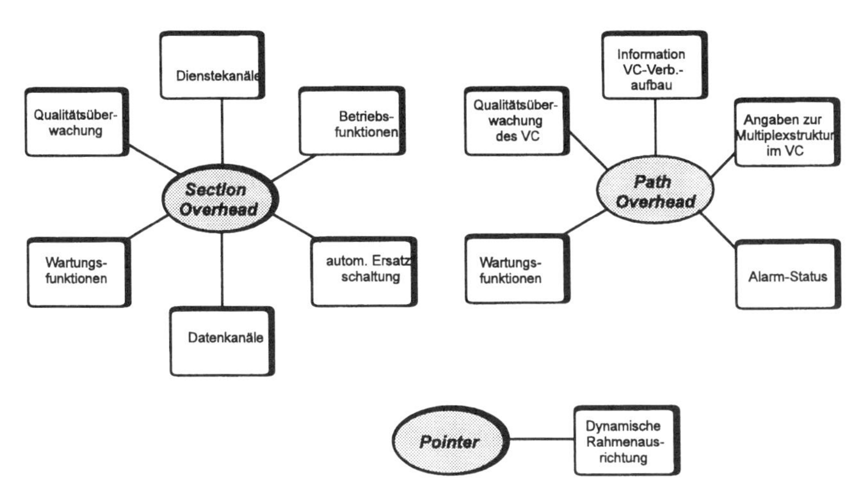

Bild 3.4: Aufgaben von Overhead- und Pointer

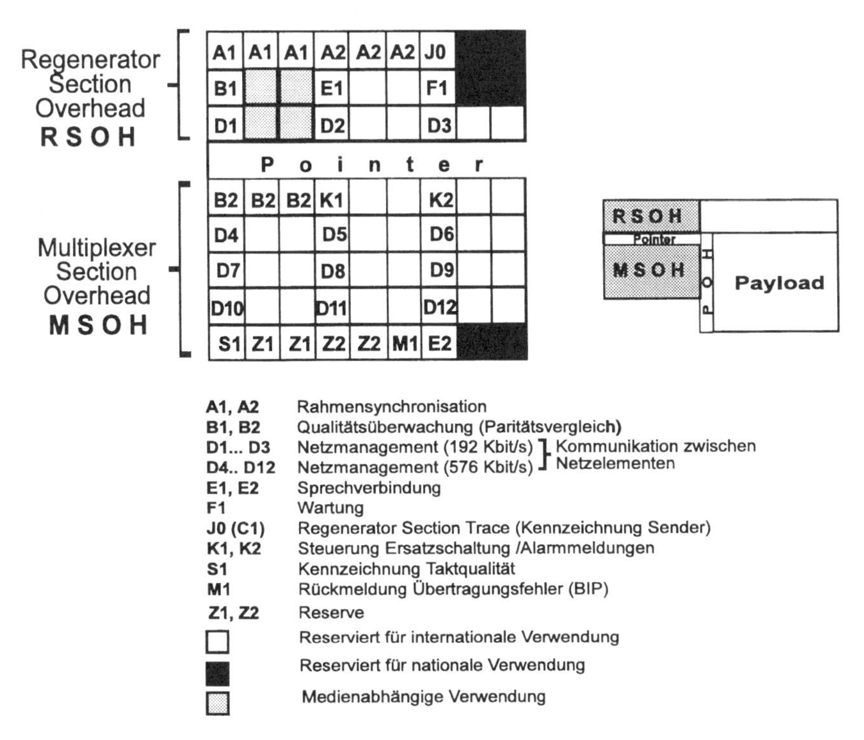

Bild 3.5: Section Overhead eines STM-1

geräten verändert werden. Die Datenkanäle D1..D3 bzw. D4..D12 bilden eine zusammenhängende Gruppe von 64 kbit/s- Kanälen und erlauben die Übertragung von Management- und Statusinformationen bei 192 bzw. 576 kbit/s. Die Synchronisationsinformation (A1,A2) wird dreifach wiederholt. Dies dient weniger der Synchronisationsicherheit, sondern ist auf die Evolution der SDH aus dem amerikanischen SONET-Standard zurückzuführen. Die Z-Bytes werden zusätzliche Aufgaben übernehmen, die Standardisierung ist noch nicht endgültig abgeschlosssen. Bild 3.6 teilt den Übertragungsweg in drei Übertragungsbereiche auf. Für jeden der Abschnitte ist ein eigener Overhead definiert.

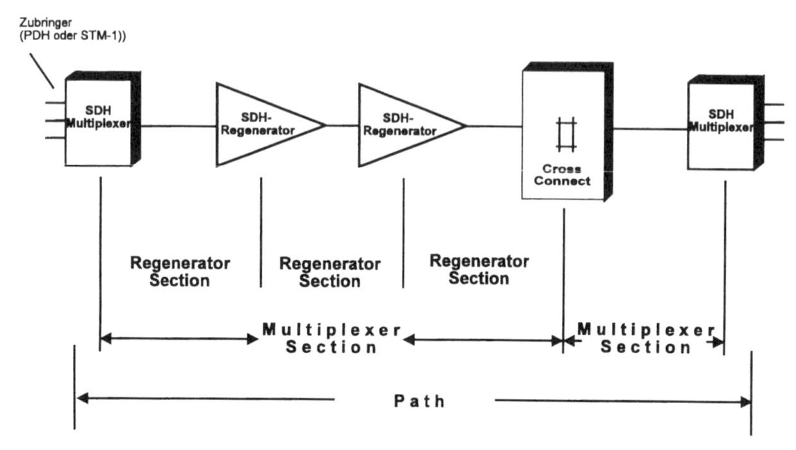

Bild 3.6: Segmentierung eines Übertragungsweges

3.2.3 Path Overhead POH

Grundsätzlich verfügt jeder Container über einen eigenen POH. Der Path Overhead gehört unmittelbar zum Container und begleitet ihn von seiner Bildung bis zum Zerlegen. Der POH stellt alle relevanten Zusatzinformationen zur Verfügung, um den fehlerfreien Transport des Containers zu überwachen und evtl. Degradationen zu erkennen.
Bild 3.7 zeigt den POH eines Containers C-4, der ein Signal der Quellbitrate 140 Mbit/s verwaltet. Das Byte J1 („Regenerator Section Trace“) enthält eine (Klartext)- Sequenz von 16 Byte die sequentiell in aufeinanderfolgenden Rahmen übertragen wird und die Beurteilung der korrekten Durchschaltung ermöglicht.
Übertragungskapazität und Informationsgehalt eines POH ist vom jeweiligen Containertyp abhängig. Die Zahl der detektierten Übertragungsfehler meldet das Byte G1 zurück. C2 gibt an, ob der Container VC-4 strukturiert ist und welche Art von Daten er enthält. Hier sind Standardisierungen für ATM oder für Quelldaten aus lokalen Netzen (FDDI, 100 Mbit/s) verabschiedet.

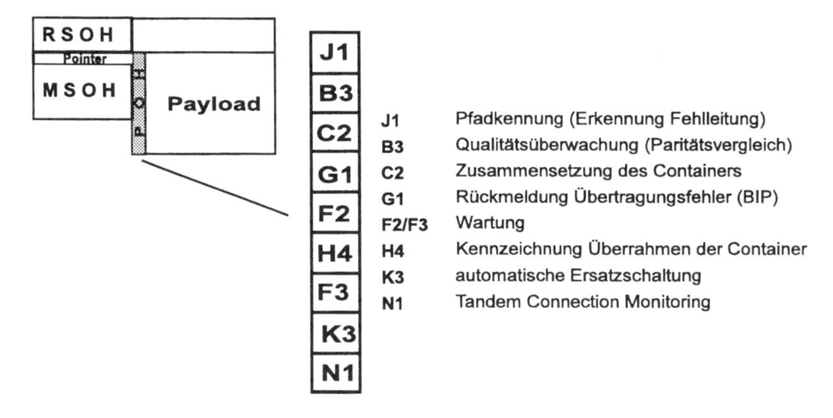

Bild 3.7: Path Overhead des Containers VC-4/VC-3

Das Byte K3 ist direkt mit der Funktion von K1/K2 im SOH vergleichbar: im Fehlerfall erlauben die K-Bytes eine vordefinierte Ersatzschaltung auf einen alternativen Übertragungsweg. N1 dient dem „Tandem Connection Monitoring (TCM)“: die Anzahl der übertragenen B3-Paritätsfehler wird in rückwärtiger Richtung weitergemeldet. Für den „low-order-POH (z.B. des VC-12) erfüllt das Byte N2 vergleichbare Funktionen.

3.2.4 Container

Der Container, die eigentliche Verpackungseinheit für die zu übertragenden Nutzsignale, bildet zusammen mit dem dazugehörenden Path Overhead den “virtuellen Container“ VC.
Innerhalb eines Netzknotens werden die VC unabhängig vom Signalinhalt durchgeschaltet. Für die Kopplung zwischen VC und dem eigentlichen Transportrahmen ist der Pointer verantwortlich.
Je nach Größe der Nutzlast sind verschiedene Containertypen definiert.
Da der Section Overhead mit Pointer und Path Overhead in Summe eine Kapazität von gut 5 Mbit/s benötigen, bleibt für den „großen“ Container VC-4 eine Kapazität von knapp 150 Mbit/s übrig.
Enthält der Container ein Signal der Bitrate 140 Mbit/s, müssen somit etwa 10 Mbit/s an Information übertragen werden, die keinerlei Informationsgehalt haben und am Empfangsort wieder entfernt werden müssen. Dieses „feste Stopfen“ ist so standardisiert, daß die Lage jedes einzelnen Stopfbits exakt bekannt ist.
Wie aus der PDH bekannt, kann die Bitrate eines plesiochronen Signal innerhalb definierter Grenzen um seinen Sollwert schwanken. Die in den Container eingebaute Nutzlast kann sich somit leicht „aufblähen“ oder zusammenziehen. Auch diese Schwankungen, die ja einem zeitlich etwas schnellerem bzw. langsameren Informationsfluß entsprechen, müssen mit übertragen werden. Deshalb sind in-

nerhalb des Containers gewisse Stellen als „variable Stopfstellen“ definiert. Durch eine mehrfach wiederholte Stopfkennung wird angezeigt, ob das Bit an der betreffenden Stopfstelle ein Informationsbit (Nutzinformation) oder ein „überflüssiges“ Stopfbit enthält, das bei der Aufbereitung des Containers verworfen werden kann.

Dieser Prozeß ist prinzipiell für alle Container in der beschriebenen Form gültig. Die vereinfachte Darstellung nach Bild 3.8 zeigt beispielhaft den Einbau eines Signals der Nennbitrate 140 Mbit/s in einen Container fester Bitrate. Dieser Vorgang wird als „Mapping“ bezeichnet. Die Stopfkennung X wird fünffach wiederholt (Mehrheitsentscheid bei Übertragungsfehlern) und gibt an, ob die Stopfstelle Z am Ende des Rahmens Nutz- oder Stopfinformation enthält.

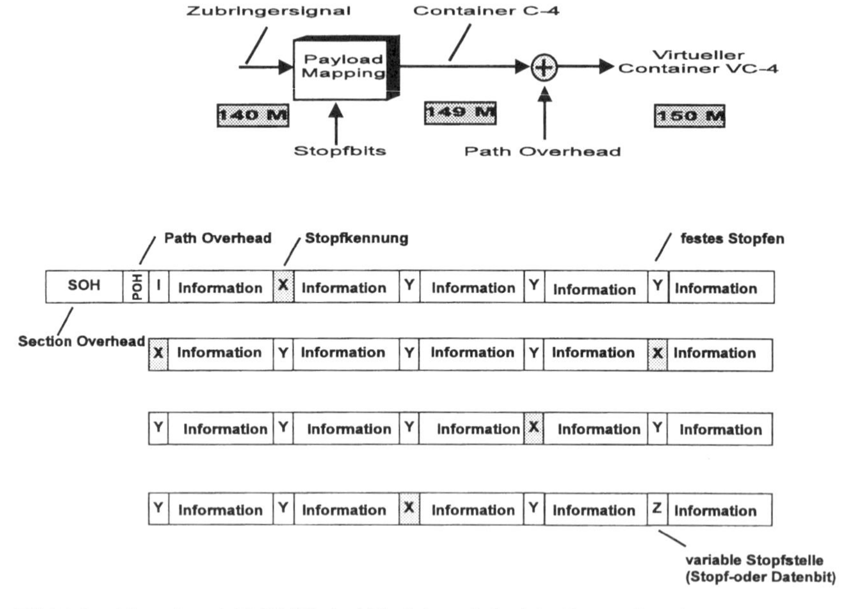

Bild 3.8: Mapping 140 Mbit/s in VC-4 (vereinfachte Darstellung)

Bild 3.9 listet die Containertypen für PDH-Ursprungssignale auf.

Wie gezeigt ist die Containergröße deutlich „überdimensioniert“, so daß ausgedehntes festes Stopfen innerhalb der Container stattfindet. Je nach Höhe der aktuellen Verstimmung werden die variablen Stopfstellen mit Nutz- oder Leerinformation belegt. Die Größe der Container ist optimiert zu dem Transportraum gewählt, den der STM-1-Übertragungsrahmen zur Verfügung stellt.

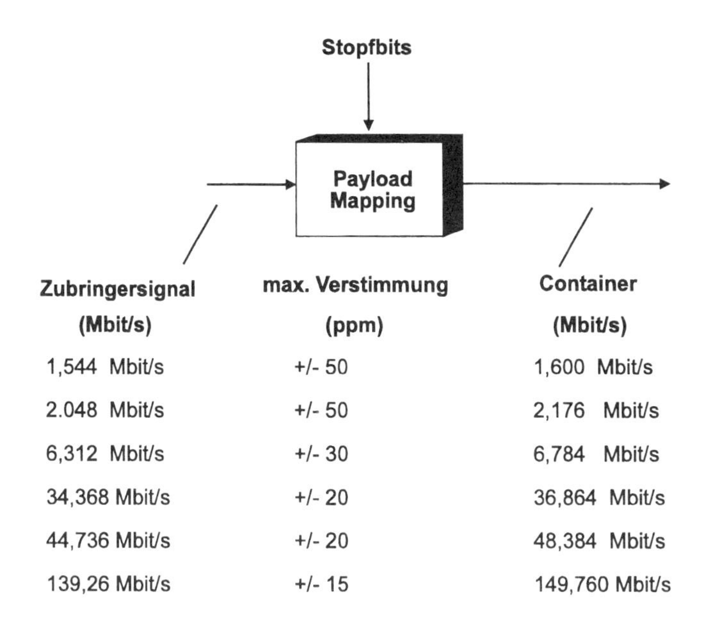

Zubringersignal (Mbit/s)	max. Verstimmung (ppm)	Container (Mbit/s)
1,544 Mbit/s	+/- 50	1,600 Mbit/s
2.048 Mbit/s	+/- 50	2,176 Mbit/s
6,312 Mbit/s	+/- 30	6,784 Mbit/s
34,368 Mbit/s	+/- 20	36,864 Mbit/s
44,736 Mbit/s	+/- 20	48,384 Mbit/s
139,26 Mbit/s	+/- 15	149,760 Mbit/s

Bild 3.9: Container in der SDH

3.2.5 Mapping und Multiplexen in der SDH

Synchrone (Zugangs)multiplexer mappen Zubringersignale der Plesiochronen Digitalen Hierarchie direkt in Container ein. Die aus der PDH bekannten Zwischenstufen mit eigenen Übertragungsrahmen werden dabei vermieden. Die Verarbeitung der Container bis zur Bildung des synchronen Transportmoduls zeigt die Multiplexstruktur nach Bild 3.10, die sowohl die Ausgangsbitraten der nordamerikanischen Hierarchie, als auch die der europäischen Hierarchie berücksichtigt. In der ITU-T-Empfehlung ist der alternative Weg über VC-3 enthalten, in den entsprechenden Empfehlungen von ETSI entfällt er.

In ihrer ersten Fassung enthielt die sogenannte „Multiplexerspinne" weitere Pfade und Bitraten. Um die gewaltigen Entwicklungskosten für die Systemchips der SDH nicht ins Uferlose wachsen zu lassen, verzichten die neueren Empfehlungen auf die Pfade, die seltene Bitraten oder oder unübliche Containerverknüpfungen darstellen.

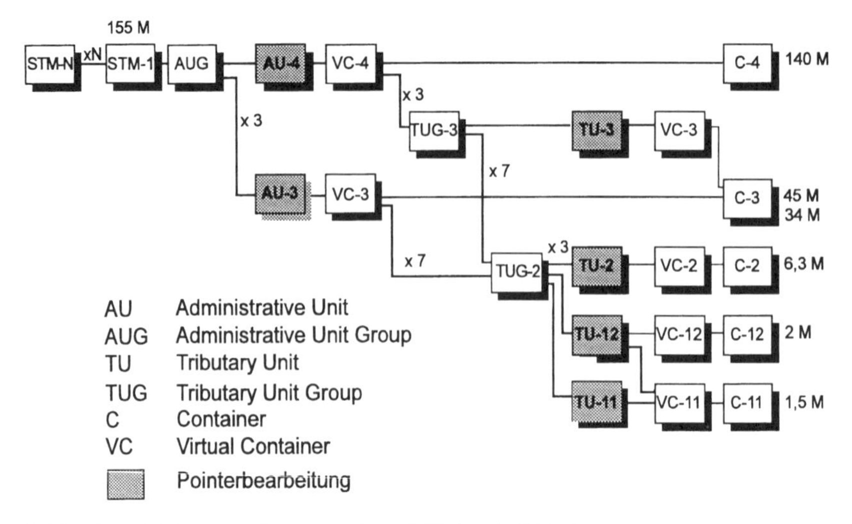

Bild 3.10: Multiplexschema in der SDH (nach ITU-T)

An den Leitungsschnittstellen synchroner Komponenten stehen die plesiochronen Zubringersignale und die synchronen Transportmodule zur Verfügung. Die dargestellten Zwischeneinheiten (z.B. TUG) erleichtern es, die komplexen Vorgänge zu systematisieren und standardisierte Zwischenstufen innerhalb der Koppelfelder synchroner Multiplexer bereitzustellen.

Viele Wege führen zum Synchronen Transportmodul

In Bild 3.11 läßt sich der komplexe Weg eines plesiochronen 2 Mbit/s-Signals durch die „Spinne" unmittelbar verfolgen. Begleiten wir den Container auf seinem Weg:
Nach dem Einbau des 2 Mbit/s-Signals in den Container unter Berücksichtigung der erforderlichen Stopfvorgänge wird der POH des 2 Mbit/s-Signals und der Pointer hinzugefügt. Der Pointer erlaubt es der Nutzlast, innerhalb des VC-12 zu gleiten. Der POH eines 2 Mbit/s-Signals wird über vier STM-1-Rahmen verteilt übertragen und ist vier Byte groß. Die wesentlichen Informationen sind im V5-Byte enthalten, das den Container, den es verwaltet, auf „Beschädigungen" überprüft (Bild 3.12).
Ist der Anfang des übergeordneten zentralen VC-4 Containers bekannt (Auswertung des VC-4 Pointers), so ist die TU-12 (Container plus POH plus Pointer) innerhalb der Payload durch einfaches „Abzählen" von Bytes zu finden.
Drei der TU-12 Blöcke werden zu einer Zubringergruppe (TUG-2) zusammengefaßt. An dieser Stelle können Container der europäischen Hierarchie auch mit Containern der nordamerikanischen Hierarchie zusammentreffen, die Kompatibilität der beiden Standards innerhalb der SDH ist somit sichergestellt. Sie-

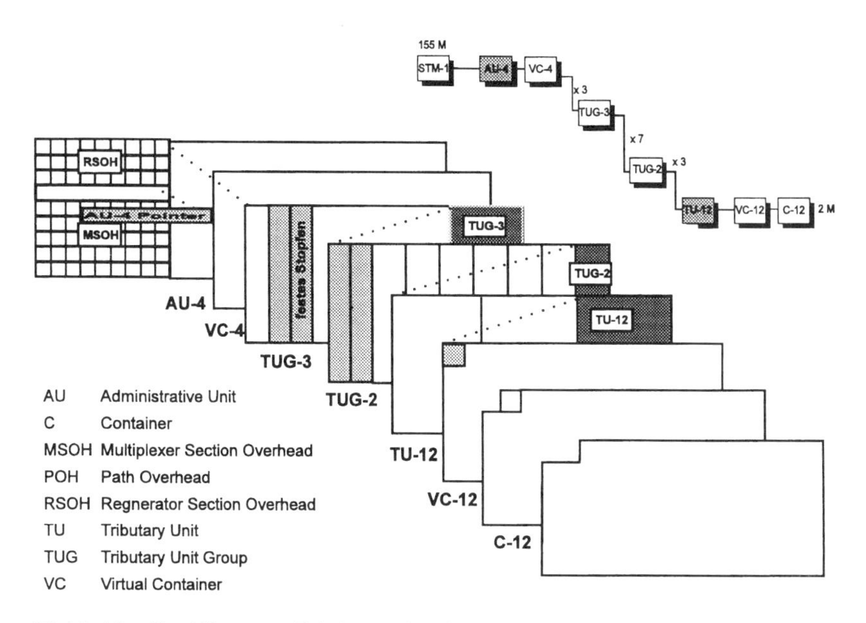

Bild 3.11: Der Weg vom Zubringersignal zum Synchronen Transportmodul (Beispiel: 2 Mbit/s)

ben dieser Blöcke bilden eine TUG-3. An dieser Stelle kann ein weiterer TUG-3 Block, der ein 34 Mbit/s oder 45 Mbit/s -Signal enthält, mit integriert werden. Diese Möglichkeit der Mischbelegung ist ein wesentlicher Vorteil der SDH.
Im nächsten Schritt werden drei TUG-3 Gruppen zusammengefaßt und in einen VC-4 verpackt. Nach Hinzufügen von Pointer und Overheadinformation und Ausrichtung innerhalb des Rahmens ist das Ziel erreicht: ein hochflexibles Transportmodul STM-1 steht zur Verfügung, das direkt übertragen oder mit weiteren Modulen zusammengefaßt werden kann.
Das beschriebene Verfahren arbeitet bei allen Varianten von 2 Mbit/s Signalen, unabhängig, ob das Quellsignal in gerahmter oder ungerahmter Struktur vorliegt.
Eine Variante des beschriebenen asynchronen 2 Mbit/s -Mapping ist das sogenannte „byte-synchrone Mapping", bei dem das Rahmenkennungswort des gerahmten 2 Mbit/s-Zubringers an eine feste Stelle innerhalb des Containers eingebaut wird. Dadurch ist der direkte Zugriff auf (n x)64 kbit/s Kanäle möglich.
Ein STM-1-Signal kann bis zu 63 Zubringer zu je 2 Mbit/s transportieren. Ein strukturiertes 140 Mbit/s-Signal (aus Zubringern der niedrigeren Hierarchien zusammengesetzt) enthält jedoch 4x4x4=64 Zubringersignale zu je 2 Mbit/s, so daß zur Übertragung des letzten 2 Mbit/s-Signals ein weiterer STM-1-Rahmen erforderlich ist. Hier treffen wir auf eine Unzulänglichkeit der SDH, die auf die Abstammung vom amerikanischen SONET-Standard zurückzuführen ist.

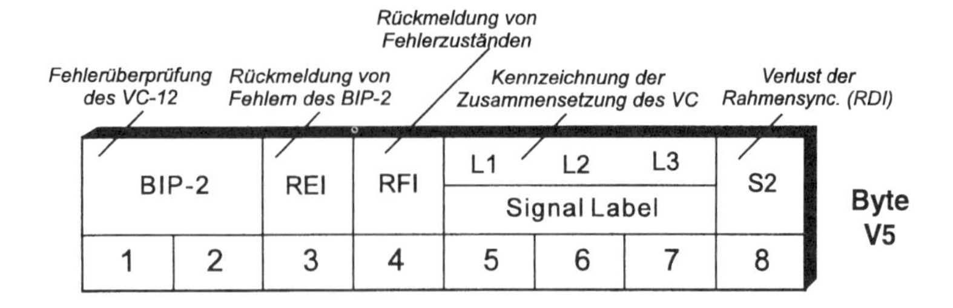

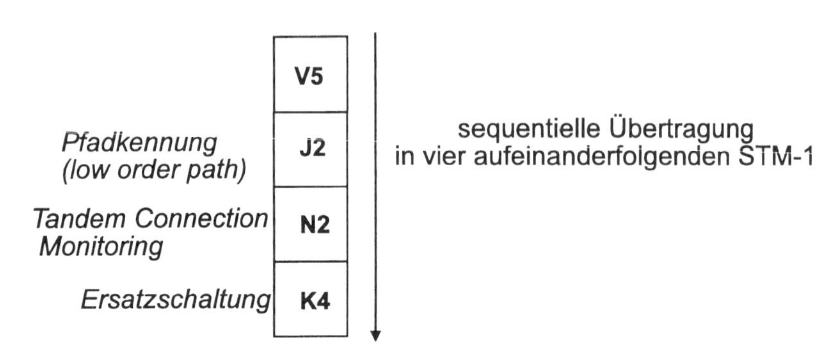

Bild 3.12: Path Overhead eines VC-12 (V5-Byte)

3.2.6 Pointer

Bild 3.13 erläutert das Pointerprinzip am Beispiel der Dateienorganisation auf einer Diskette. Der Eintrag in der Directory verweist auf die Stelle, an der sich die vom benötigte Information befindet.

Pointer – Wegweiser zur Nutzinformation

Durch die Verwendung von Pointern ist der Beginn eines synchronen Containers bekannt, durch die Kenntnis des entsprechenden Mappingverfahrens die Lage jedes einzelnen Bits der Nutzlast. Bild 3.14 erklärt den Zugriff auf die langsameren Zubringersignale innerhalb eines schnellen Transportrahmens. In der PDH müssen die Zubringer innerhalb des gesamten Bitstroms durch Auswertung der Synchronisationssignale „gesucht“ werden, in der SDH ist die Lage der Zubringer durch Auswertung der Pointer und einfaches „Abzählen“ der einzelnen Bytes innerhalb der Container sofort bekannt.

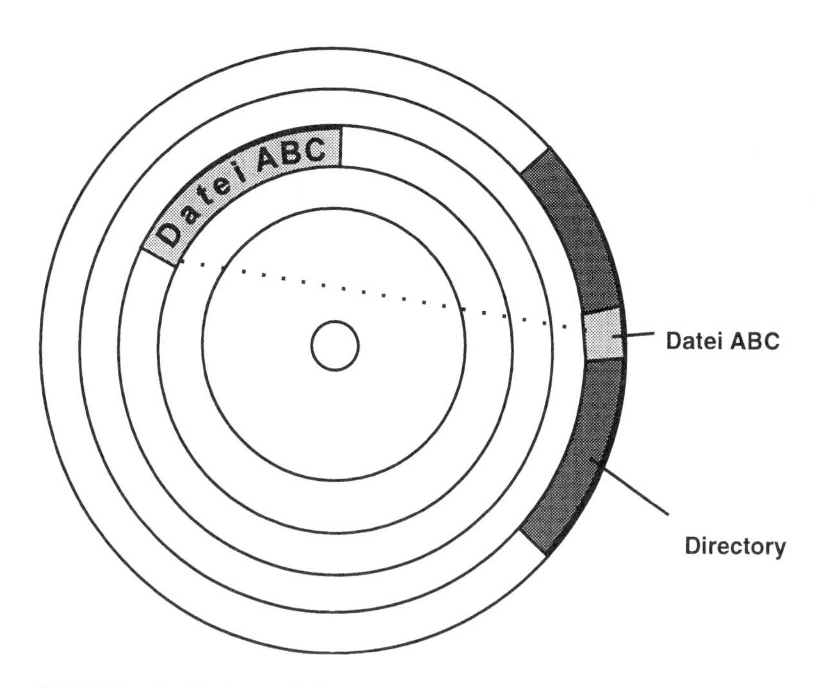

Bild 3.13: Analogie zur Pointertechnik

Der Container mit dem dazugehörigen POH (= VC) kann an beliebiger Stelle innerhalb des Nutzlastbereichs beginnen und sich somit auch bis in den folgenden Transportrahmen ausdehnen. Dies gilt sowohl für die VC der höheren Multiplexebene (VC-4), als auch für die Container der niedrigeren Multiplexebene (z.B. VC-12). Die Verwendung von Pointern erlaubt es, auf aufwendige Pufferspeicher zur Synchronisation der Nutzlast auf den Rahmenbeginn zu verzichten. Dadurch entfallen zeitliche Verzögerungen bei der Multiplexbildung.

Pointer – Ausgleich von Taktschwankungen

Neben der eindeutigen Lokalisierung des Beginn eines VC hat die Verwendung des Pointerprinzips einen zweiten wesentlichen Grund: den Ausgleich von Störungen, die durch nichtsynchrones Taktverhalten einzelner Netzkomponenten oder größerer Netzteile ergeben.
Synchrone Übertragungssyteme arbeiten mit einem von einer hochstabilen Referenzquelle abgeleiteten Takt. Bedingt durch Übertragungsstörungen oder Schwachpunkte in der Netzrealisierung existieren (u.U. nur zeitweise) innerhalb des Netzes „Taktinseln“, die mit einem zwar recht genauen, aber eben nicht mit dem Referenztakt arbeiten. Die Bitfolgefrequenz und damit auch der Platz, der für einen Container bestimmter Größe zur Verfügung steht, ist durch

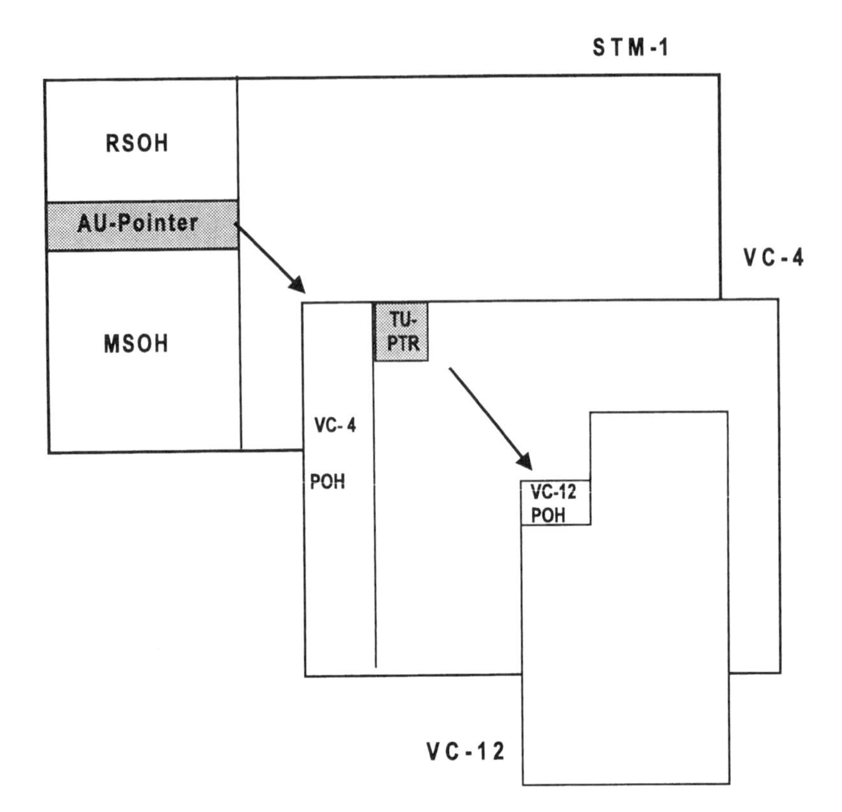

Bild 3.14: Pointer als Wegweiser zur Nutzlast

den Takt bestimmt. Beim Rangieren (z.B. internationaler Verbindungen) kann der Fall eintreten, daß ein etwas „größerer" " Container den Platz eines auf die geringere Transportbitrate angepaßten Containers einnehmen will. Für diesen Fall steht innerhalb des Pointerbereiches ein zusätzlicher Platz für Nutzinformation zur Verfügung, der es erlaubt, Teile des „größeren" Containers zeitweise auszulagern. Steht umgekehrt mehr Platz für den Container zur Verfügung als erforderlich, wird wertlose Stopfinformation kurzzeitig in den Nutzlastbereich eingelagert. Im ersten Fall wird der Pointerwert erniedrigt (Decrement), im zweiten erhöht (Increment). Der Beginn des Containers wird dadurch innerhalb des Rahmens verschoben.

Aus Gründen der Kompatibilität zwischen SDH und SONET ändert sich der Pointerwert des AU-4 pointers jeweils nur in Sprüngen von drei Byte. Der Pointer muß somit jedes dritte Byte innerhalb des STM-1 Rahmen abzüglich den 9 x 9 Byte des SOH adressieren können.

Somit müssen (261 x 9) /3 = 783 Byte adressierbar sein. Dazu genügt ein Pointerwert der Länge 10 Bit (Bild 3.15).

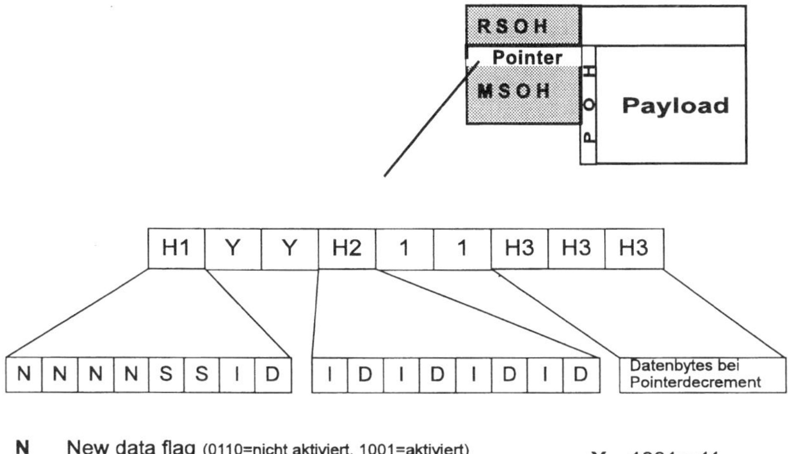

N New data flag (0110=nicht aktiviert, 1001=aktiviert)
S AU/TU-Typ (10=AU-4, AU-32, TU-32, 01=AU-31, TU-31)
I+D Pointerwert, wenn "New data flag" aktiviert, sonst
I Pointerincrement, wenn invertiert
D Pointerdecrement, wenn invertiert

Y 1001xx11

Pointer = 0
zeigt auf das Byte direkte nach den 9 Pointerbytes

Bild 3.15: Codierung des Pointers (AU-4)

Pointeränderungen – nicht immer, aber manchmal öfter

Nach Verlust der Rahmensynchronisation oder zu Beginn der Übertragung wird der Pointerwert „schlagartig“ auf den erforderlichen Wert eingestellt. Durch entsprechenden binären Zustand der N-Bits wird der nachfolgende binäre Wert direkt als neuer Pointerwert akzeptiert.
Ein Wegdriften der Taktfrequenz erfolgt so langsam, daß der Pointerwert nicht schlagartig geändert werden muß. Hier genügt eine Indikation, ob der Pointerwert erhöht oder erniedrigt werden soll. Dazu werden die Bitpositionen D und I (in Bild 3.15) während einer kurzen Zeitspanne invertiert. Durch die erforderlichen Mechanismen zur Sicherstellung der korrekten Übertragung des Pointerwertes kann sich der Pointer nur in jedem vierten Rahmen ändern. Maximal sind somit pro Sekunde 2000 Änderungen des Pointerwertes möglich. In der Praxis liegt die Zahl der Pointeroperationen bei deutlich niedrigeren Werten.

3.2.7 Rahmenaufbau STM-N

Im Gegensatz zu den Systemen der PDH, bei der für jede Hierarchieebene ein eigener Übertragungsrahmen definiert ist, existiert für die höheren Hierarchieebenen der SDH ein einheitlicher Übertragungsrahmen. Er zeichnet sich durch eine einfache Struktur aus. Der STM-4-Transportrahmen wird durch byteweises Multiplexen von N Rahmen STM-1 gebildet.
Die Bitrate eines STM-N Rahmens errechnet sich bitgenau aus N x 155,52 Mbit/s. Dabei ist kein zusätzlicher Overhead erforderlich. In der PDH änderte sich mit jeder durch bitweises Multiplexen erreichten Hierarchiestufe auch die Overheadinformation (Synchronwort,Alarme,Stopfkennung).
Bild 3.16 zeigt die schematische Darstellung eines STM-N-Rahmens. Der SOH des ersten Zubringers ist für alle STM-1 des STM-N gültig. Lediglich die Synchronisationsbytes A1,A2, die Parität B2, die Inhaltskennung C1 und selbstverständlich die Pointerwerte werden für jeden der N-Zubringer beibehalten.
Systeme mit der Übertragungskapzität von 10 Gbit/s (STM-64) sind zur Zeit in der Erprobung.

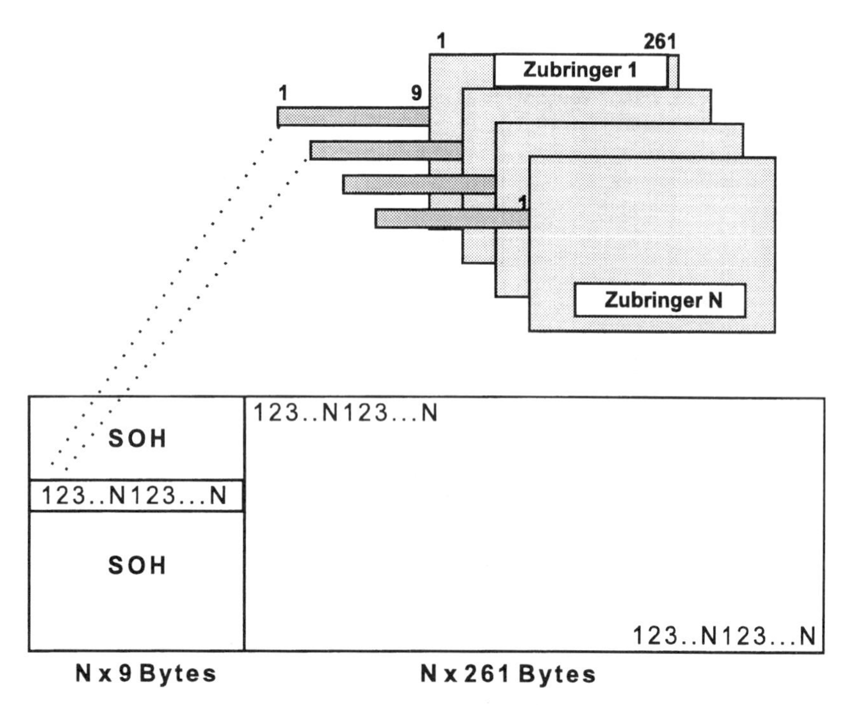

Bild 3.16: Aufbau des STM-N (N=4,16,64)

3.3 Fehler- und Alarmüberwachung

Einer der wesentlichen Vorteile der SDH liegt in der Vielzahl der implementierten Überwachungsmöglichkeiten. Dies führt zu einer deutlichen Entlastung bei den Wartungskosten und steigert die Zuverlässigkeit des Netzes beträchtlich. Fehler und Alarme werden getrennt für jede Containerebene erfaßt und dem Sendemultiplexer und dem Netzmanagement weitergemeldet. Bei gravierenden Störungen erfolgt eine automatische Ersatzschaltung auf einen störungsfreien Übertragungsweg („selbstheilendes Netz").
Alle zur Fehler-und Alarmüberwachung erforderlichen Informationen werden im SOH des Transportrahmens oder im POH des entsprechenden Containers übertragen.

3.3.1 Fehlerüberwachung durch Paritätsvergleich

Ähnlich wie beim CRC4-Verfahren des 2 Mbit/s-Rahmens, erlaubt es in der SDH ein Paritätsvergleich, der bestimmten Rahmenteilen zugeordnet ist, Übertragungsfehler zu erkennen.
In der SDH wird das Verfahren der „bitverschachtelten Parität"(Bit Interleaved Parity, BIP) verwendet.
Die Parität eines bestimmten Rahmenteils wird über eine Gruppe von 2, 8 oder 24 Bits gebildet (BIP-2, BIP-8 oder BIP-24). Diese Bitgruppen werden spaltenweise angeordnet und die Parität jedes einzelnen Bits in vertikaler Richtung berechnet. Zur Bildung des Paritätswortes wird auf eine gerade Anzahl von „1"-Zuständen innerhalb einer vertikalen Reihe ergänzt. Der Empfänger vergleicht das empfangene Paritätswort mit dem selbst berechneten Wert.
Da für jedes Übertragungselement auch nur bestimmte Rahmenteile zugänglich sind, ist die abschnittweise Überprüfung einer Übertragungsstrecke möglich.
Mit dem BIP-Verfahren läßt sich nicht die exakte Zahl von Übertragungsfehlern ermitteln. Eine statistische Auswertung der fehlerhaft übertragenen Codeworte erlaubt jedoch zuverlässige Rückschlüsse auf das Übertragungsverhalten des jeweiligen Streckenabschnitts. Bild 3.17 zeigt, welchen Teil des STM-1-Rahmen die Paritätsbytes im SOH bzw. POH überwachen. Bei niedrigen Fehlerhäufigkeiten entspricht die aus den Paritätsvergleichen abgeleitete Fehlerhäufigkeit in etwa der „wahren" Fehlerhäufigkeit.

3.3.2 Alarm- und Fehlermeldungen in der SDH

Eine Vielzahl von Overhead-Signalen zur Fehler-und Alarmüberwachung sind in den POH der einzelnen Container und in den SOH des Übertragungsrahmens eingebettet. Sie ermöglichen es, Übertragungsfehler und Störfälle den an der Übertragung beteiligten Netzkomponenten während des laufenden Systembetriebs zuverlässig mitzuteilen

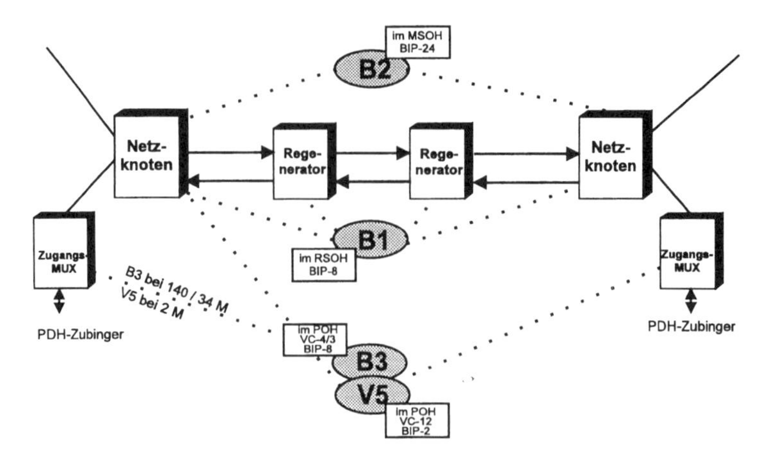

BIP-Vergleich	*Position*	*Länge*	*Überwachungsabschnitt*
B1	RSOH	BIP-8	STM-1 (2430 Bytes)
B2	MSOH	BIP-24	STM-1 ohne RSOH
B3	POH VC-4/3	BIP-8	VC-4/3
V5	POH VC-2/1	BIP-2	VC-2/1

Bild 3.17: Fehlerüberwachung durch Paritätsvergleich

Die Servicesignale lassen sich in nachfolgende Gruppen einteilen:

- schwerwiegende Störungsmeldungen, die ganze Übertragungsabschnitte betreffen (zwischen Multiplexern und Regeneratoren) und die in den meisten Fällen zum (kurzzeitigen) Zusammenbruch der Übertragung führen. Sie werden im RSOH und MSOH übertragen.

- Servicesignale, die sich auf den „übergeordneten " Container (VC-4,VC-3) beziehen (high- order path level)

- Fehler-und Alarmsignale, die Container der niedrigeren Ebene (z.B. VC-12) betreffen

Bild 3.18 zeigt die wichtigsten Alarm- und Fehlermeldungen bzw. Servicesignale im Überblick.
Tritt ein "Störfall" auf, z.B. Verlust der Rahmensynchronisation oder Übertragungsfehler in der Payload (B3-Fehler), so wird dies in rückwärtiger Übertragungsrichtung dem Absender der Nachricht mitgeteilt (LOF bzw. REI).

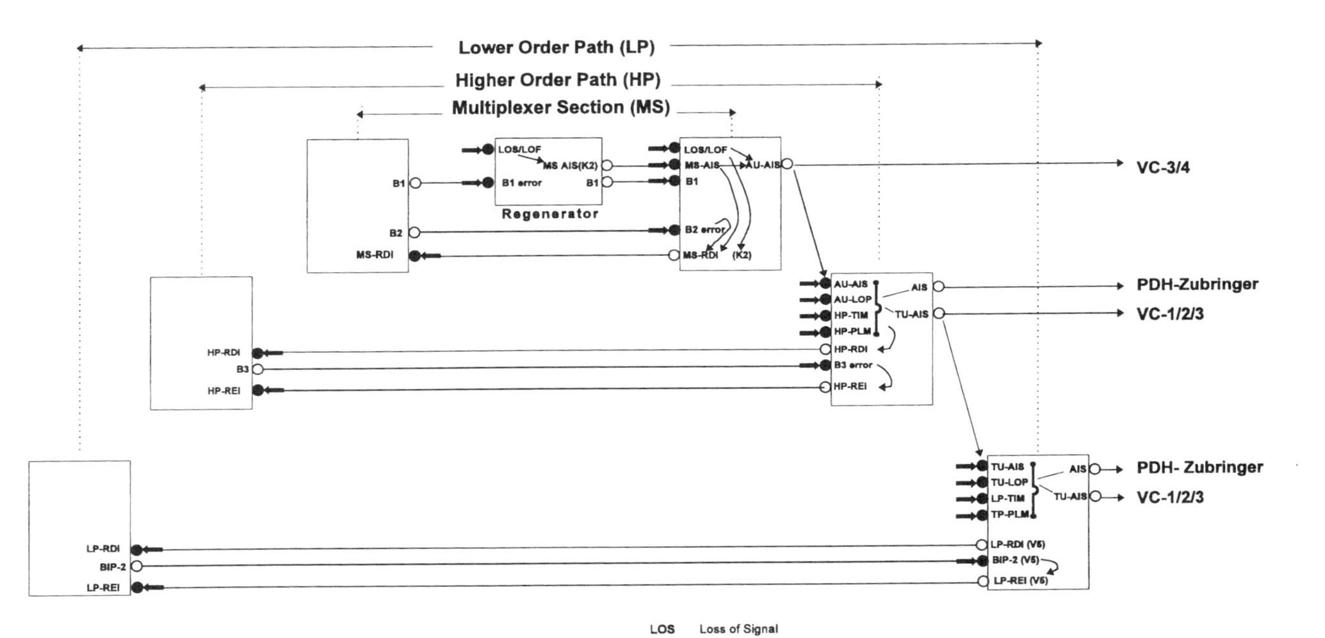

● **Alarm/Fehler- Erkennung**

○ **Alarm/Fehler- Erzeugung**

LOS	Loss of Signal
LOF	Loss of Frame
LOP	Loss of Pointer
RDI	Remote Defect Indication
REI	Remote Error Indication
TIM	Trace Identifier Mismatch
PLM	Signal Label Mismatch
RFI	Remote Failure Indication

Bild 3.18: Fehler- und Alarmmeldungen in der SDM

Signalverlust(LOS), Rahmenverlust (LOF) und Verlust des Pointers (LOP) führen zu einem Alarm-Indikationssignal (AIS) an den Zubringerschnittstellen, so daß die Kompatibilität zur PDH sichergestellt ist. Je nach Fehlerebene werden unterschiedliche AIS erzeugt. Aus Sicht der Zubringerschnittstellen verhält sich die SDH somit wie das bisherige plesiochrone Transportnetz.
Tritt ein Alarmzustand auf, so reagiert das Netzelement mit weiteren Alarm- und Fehlermeldungen auf unterschiedlichen Ebenen. Dadurch kann ein „einfaches" Fahlerereignis zu einer recht komplexen Kette von Störungsmeldungen führen.

Zur Alarmübertragung wird eine standardisierte Bitkombination an definierter Stelle über eine bestimmte Zeit (z.B.Millisekunden oder Zahl der Rahmen) gesendet. Der Empfänger erkennt diese Mitteilung und reagiert je nach Vorgabe durch den Netzbetreiber (Netzmanagement). Im Falle eines LOS wird ein neuer Ersatzweg automatisch angefordert (Byte K1/K2 im SOH). Die Überschreitung einer definierbaren Qualitätsschwelle wird dokumentiert. Die Qualität ist durch Paritätsvergleich direkt oder aus den Fehlerrückmeldungen (REI) ermittelbar.

Das übergeordnete Netzmanagement erlaubt den Zugriff auf die z.B. in den Datenkanälen D1..D3 und D4..D12 übertragenen aufbereiteten Fehlermeldungen und leitet dem Wunsch des Netzbetreibers entsprechend definierbare Reaktionen ein.

3.4 SDH und SONET

Das Mitte der achtziger Jahre in den USA entstandene „Synchronous Optical Network SONET" war und ist optimiert auf die Belange der nordamerikanischen PDH.
Die höchste in der Praxis verwendete Bitrate von 45 Mbit/s wird durch Containerbildung und Hinzufügung von Overheadinformation und Pointer auf 51 Mbit/s erhöht. Dieses „Synchronous Transport Signal STS-1" ist das elementare Multiplexelement des SONET-Standards. Höhere Hierarchien werden durch bytweises Multiplexen gebildet.
Oberstes Ziel bei der Standardiserung der SDH war es, einen weltweit gültigen Standard zu schaffen.
Damit sind einige „Merkwürdigkeiten" der aus SONET abgeleiteten europäischen SDH zu erklären:

- einige Bytes im SOH des STM-1 werden dreimal wiederholt. Aus „SONET-Sicht" ist STM-1 die dem Grundmodul folgende nächste Hierarchiestufe (STS-3)

- ein strukturieres, d.h. aus den darunterliegenden Hierarchieebenen aufgebautes 140 Mbit/s Signal enthält bis zu 64 Zubringer mit je 2 Mbit/s. In STM-1 können jedoch nur 63 Container VC-12 implementiert werden.

- rein rechnerisch würden für die Übertragung eines 140 Mbit/s- Signals mit allen erforderlichen Overheadinformationen ca. 145 Mbit/s genügen. Um 155 Mbit/s zu erreichen, muß der Container VC-4 mit ca. 10 Mbit/s wertloser Stopfinformation aufgefüllt werden. Wertvolle Übertragungskapazität wird somit verschenkt.

Bild 3.19 zeigt SDH und SONET im direkten Vergleich. Auch für SDH-Übertragungssysteme werden SONET-Schnittstellen entwickelt. Sie finden ihren Einsatz bei internationalen SDH/SONET-Verbindungen und bei der Übertragung von europäischen PDH-Richtfunkzubringern bei 51 Mbit/s (vgl. Kapitel 5.3.1).

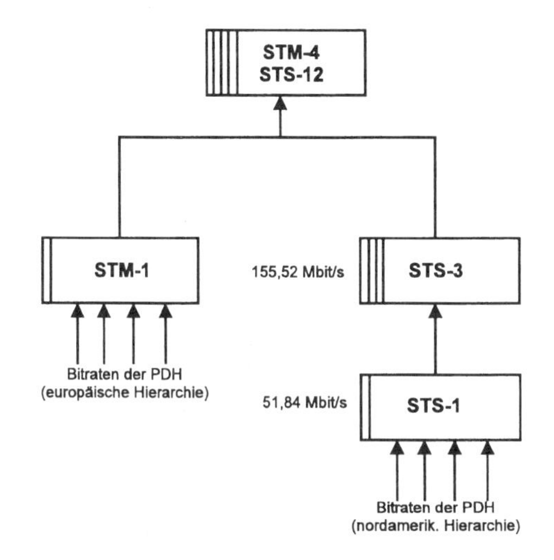

Synchronous Transport Signal (STS), *Optical Carrier* (OC)

Bezeichnung		***Bitrate***	
STS-1	OC-1	51,84 Mbit/s	
STS-3	OC-3	155,52 Mbit/s	STM-1
STS-9	OC-9	466,56 Mbit/s	
STS-12	OC-12	622,08 Mbit/s	STM-4
STS-18	OC-18	933,12 Mbit/s	
STS-24	OC-24	1244,16 Mbit/s	
STS-36	OC-36	1866,24 Mbit/s	
STS-48	OC-48	2488,32 Mbit/s	STM-16

Bild 3.19: Vergleich zwischen SDH und SONET

3.5 Breitband-ISDN / Asynchroner Transfer Modus ATM

Die Übertragungssysteme der SDH sind in vielerlei Hinsicht flexibel, sie bieten allerdings keine uneingeschränkte Flexibilität bezüglich der Bandbreitenzuordnung.
Das Breitband-ISDN wird als nächste Netzgeneration „ein Netz für alle Dienste" sein. Um neue Anwendungen wie LAN-Kopplung oder Fest- und Bewegtbildübertragung (Multimedia) in einem Netz zu ermöglichen, wurde das Vermittlungsprinzip des Asynchronen Transfer Modus ATM gewählt.
ATM wird die Integration von Sprache, Daten und Video ermöglichen (Mulitmedia) und sich hochflexibel an kurzfristig geänderte Benutzerwünsche anpassen.
Bisher sind die Standards für ATM-Festverbindungen verabschiedet, die Empfehlungen für ATM- Wählverbindungen sind in Vorbereitung. Die treibende Kraft bei der Standardisierung ist das ATM-Forum, ein weltweites Konsortium von einigen hundert Firmen, die sich in der ATM-Technologie engagieren. Die Empfehlungen des ATM-Forums und von ITU-T sind eng aneinander angelehnt.

ATM basiert auf der verbindungsorientierten Übertragung von Paketen. Alle Pakete werden über den gleichen Weg durch das Netz übertragen ohne ihre Reihenfolge zu ändern. Die Adresse eines Pakets ist nur bis zum nächsten vermittelnden Netztknoten gültig. Hingegen enthält bei einer verbindungslosen Übertragung jedes Paket die vollständige Zieladresse und es wird kein Verbindungsweg aufgebaut.

Charakteristika der ATM- Übertragung

- ATM ist für die Übertragung von Sprache, Daten und Video gleichermaßen geeignet, allerdings sind Kompromisse erforderlich (siehe unten). Damit ist ATM prädestiniert als Übertragungsverfahren im Multimedia-Bereich
- Die Übertragung der Information erfolgt in Form von Pakten fester Länge (=Zellen). Jede Zelle der Länge 53 byte trägt 48 Byte Nutzinformation und einen 5 Byte langen Zellkopf (Bild 3.20).
- Jeder Zelle wird im Zellkopf ein definierter übergeordneter Verbindungspfad (virtual path) und ein untergeordneter virtueller Kanal (virtual channel) zugeordnet (Bild 3.21)
- die Übertragung nach dem ATM-Prinzip ist unabhängig vom verwendeten Medium, ATM kennt keine Hierarchiestufen. Die ATM-Übertragung ist direkt, über SDH- oder PDH-Verbindungen möglich.

Die Trennung in virtuelle Pfade und Kanäle reduziert den Vermittlungsaufwand beträchtlich.
Das Ziel bei der Standardisierung von ATM war es, die Übertragung aller Dienste in einem Netz zu ermöglichen. Am sensitivsten ist hier die Übertragung von Sprache, bei der naturgemäß nur sehr kleine Verzögerungen während der Übertragung auftreten dürfen. Um die Paketierungsdauer möglichst gering zu halten, ist

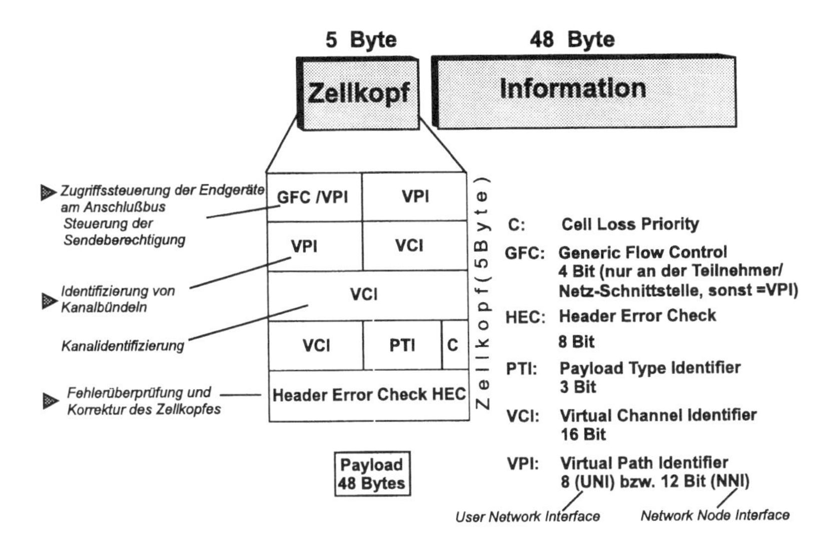

Bild 3.20: Aufbau einer ATM-Zelle

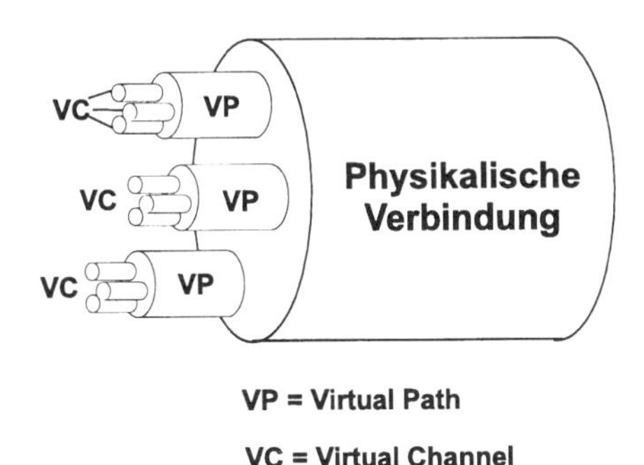

Bild 3.21: Virtueller Path und virtueller Kanal

eine relativ kurze Zelle erforderlich. Unter dem Gesichtpunkt der Vernetzung lokaler Netze wäre eine deutlich größere Zellenlänge optimal.
Die zu übertragende Information nicht ATM-fähiger Endgeräte wird zerstückelt (packetiert) und der entsprechende Overhead hinzugefügt. Ein ATM-Endgerät, das durch eine 20 Byte-lange Adresse identifizierbar ist, sendet direkt einen kontinuierlichen Zellstrom aus. Ist gerade keine Nutzlast vorhanden, werden speziell gekennzeichnete Leerzellen gesendet. Ist die Bitrate niedrig, werden viele Leerzellen und wenig Nutzzellen erzeugt (Bild 3.22). Mit steigender Informationsmenge

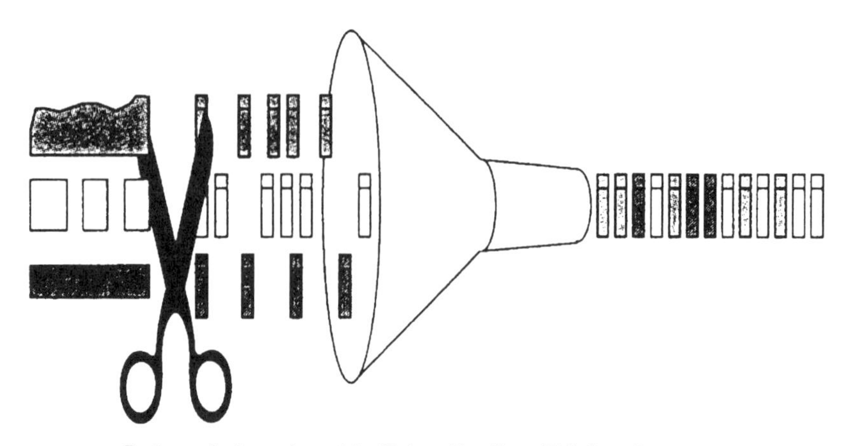

Datenpakete unterschiedlicher Quellen (Telefon, Datennetze,Video)
werden "zerschnitten", in Zellen verpackt
und im Multiplexverfahren gesendet

Bild 3.22: ATM – anschaulich erklärt

nimmt die Zahl der Leerzellen ab. ATM-Vermittlungsstellen entfernen die Leerzellen. Mit Hilfe dieses Prinzips ermöglicht ATM Verbindungen beinahe beliebiger Bitrate. Die Reihenfolge der Zellen für eine einmal aufgebaute Verbindung wird beibehalten (verbindungsorientiert).

Signalisierung und OAM-Zellen

Zu Beginn des Verbindungsaufbaus werden durch die sogenannte Metasignalisierung die Signalisierungszellen festgelegt. Alternativ wird durch das Netzmanagement ein Signalisierungskanal bereitgestellt. Speziell gekennzeichnete Zellen übertragen netzspezifische Steuerungsinformationen (Operation, Administration and Maintenance,OAM). Im Zellheader enthalten sie Informationen auf welchen Übertragungsabschnitt sie sich beziehen, für welche Übertragungsrichtung sie verantwortlich sind und über den Status der aktuellen Verbindung.
Der Anwender eines Dienstes bzw. das Endgerät teilt dem Netz über einen speziellen Signalisierungskanal die gewünschte Bitrate und das erforderliche Verkehrprofil mit und vereinbart mit der ATM-Vermittlung bestimmte Parameter für die anstehende Übertragung mit Hilfe eines Verkehrsvertrages. Die in diesem Verkehrsvertrag garantierten Parameter behalten für die gesamte Dauer der Verbindung ihre Gültigkeit. Das Netz ahndet Verstöße gegen die getroffenen Vereinbarungen z.B. durch Verwerfen von Zellen bei Überlast oder deutlich höhere Gebühren.

Verkehrsprofil und Diensteklassen

ATM ist mehr als jede andere Technologie diensteorientiert. Die einzelnen Dienste differenzieren sich durch folgende Charakteristika:

- Bitrate
- Verkehrseigenschaften: konstant (Fernsprechen, Videokonferenz), variabel (Multimedia), burstartig (LAN-Verbindungen, Datenaustausch zwischen Rechnern)
- Verkehrsbeziehung: Punkt-zu-Punkt, Punkt-zu-Mehrpunkt, reiner Verteildienst

Verbindungsbeziehung: verbindungsorientiert, verbindungslos

Bild 3.23 ordnet typischen Übertragungsanforderungen die entsprechende ATM-Diensteklasse zu. Die Zuordnung der Diensteklasse ist elementar für die Adaption und Aufbereitung der Quelldaten für die ATM-Übertragung. Abhängig vom Dienstetyp werden den Nutzdaten spezifische Steuerinformationen hinzugefügt und zusammen mit den Nutzdaten in das Informationsfeld der Zelle gepackt. Diese Aufgabe übernimmt die sogenannte „ATM-Adaptionsschicht" (ATM Adaption Layer, AAL). Praktische Bedeutung haben momentan vor allem die AAL-Typen 1 und 5. Die Standardisierung des AAL-Typ 2 ist im Frühjahr 1997 verabschiedet worden.

	Klasse A	Klasse B	Klasse C	Klasse D
Zeitbezug	erforderlich		nicht erforderlich	
Bitrate	konstant	variabel		
Verbindung	verbindungsorientiert			verbindungslos
Beispiel	Sprache	Video	Daten (z.B. Frame Relay)	Kopplung von LANs
Diensttyp	AAL 1	AAL 2	AAL 3/4	
			AAL 5	

AAL: ATM Adaption Layer

Die Zellen enthalten Diensttyp-spezifische Steuerdaten

Bild 3.23: Datenübertragung und Zuordnung von ATM-Dienstklassen

Der Zellkopf mit Informationen zur Vermittlung, Überwachung, Wegschaltung (VPI,VCI) und Sicherung der Zellkopfdaten wird in der „ATM-Schicht“ (ATM-layer) hinzugefügt. Die einzelnen Schichten sind jeweils unterteilt und übernehmen differenzierte Aufgaben.

In Weitverkehrsnetzen verwendet ATM den SDH-Transportrahmen bei einer Bitrate von 155 Mbit/s und 622 Mbit/s. ATM-Zugangsmultiplexer ermöglichen die direkte Ankopplung ATM-fähiger Endgeräte oder LAN-Backbones an das Übertragungsbnetz.

Bild 3.24 zeigt den direkten Einbau von ATM-Zelllen in den STM-1-Rahmen.
Bei etwa 135 Mbit/s-Nutzdaten - entsprechend einer Bitrate der ATM-Zellen von annähernd 150 Mbit/s (zusätzlicher Zellkopf und Overhead im Informationsfeld), wird der Container VC-4 optimal gefüllt.
Die SDH hat bei der Übertragung von PDH- oder SDH-Signalen konstanter Bitrate deutliche Vorteile gegenüber ATM. Bei der Übertragung unterschiedlicher Nutzsignale mit variablen Verkehrsprofilen (z.B. burstartiger Verkehr) ist das ATM- Prinzip der SDH überlegen.
ATM-Endgeräte werden über das UNI (user network interface) direkt an das ATM-Netz angeschlossen, für nicht ATM-fähige Endgeräte dienen Terminaladapter als Bindeglied zwischen der ATM- und der LAN/WAN-Welt.
In der Einführungsphase von ATM wurden ausschließlich permanent geschaltete Verbindungen (PVC=Permanent Virtual Channel) realisiert. Seit etwa 1997 werden in Pilotprojekten auch ATM-Wählverbindungen (SVC=Switched Virtual Channel) erprobt.

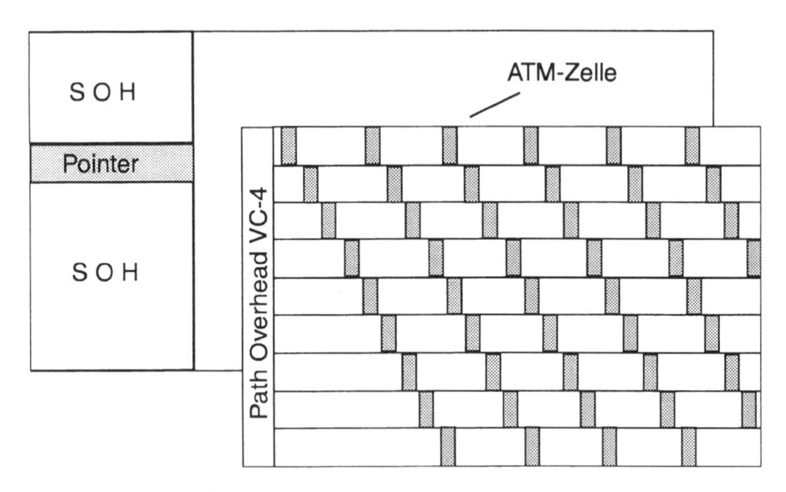

Bild 3.24: ATM-Übertragung im STM-1 Transportrahmen

ATM wird die Netzlandschaft nachhaltig verändern, die Netzstrukturen erheblich vereinfachen und die klassische Trennung zwischen Weitverkehrsnetzen (WAN) und lokalen Netzen (LAN) aufheben. In einer langjährigen Übergangsphase werden die Systeme der SDH als Transportmedium für die ATM-Zellströme dienen.

3.6 Literatur

[1] Seminarunterlagen „Einführung in die SDH", Wandel & Goltermann

[2] „Innovation Special SDH", PKI, Nürnberg

[3] „Nachrichtentechnische Berichte",Heft 9, Bosch Telekom ANT, Backnang

[4] „Elektrisches Nachrichtenwesen" 3/93, Alcatel SEL, Stuttgart

[5] Siegmund: ATM-Die Technik des Breitband-ISDN, R.v.Decker, 1997

[6] „Synchronous Transmission Systems", Northern Telecom

[7] Nonnenmacher: ATM; neue Technik, neue Meßverfahren, Taschenbuch der telekom-praxis 1997

[8] ATM-Poster, Wandel & Goltermann, 1996

[9] The ATM-Forum Glossary, ATM-Forum und Wandel & Goltermann, 1996

4 Synchrone Netze

H. Bonn

4.1 Einleitung

Kommunizieren, auch über größere Entfernungen, wird immer leichter – nicht zuletzt durch die immer komfortabler werdenden Telekommunikations- und Datennetze. In der Übertragungstechnik hat sich in den letzten Jahren die SDH-Technik durchgesetzt. Während bis vor wenigen Jahren die digitale Übertragungstechnik auf plesiochronen Systemen basierte, übernehmen heute immer mehr SDH-Netzelemente übertragungstechnische Aufgaben. Die technologischen Vorteile und die günstige Preisentwicklung geben der SDH entscheidende Vorteile. Eine STM-1-Strecke mit 150 Mbit/s-Übertragungsrate ist heute meist schon günstiger als eine 34 Mbit/s-PDH-Verbindung. Der Einsatz von SDH-Multiplexern reduziert die Anzahl und die Vielfalt der benötigten Geräte im Netz. Dies führt zu einer Reduzierung der Kosten für Betrieb und Wartung auf Seiten des Netzbetreibers. Ein auf Glasfaser basierendes SDH-Netz erleichtert die Verwendung effizienter Netztopologien wie beispielsweise Maschen-, Ketten-, Baum- oder Ringnetze. Die Einführung des SDH-Netzes bietet neue Möglichkeiten und Vorteile im Bereich der Netzsicherung und des Netzmanagements. Speziell bei neuen Bauvorhaben wird heutzutage fast ausschließlich SDH-Technik eingesetzt.
Aus welchen Bausteinen setzt sich nun ein synchrones Netz zusammen? Welche Netztopologien sind möglich, welche sind sinnvoll? Wie wird ein „Synchrones Netz" synchron? Welche Möglichkeiten bietet ein SDH-Netz für das Netzmanagement? Läßt sich ein bestehendes PDH-Netz in ein SDH-Netz überführen?
Die folgenden Kapitel geben Wegweiser durch den Dschungel der synchronen Netze. Besonderer Wert wird dabei auf die einzelnen Netzelemente, Netzstrukturen und Schutzmechanismen, die Netzsynchronisation und das Netzmanagement gelegt.

4.2 Synchrone Multiplexer

Synchrone Multiplexer sind nicht nur in einem synchronen Netz zu finden, sie werden auch häufig an den Grenzen des synchronen Netzes als Zugangsmultiplexer eingesetzt. Synchrone Zugangsmultiplexer verfügen über eine LPC-Funktionalität (Lower Order Path Connection). Sie können dann Signale niedrigerer Ordnung auf TU-12 und TU-3 Ebene schalten und multiplexen. Im Backbone-Bereich ist häufig die Verschaltung von Containern höherer Ordnung (VC-4) ausreichend. Hier reicht HPC-Funktionalität (Higher Order Path Connection) aus.

Man unterscheidet die synchronen Multiplexer in drei Hauptgruppen:
1. Terminalmultiplexer (TM)
2. ADD & Drop Multiplexer (ADM)
4. Crossconnects (DXC)

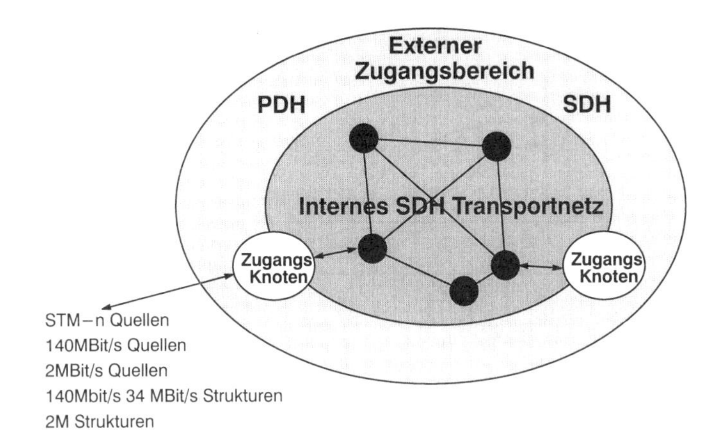

Bild 4.1: Synchrone Multiplexer im Netz

4.2.1 Terminalmultiplexer (TM)

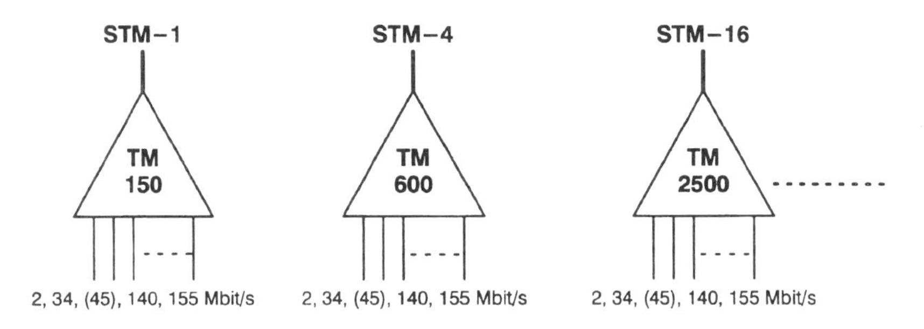

Bild 4.2: Synchrone Terminalmultiplexer

Terminalmultiplexer verfügen nur über ein synchrones Aggregat und übernehmen Terminalfunktion. Zu ihren Hauptaufgaben gehört:
- Senden, Empfangen und Zusammenfassen von 2, 34, (45), 140 Mbit/s elektrischen und 155 Mbit/s elektrischen und optischen Zubringern (Tributaries)

- Senden und Empfangen von elektrischen und optischen STM-N-Signalen
- automatische Ersatzschaltung (APS) und Hardwareschutz (EPS, equipment protection switching)
- Synchronisation auf verschiedene Referenztakte (intern, extern, vom Aggregat oder von den Zubringern)
- Verbindung zu einem Network Management System

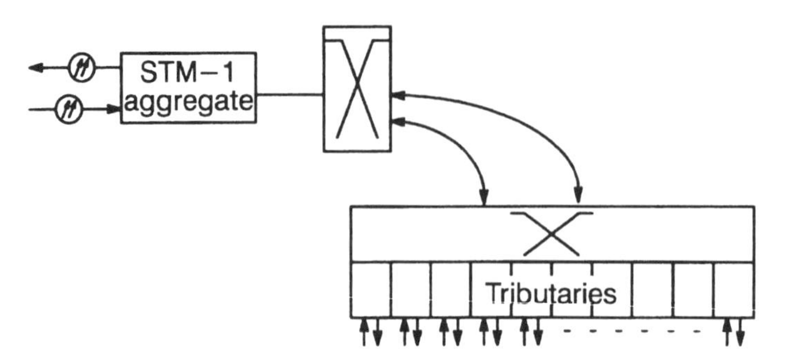

Bild 4.3: Funktions-Blockdiagramm TM

Bild 4.3 zeigt das Blockschaltbild eines TMs. Zwischen Aggregat und Zubringer befindet sich eine Matrix, in der die Anordnung der verschiedenen VCs vorgenommen werden kann. Es kann sich bei der Matrix um eine diskrete Baugruppe (Einschub) handeln, häufig ist die Matrixfunktionalität aber auch verteilt auf Aggregat und Zubringerbaugruppen.
TMs werden bei synchronen Ende-Ende Verbindungen und bei Zweigen im synchronen Netz eingesetzt. Häufig werden auch minderbestückte ADMs (nur ein Aggregat) als TMs eingesetzt.

4.2.2 Add & Drop Multiplexer (ADM)

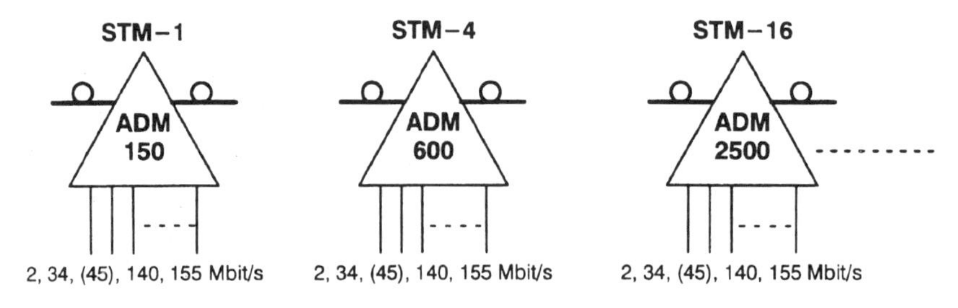

Bild 4.4: Synchrone Add & Drop Multiplexer

ADMs sind im Gegensatz zu den TMs mit zwei synchronen Aggregaten ausgerüstet. Sie werden üblicherweise in Aggregat West und Ost unterschieden. Sie verfügen über die gleichen Terminalfunktionalitäten wie TMs. Diese werden lediglich Drop und Insert genannt. Mit Drop wird die Entnahme eines Virtuellen Containers (VC) aus dem ankommenden STM-N an einem Aggregat bezeichnet. Der entnommene VC kann auf der Zubringerseite terminiert werden (z.B. aus einem VC-12 ein 2 Mbit/s Signal) oder der VC wird in ein abgehendes STM-1-Signal eines synchronen Zubringers eingebaut. Insert bezeichnet den umgekehrten Weg. Ein VC wird, von einem Zubringer kommend, in ein abgehendes STM-N-Signal eines Aggregates eingegliedert. Dieser VC kann aus einem STM-1-Zubringer entnommen sein, oder es kann sich um ein verpacktes plesiochrones Signal handeln (z.B. 2 Mbit/s in einen VC-12). Zusätzlich besteht bei ADMs eine Durchschaltungsfunktion (Pass Through) von VCs zwischen den Aggregaten.

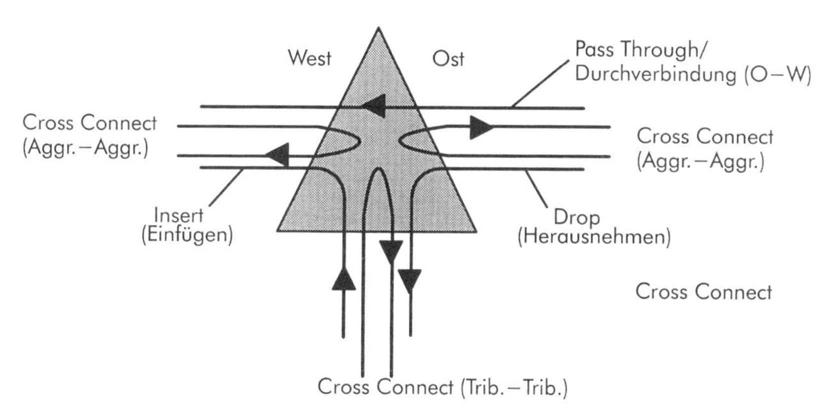

Bild 4.5: ADM Schaltmöglichkeiten

Drop, Insert und Pass Through sind die elementaren ADM-Schaltmöglichkeiten. Zusätzlich verfügen einige ADMs über eine Crossconnect-Funktionalität. Diese Crossconnect-Funktionalität kann speziell bei komplexen Netzstrukturen und bei Netzerweiterungen Bedeutung erlangen (siehe auch Kapitel 4.3.2.4).

Bild 4.6 zeigt ein Blockschaltbild eines ADMs. Die Matrixfunktionalität zwischen Aggregat und Zubringer ist gut zu erkennen. Im Beispiel ist neben den Aggregaten Ost und West jeweils ein Schutzaggregat dargestellt.
Haupteinsatzgebiet von ADMs sind Bus- und Ringstrukturen. Durch das relativ einfache Netzmanagement und die hohe Ausfallsicherheit von synchronen Ringnetzen haben ADMs in letzter Zeit stark an Popularität gewonnen. Verfügen ADMs zusätzlich über Crossconnect-Funktionalität, bleiben sie auch bei Netzerweiterungen oder -umstrukturierungen zukunftssicher.

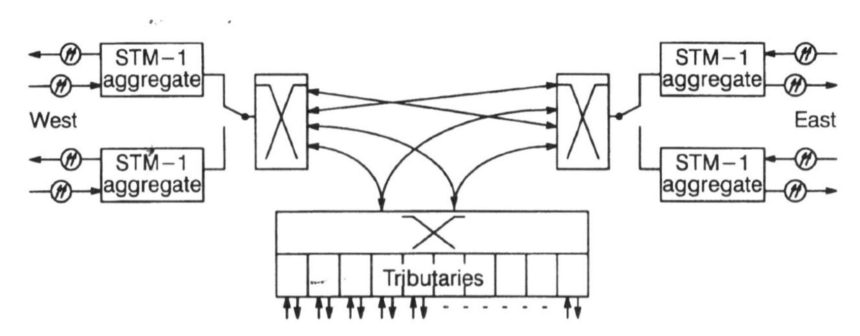

Bild 4.6: Funktions-Blockdiagramm ADM

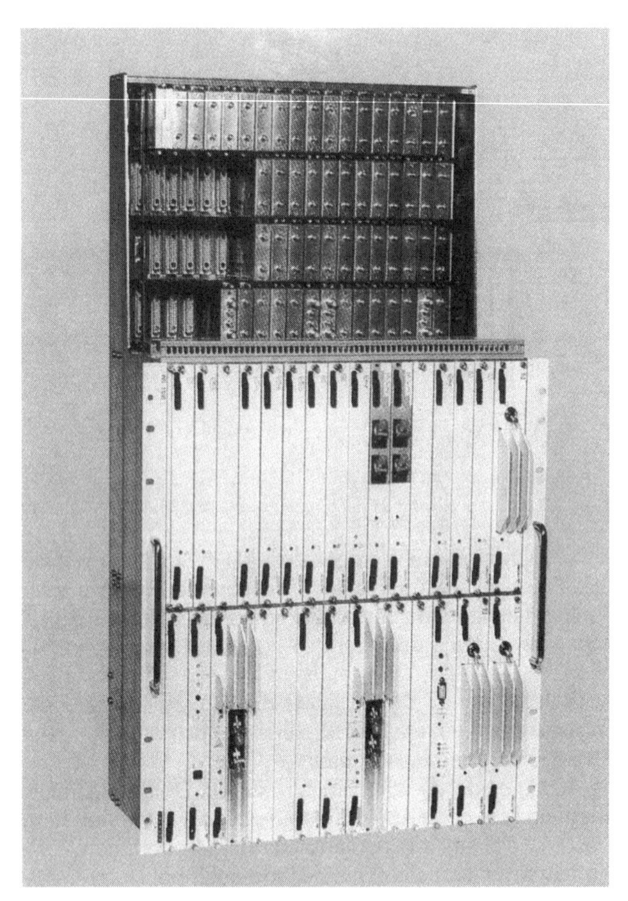

Bild 4.7: Synchroner Add & Drop-Multiplexer 1651 SM der Firma Alcatel

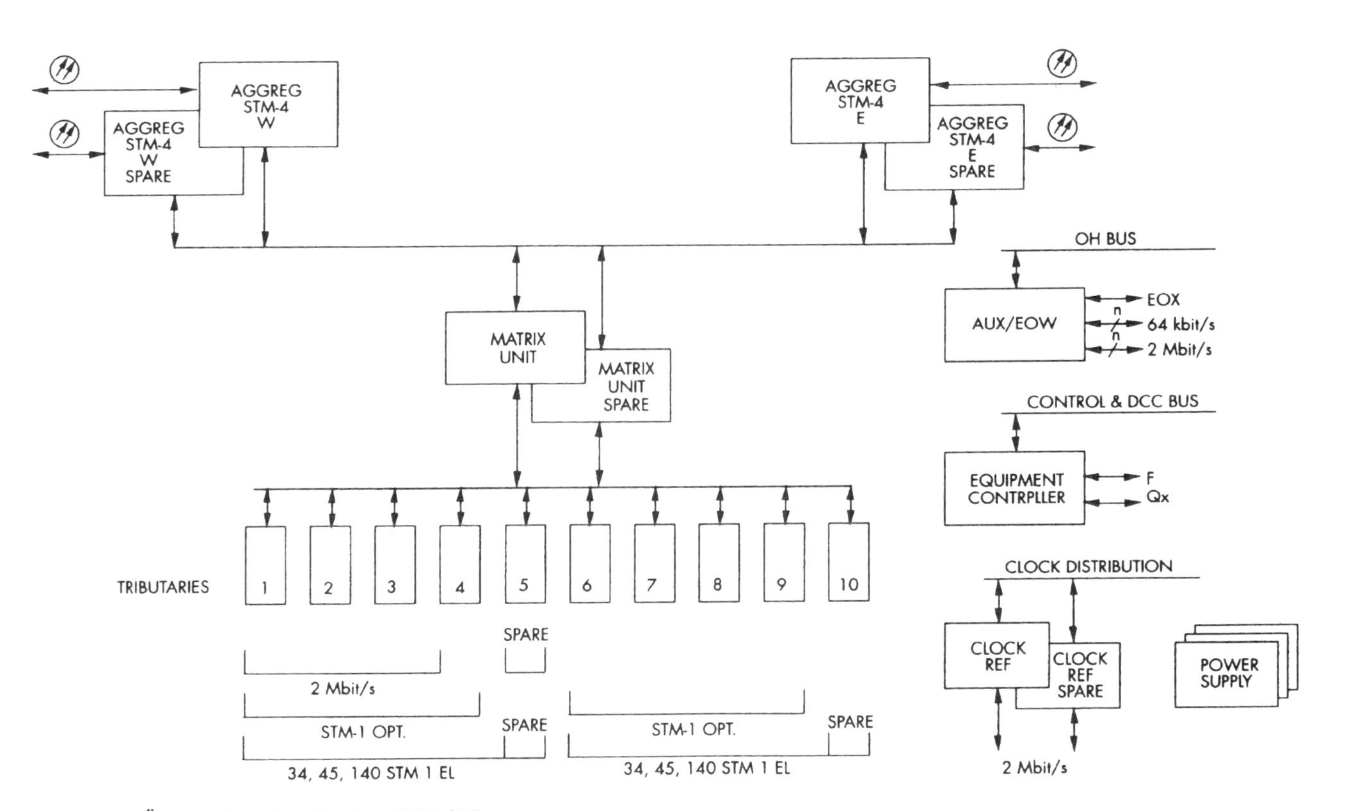

Bild 4.8: Übersichtsplan Alcatel 1651 SM

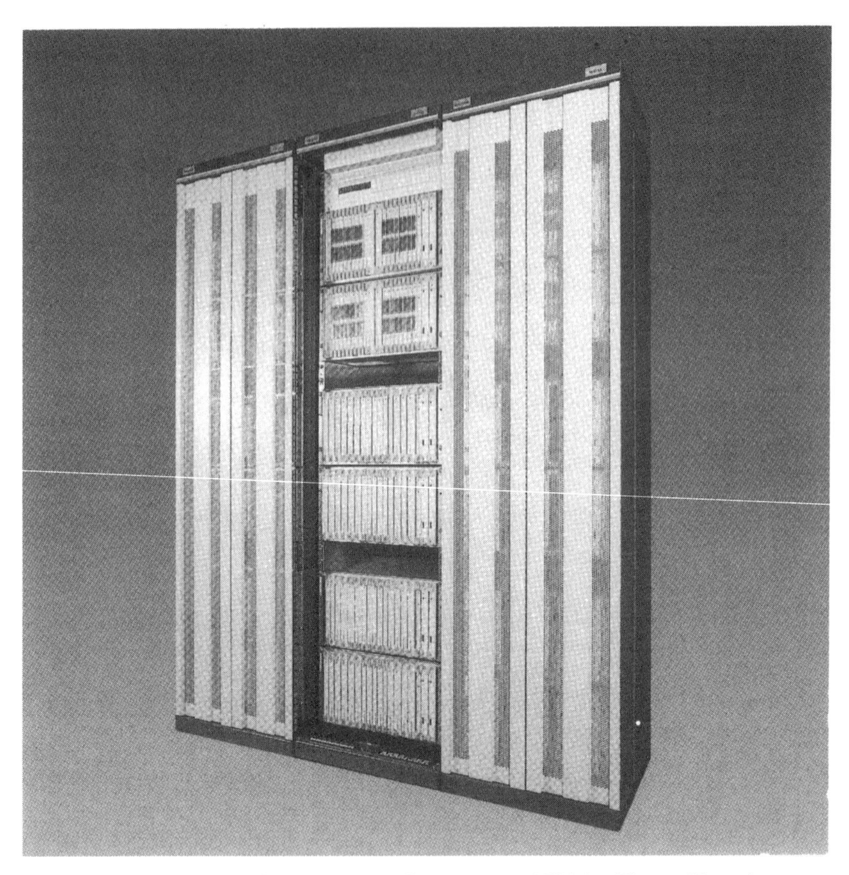

Bild 4.9: Synchrones Crossconnect System 1641SX der Firma Alcatel

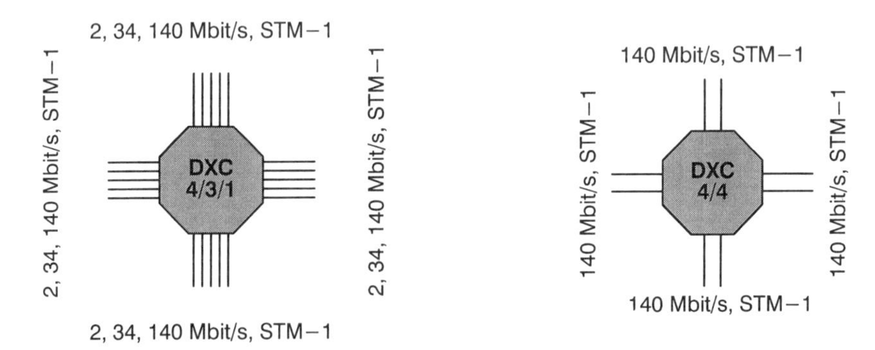

Synchrone Crossconnect Multiplexer

4.2.3 Crossconnects (DXC)

Netzknoten sind die wesentlichen Komponenten zukünftiger synchroner digitaler Übertragungsnetze. Sie ermöglichen das computerunterstützte Schalten von Übertragungsverbindungen, deren Überwachung und Schutzschaltung und somit ein aktives und effizientes Netzmanagement. Zum Leistungsspektrum moderner digitaler synchroner Crossconnect Systeme gehört u. a.:

- Verbindung von plesiochroner mit synchroner Hierarchie (auch ATM, FDDI etc.), Übergang von einer Technik zur anderen.
- Rangieren von Signalbündeln und abzweigen von Teilsignalen aus Signalbündeln - Neubelegen frei gewordener Plätze und damit deutlich bessere Ausnutzung der Übertragungskapazität des Netzes.
- Direktes Schalten von STM-N-Signalen.
- Erweiterung ohne Betriebsunterbrechung.

Übersichtsplan

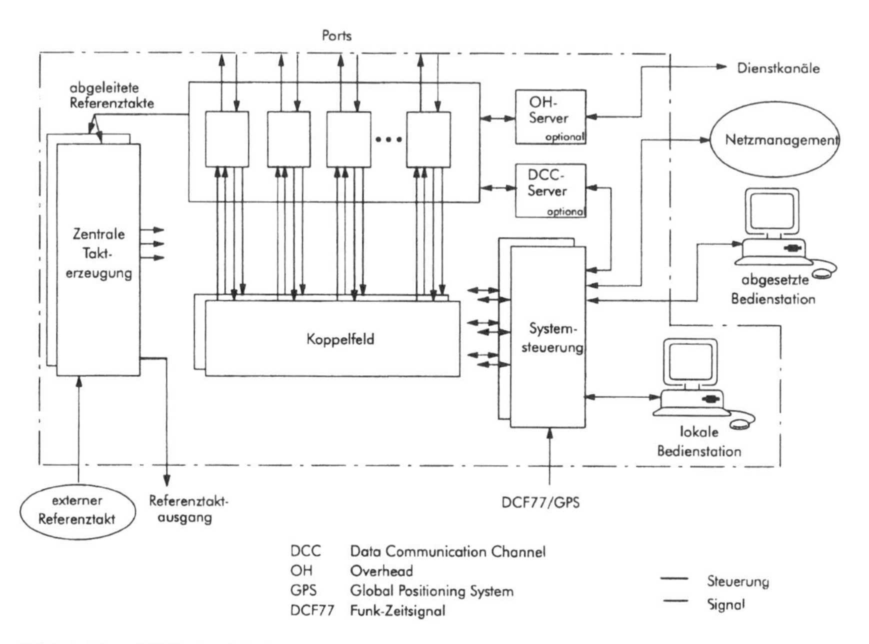

Bild 4.10: DXC-Architektur am Beispiel Alcatel 1641 SX

In Cross-Connect-Systemen können ganze STM-N oder Teile von STM-N in ihrer Raum- und Zeitlage geschaltet werden. Die kleinsten Einheiten sind Container - die kleinste Bitrate also 2 Mbit/s. Ist eine 1+1 Redundanz bei Koppelfeld und Systemsteuerung vorhanden, können Änderungen und Erweiterungen am System ohne Betriebsunterbrechung durchgeführt werden. Im Gegensatz zu Vermittlungsstellen, in denen die Verbindungen aufgrund von Signalisierungsinformationen geschaltet werden, schaltet ein DXC seine Verbindungen mittels Steuerinformationen, die vom Netzbetreiber vorgegeben werden. DXCs werden hauptsächlich zwischen Vermittlungsstellen in höheren Netzebenen eingesetzt. Crossconnect-Systeme kommen auch in Netzknoten zum Einsatz, wenn die Schaltkapazität von ADMs erschöpft ist (z.B. Kopplung von Subnetzen).

4.3 Netzstrukturen

4.3.1 Netztopologien

Im folgenden werden verschiedene Netztopologien in allgemeiner Form vorgestellt und diskutiert.

4.3.1.1 Maschennetz

Bei einem idealen Maschennetz ist jeder Netzknoten mit jedem anderen Netzknoten verbunden. Vorteil eines Maschennetzes ist die extrem hohe Sicherheit bei alternativer Verkehrslenkung. Der Nachteil ist offensichtlich: Bei größerer Anzahl der Netzknoten steigt die Anzahl der Netzkanten überproportional an. So hat z.B. ein Maschennetz mit sechs Knoten 15 Kanten. Ein Netz mit 12 Knoten weist schon 66 Kanten auf!
Maschennetze kommen hauptsächlich in kleineren Netzen oder Sondernetzen mit hohen Sicherheitsanforderungen vor.

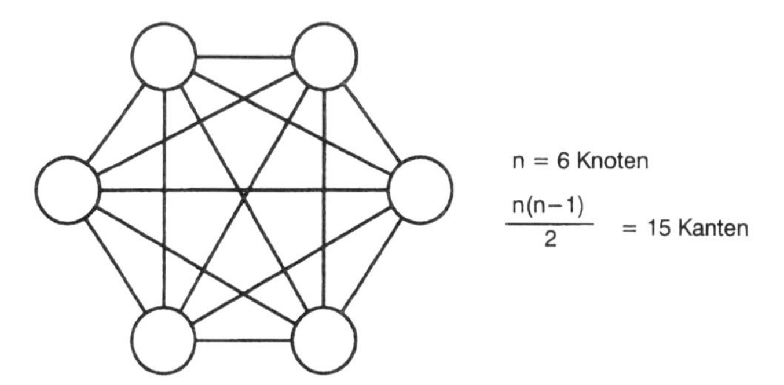

Bild 4.11: Maschennetz

4.3.1.2 Sternnetz

In einem Sternnetz werden alle Netzknoten an ein Zentrum angeschlossen. Die Wirtschaftlichkeit ist durch die großen Bündelungsgewinne enorm hoch. Im Gegenzug ist auch die Anfälligkeit eines Sternnetzes sehr hoch. Sternnetze werden daher eher in Teilnetzen der unteren Hierarchiestufen und in Entwicklungsländern eingesetzt.

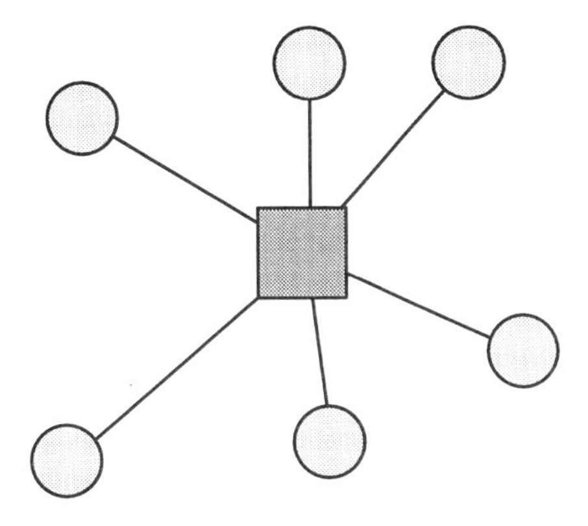

Bild 4.12: Sternnetz

Hierarchische Sternnetze

Hierarchische Sternnetze sind mehrstufige, zusammengeschaltete Sternnetze. Dies bringt im Vergleich zu einem reinen Sternnetz einen höheren Bündelungsgewinn. Die Gesamtverfügbarkeit des Netzes erhöht sich ebenfalls. Bei Ausfall eines Zentrums sind die anderen angeschlossenen Sternnetze in ihrem Bereich weiter verfügbar.
Hierarchische Sternnetze bilden oft die Grundstruktur von Weitverkehrsnetzen.

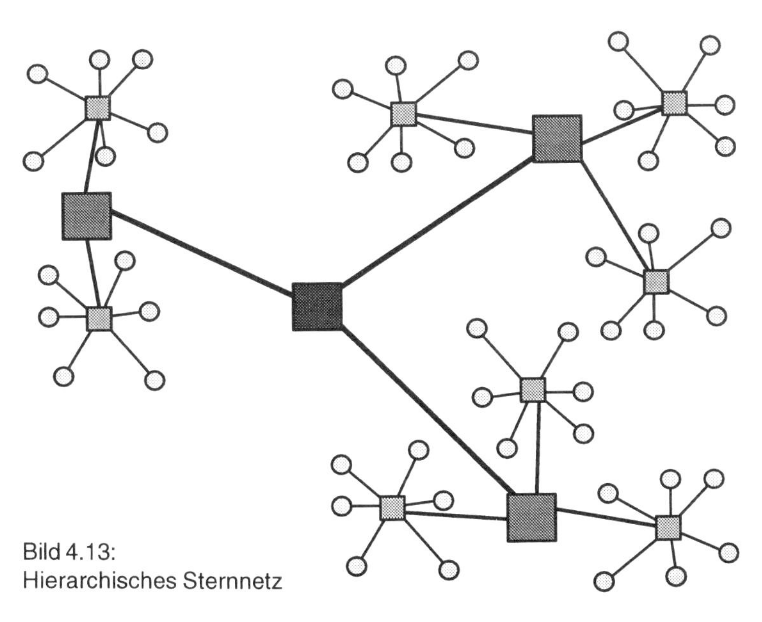

Bild 4.13:
Hierarchisches Sternnetz

Vermaschte Sternnetze

Vermaschte Sternnetze sind hierarchische Sternnetze, die in ihrer oberen Hierarchiestufe untereinander vermascht sind. Durch diese Alternativweglenkung wird eine höhere Zuverlässigkeit bei Ausfall einer Netzkante erreicht.

In Telekommunikationsnetzen findet man heutzutage meist Sternnetze, die auf mehreren Hierarchiestufen untereinander vermascht sind.

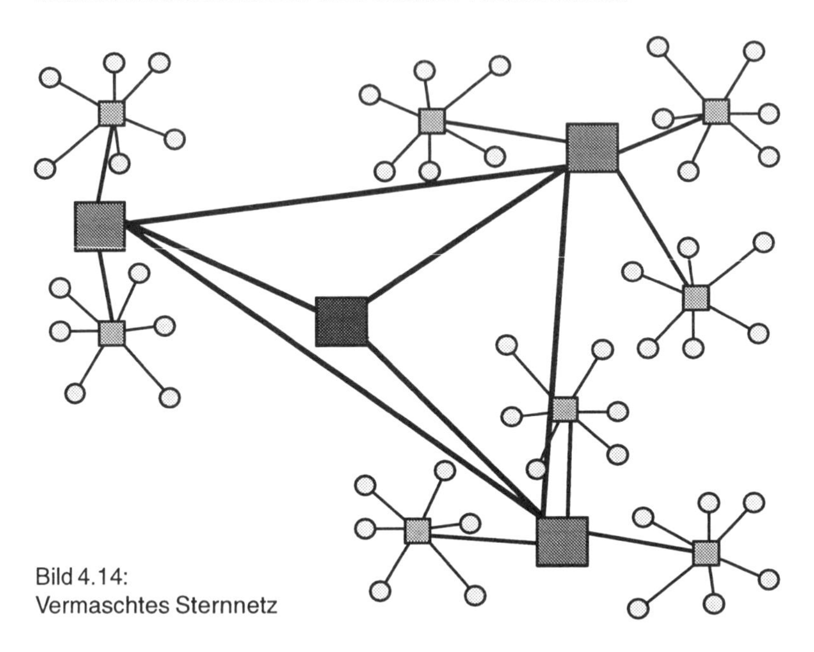

Bild 4.14:
Vermaschtes Sternnetz

4.3.1.3 Busnetz

Im Busnetz sind die Netzknoten in einer Kette miteinander verbunden. Busnetze sind daher nicht besonders ausfallsicher. Sie werden häufig in LANs eingesetzt.

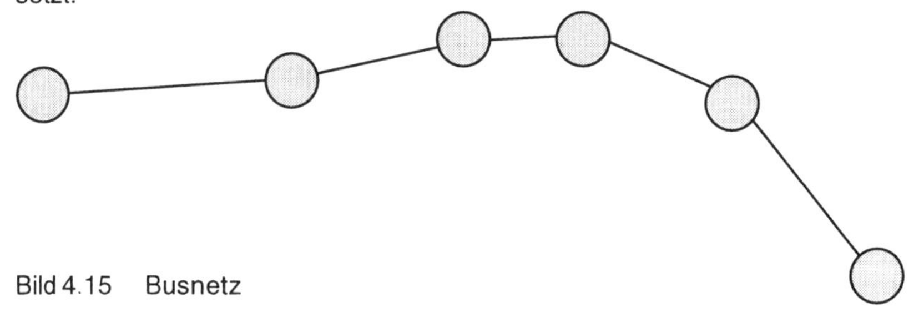

Bild 4.15 Busnetz

4.3.1.4 Ringnetz

Verbindet man in einem Busnetz die Endknoten, erhält man ein Ringnetz.
Die Ausfallsicherheit des Netzes erhöht sich damit beträchtlich!
Prinzipiell sind alle Netzknoten gleichberechtigt. SDH-Netze werden oft als Ringstrukturen implementiert.

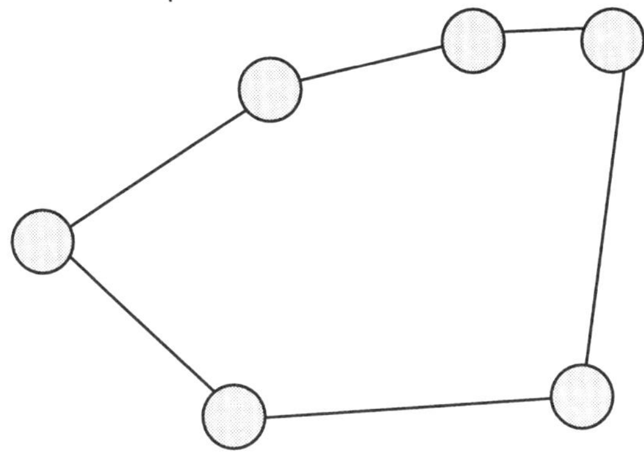

Bild 4.16: Ringnetz

4.3.2 Anwendungen

Im folgenden wird dargestellt, welche SDH-Netzelemente bei den entsprechenden Netzstrukturen eingesetzt werden:

4.3.2.1 Punkt-zu-Punkt-Verbindungen

Die Hauptaufgabe von Terminalmultiplexern ist das Anpassen und Zusammenfassen der Zugangssignale zu einem STM-N-Signal. Sie sind daher erste Wahl beim Aufbau von Punkt-zu-Punkt-Verbindungen. Terminalmultiplexer werden weiterhin zum Aufbau von Abzweigen (z.B. aus einem Ringnetz) eingesetzt.

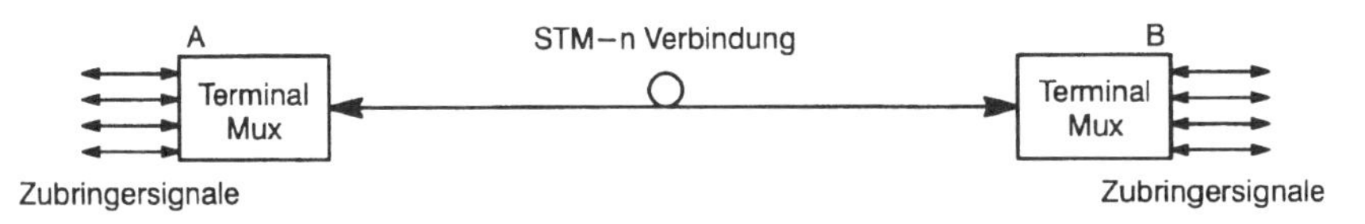

Bild 4.17: Punkt-zu-Punkt-Verbindung

4.3.2.2 Sternförmige Verbindungen

Sternförmige Netze können mit Hub-Multiplexern aufgebaut werden. Hierbei fassen Terminalmultiplexer mehrere (nicht voll belegte!) STM-N Signale zu einem STM-N zusammen, und führen sie zum nächsten Sternpunkt. Der Hub-Multiplexer ist ebenfalls vom Typ Terminalmultiplexer.

4.3.2.3 *Busnetz*

Wird eine Punkt-zu-Punkt-Verbindung zu einem linienförmigen Busnetz erweitert, sind an den Zwischenstationen Add & Drop-Multiplexer erforderlich.

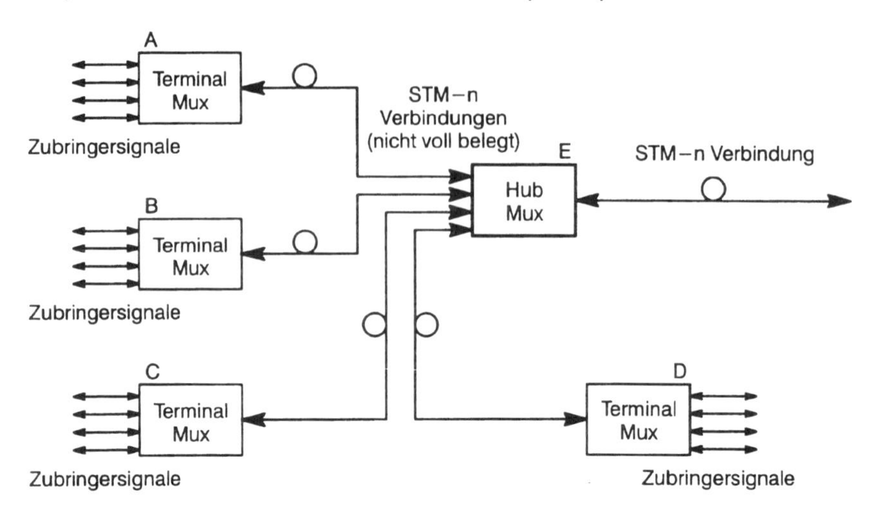

Bild 4.18: Hub Multiplexer

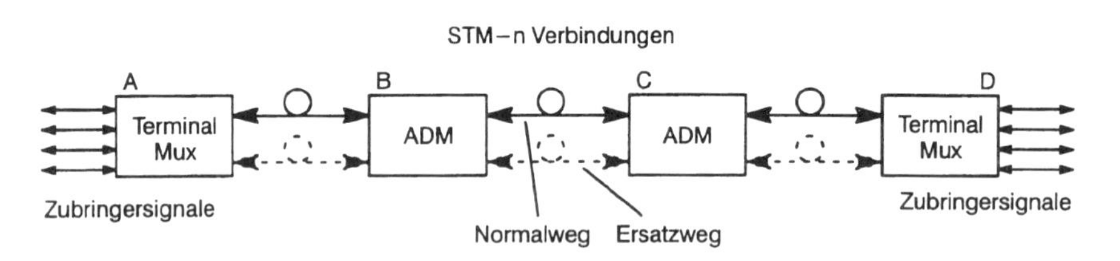

Bild 4.19: Busnetz

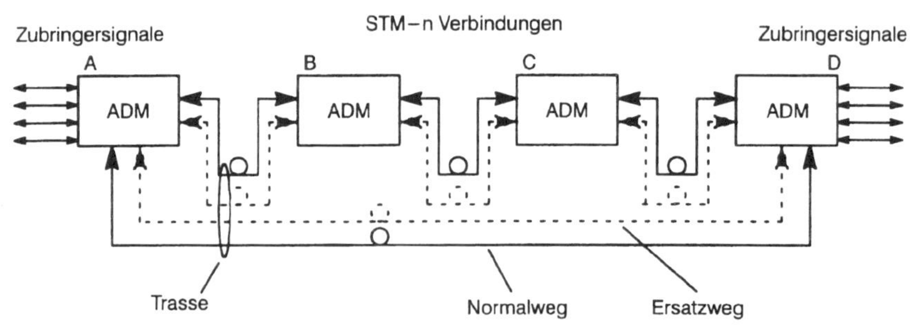

Bild 4.20: „Flat Ring“

4.3.2.4 Ringnetze

Ein Ringstruktur entsteht, wenn die Enden eines Busnetzes miteinander verbunden werden. Ein interessanter Sonderfall sind die sogenannten „Flat Rings“ (= flache Ringe). In einem Liniennetz werden die Enden durch ein zusätzliches Fasernpaar verbunden. Meist verlaufen alle vier Fasern in der gleichenTrasse. Bei einer Unterbrechung der Trasse (z.B. Bauarbeiten) besteht bei dieser Art Ringstruktur kein Ersatzweg. Flat Rings bieten aber trotzdem zusätzlichen Schutz, z.B. bei Ausfall eines Knotens.

Synchrone Ringe werden in der Regel mit ADMs aufgebaut. Der Vorteil von ADM-Ringen liegt in dem verhältnismäßig einfachen Netzmanagement und den einfachen Schutzmöglichkeiten (Ersatzwege). Bei der Planung von Ringnetzen ist zu berücksichtigen, daß sich Ringnetze nur schwer erweitern lassen. Man muß daher entsprechende Kapazitätsreserven vorsehen. Einige Systemhersteller bieten eine Aufrüstmöglichkeit der Aggregate z.B. von STM-1 auf STM-4, bzw. STM-4 auf STM-16 an.

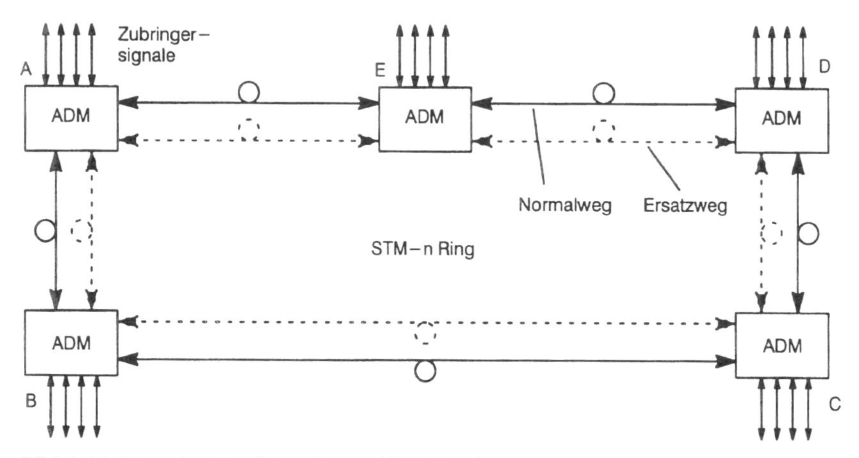

Bild 4.21: Ringstruktur (Vier-Faser ADM Ring)

Eine weitere Möglichkeit, die Kapazität des Netzes zu erweitern, besteht durch den zusätzlichen Bau von Querverbindungen. Hier sollten die ADMs über Crossconnect-Funktionalität auf der Zubringerseite verfügen (siehe Bild 4.22).

Die Crossconnect-Funktionalität ist auch bei der Anbindung von Subringen hilfreich. Bild 4.23 zeigt den Verlauf der 2 Mbit/s Verbindung B-F, wenn der Knoten F über keine Crossconnectfunktionalität verfügt. Die STM-1 Verbindung zwischen den beiden Ringen ist jeweils bei den Knoten E und F auf der Zubringerseite angeschlossen. Wenn im Knoten F keine Verbindung zwischen dem STM-1 Zubringer und dem 2 Mbit/s-Zubringer möglich ist (eben keine Crossconnect-Funktionalität),

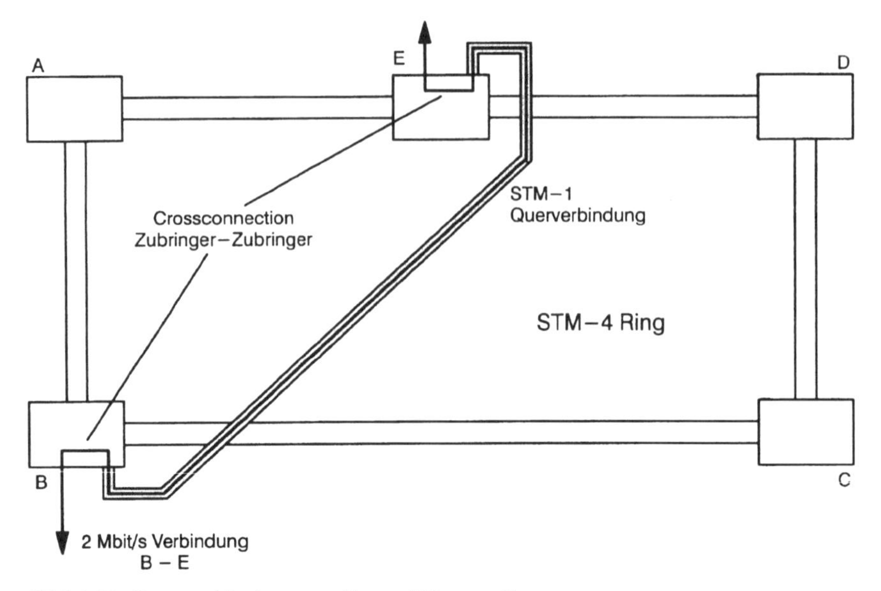

Bild 4.22: Querverbindung zur Kapazitätserweiterung

muß die Verbindung erst einmal durch den Ring gelenkt werden. Nach einer Runde ist dann eine Verbindung, per Drop &Insert (siehe auch Kapitel 4.2.2) zwischen Aggregat und 2 Mbit/s-Zubringer möglich.

Synchrone Ringe werden in ihrer Betriebsart unterschieden. Je nach Art der Verbindungsführung werden sie als unidirektionale oder bidirektionale Ringe bezeichnet. In der Betriebsart „unidirektionaler Ring" hat der Verkehr jeweils auf dem Normalweg und dem Ersatzweg die gleiche Richtung. Diese Betriebsart wird auch mit „diverse Routing" bezeichnet, weil die Verbindung in Hin- und Rückrichtung unterschiedliche Knoten und Leitungen benutzt. Im bidirektionalen Ring wird der Verkehr zwischen zwei Knoten in beiden Richtungen geführt. Diese Betriebsart wird mit „uniform Routing" bezeichnet, die Verbindung verläuft in Hin- und Rückrichtung über die gleichen Knoten und Leitungen.

Im unidirektionalen Ring wird der gesamte Normalverkehr über nur eine Faser geführt. Die zweite Faser ist frei für Ersatzwege.
In einem bidirektionalen Ring kann der Verkehr über die geringste Distanz ("minimum distance") geroutet werden, die Netzlast ist dabei in der Regel nicht so groß wie beim unidirektionalen Ring. Wird der Verkehr auf Pfadebene geschützt, ist die Netzlast bei beiden Betriebsarten gleich.

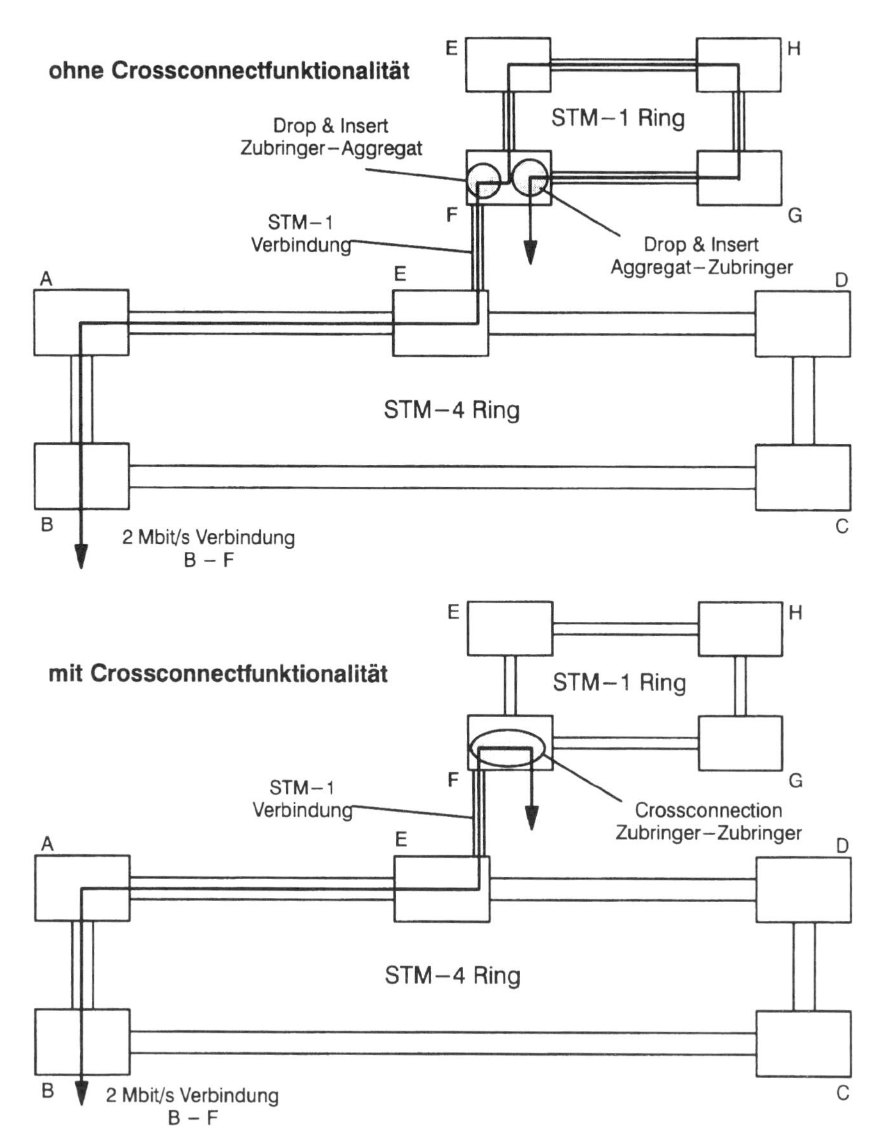

Bild 4.23: Verkehrsverbindung zwischen zwei Ringen

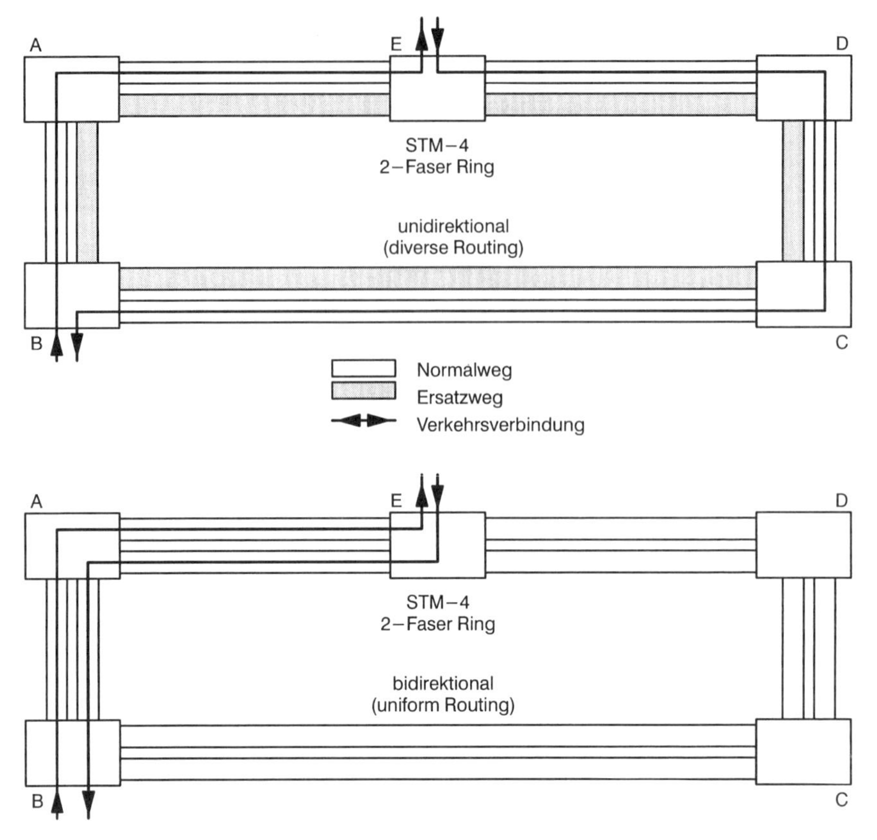

Bild 4.24: unidirektionaler und bidirektionaler Ring

4.4 Schutzmechanismen in der SDH

4.4.1 Übersicht über die Ersatzschaltetechnik

Bevor im weiteren genauer auf die speziellen Möglichkeiten der SDH-Technik bei der Ersatzschaltetechnik eingegangen wird, soll hier eine Übersicht über die gängigen Verfahren, bzw. Begriffe erfolgen.

Mehrwegeführung:

Die Mehrwegeführung ist allein natürlich keine Ersatzschaltetechnik, sollte hier aber trotzdem erwähnt werden. Es hat sich in der Praxis bewährt, den gesamten Verkehrsfluß zwischen zwei Knoten auf mehrere Wege aufzuteilen. Fällt eine Netzkante aus, so kann der Verkehr wenigstens zu einem **Teil** weiterhin (über andere Netzkanten) transportiert werden, **ohne** daß Ersatzkapizität bereitgehalten werden muß.

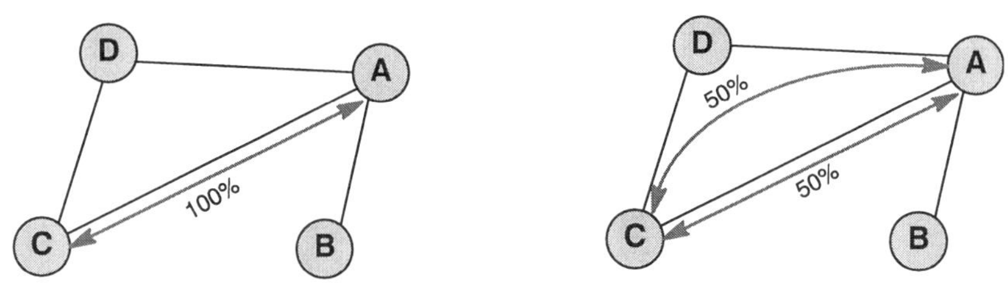

Bild 4.25: Ein- und Zweiwegeführung

1+1 Ersatzschaltung (dedicated protection):

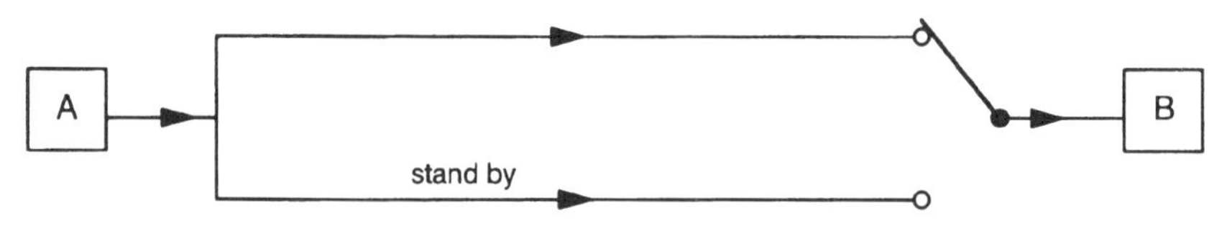

Bild 4.26: 1+1 Ersatzschaltung

Die Verbindung zwischen A und B ist doppelt (redundant) vorhanden. Das Signal wird „bridged“ gesendet. Der Empfänger wählt jeweils das bessere Signal aus. Ein 1+1 System ist zu einem n+m System erweiterbar (n Verbindungen werden von m Ersatzverbindungen geschützt).

1:1 Ersatzschaltung („shared protection):

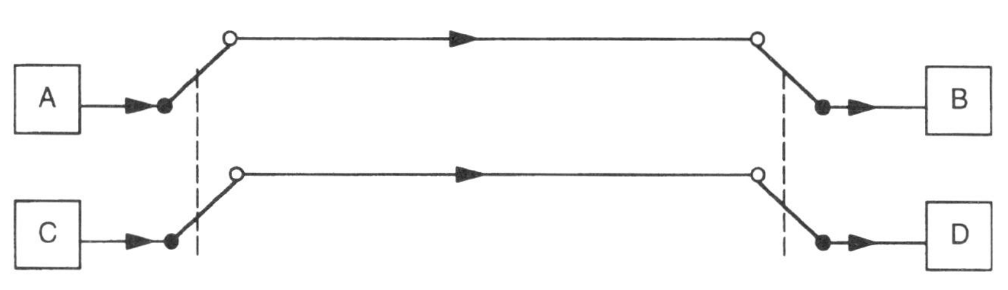

Bild 4.27: 1:1 Ersatzschaltung

Die Verbindung A-B sei gegenüber C-D priorisiert. Ist die Verbindung A-B gestört, wird der Verbindungsweg von C-D verwendet. Die Verbindung C-D wird ausgelöst. Ein 1:1 System ist zu einem n:m System erweiterbar. Im Vergleich zur 1+1 Ersatzschaltetechnik kann bei der 1:1 Ersatzschaltetechnik zusätzlicher Verkehr („Extra Traffic", in Bild 4.27 die Verbindung C-D) übertragen werden.

EPS:

Man unterscheidet noch EPS (equipment protection switching). Bei EPS sind nur die Geräte redundant, die Leitungen sind hingegen nur einmal vorhanden.

Statische Ersatzschaltung:

Die Ersatzwegeführung im Netz ist festgelegt. Dieser Weg sollte zum Hauptweg knoten- oder kantendisjunkt sein (heutiger Standard).

Dynamische Ersatzschaltung (Restoration):

Bei Ausfall des Hauptweges versucht ein Suchalgorithmus einen Ersatzweg im Netz zu finden.

„Ring-, Spanswitching"

Beim „Ringswitching" wird der Verkehr eines fehlerhaften Abschnittes (Span) in einem Ring über die andere Ringrichtung umgeleitet. „Ringswitching" kann in 2- und 4-Faserringen durchgeführt werden. „Spanswitching" ist nur in 4-Faserringen möglich. Der Verkehr wird hierbei im gestörten Abschnitt nur auf das zweite Fasernpaar umgeschaltet.

„Single-, Dual-Ended Switching"

Beim „Single-Ended Switching" schaltet nur das betroffene Ende (Empfangsseite) auf den Schutzkanal um. Beim „Dual-Ended Switching" schalten beide Seiten der Verbindung um. Um ein sicheres Schalten auch bei unidirektionalen Fehlern beim „Dual-Ended Switching" zu gewährleisten, wird ein APS-Protokoll zwischen den beiden betroffenen Knoten benötigt.
Mögliche Vorteile von „Single-Ended Switching":

- einfaches Verfahren, benötigt kein Protokoll
- schneller als „Dual-Ended Switching"
- bei Mehrfachfehlern bestehen größere Chancen zur Wiederherstellung der Verbindung

Mögliche Vorteile von „Dual-Ended Switching":

- eine wiederhergestellte Verbindung läuft für beide Richtungen über dieselben Knoten und Leitungen
- es besteht die Möglichkeit zusätzlichen Verkehr über die Schutzleitungen zu übertragen (Extra Traffic)

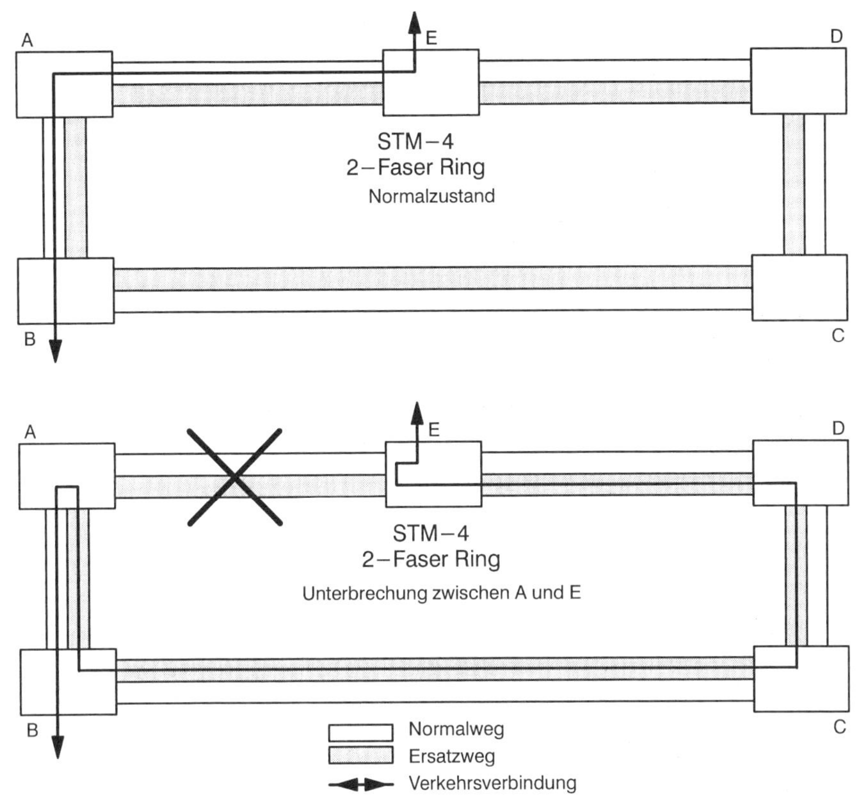

Bild 4.28: „Ring-Switch"

– die Laufzeiten sind für beide Richtungen ähnlich (signifikante Laufzeitunterschiede können z. B. bei Transatlantikverbindungen mit Single-Ended-Switching im Fehlerfall auftreten)

4.4.2 Schutz auf Sektionsebene

Beim Schutz auf Sektionsebene werden ganze Multiplexer-Sektionen geschützt, bzw. ganze AU-4. Zur Zeit wird in diesem Bereich hauptsächlich mit MS-SPRING (Multiplexer Section shared Protection Rings) gearbeitet. Andere Techniken sind noch zu definieren. Bild 4.31 zeigt die prinzipielle Funktion von „Schutz auf Sektionsebene". Im Netz muß die gesamte Kapazität der zu schützenden Sektion (oder auch AU-4) nochmal als Schutzkapazität vorgehalten werden. Im Störungsfall werden komplette Sektionen (bzw. AU-4) auf die Ersatzkapazität umgeschaltet.

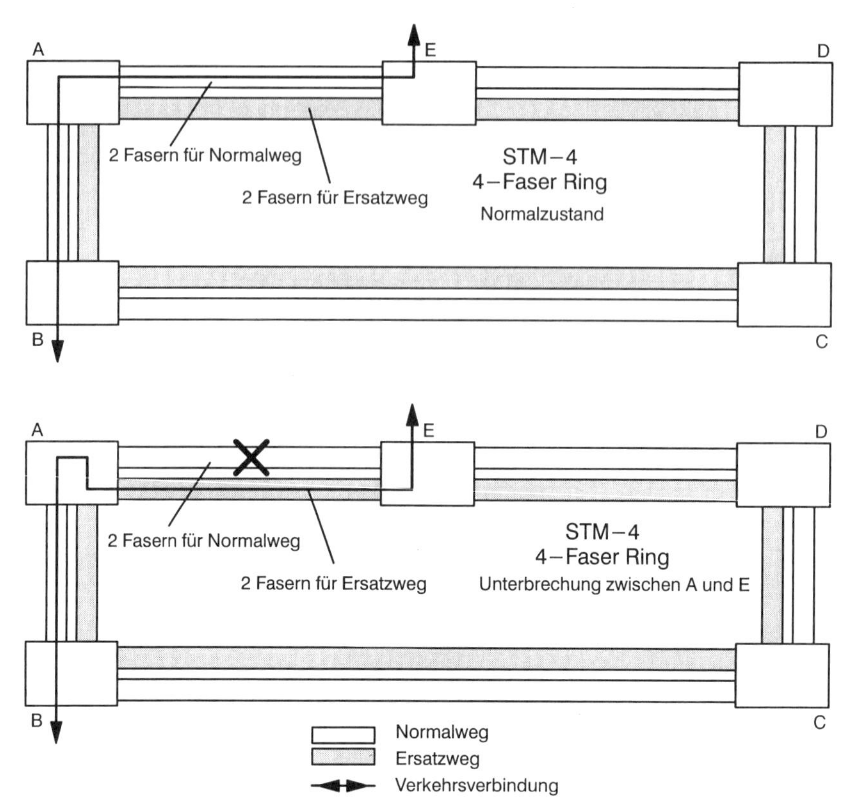

Bild 4.29: „Span-Switch"

4.4.2.1 Multiplexer Section shared Protection Rings (MS-SPRING)

Mit MS-SPRING geschützte Ringe können als Zweifaser- oder auch als Vierfaserringe ausgeführt sein. Bei Zweifaserringen ist nur „Ringswitching" möglich, bei Vierfaserringen zusätzlich noch „Spanswitching" (siehe auch Kapitel 4.4.1). MS-SPRING ist in Ringen mit 2 bis 16 Netzknoten anwendbar.

Zweifaser MS-SPRING:

Beim Zweifaser MS-SPRING werden für die einzelnen Ringabschnitte jeweils nur zwei Fasern benötigt. Der Verkehr wird im Ring bidirektional übertragen, die Betriebsart des Rings ist also bidirektional ("diverse routing". Die Übertragungskapazität der Fasern darf nur bis max. zur Hälfte für den normalen Verkehr belegt werden. Die bedeutet, daß z.B. bei einem STM-16-Ring max. 8 AU-4 belegt werden dürfen. Die restliche Kapazität muß als Schutzkapazität freibleiben. In einer Faser sind also Kanäle für den Normalverkehr und den Ersatzverkehr vorhan-

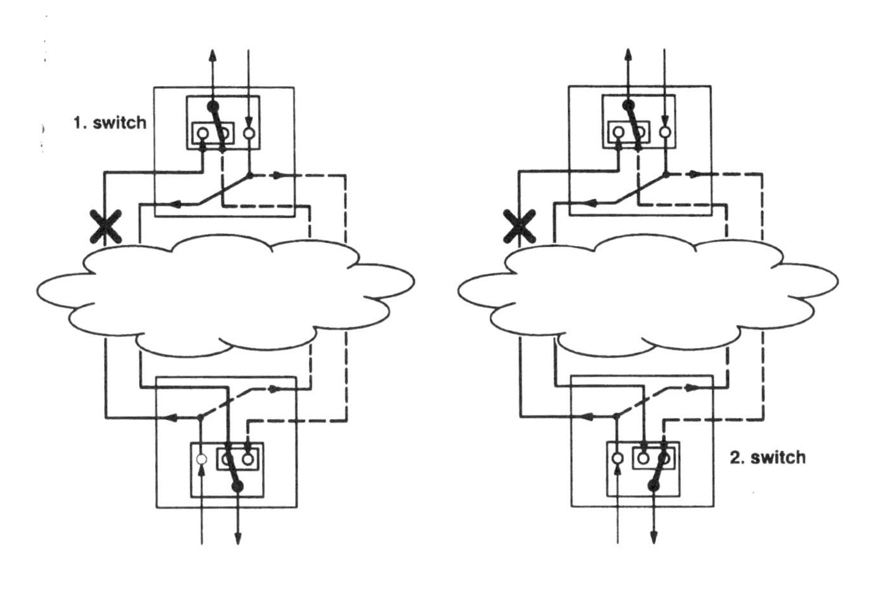

Bild 4.30: „Single-, Dual-Ended Switching"

den. Die Schutzkapazität kann zur Übertragung von niedrig priorisiertem Verkehr benutzt werden. Tritt ein Fehler im Ring auf und MS-SPRING wird aktiv, werden alle Verbindungen mit niedriger Priorität ausgelöst.

MS-SPRING benötigt zum Herstellen des Ersatzweges im Fehlerfall eine Reihe von synchronisierten Schaltvorgängen: „Bridge" und „Switch"
Beim „Bridge" wird der abgehende Verkehr zusätzlich noch in die jeweils andere Richtung gesendet (Broadcast). Beim „Switch" werden ankommende Verbindungen im Normalweg auf Ersatzwegverbindungen der jeweils anderen Richtung geschaltet.

Die Schaltvorgänge in den einzelnen Knoten werden durch ein APS-Protokoll (Automatic Protection Switching) gesteuert. Das Protokoll wird in den Bytes K1 und K2 im Section Overhead übertragen.

Ablauf eines „Ring-Switch":

Im Folgenden werden die einzelnen Schaltvorgänge für MS-SPRING erläutert:

1. Bild 4.34: Knoten E detektiert „LOS" (Loss of Signal) am Aggregat West. E wird zum „Tail End" und A zum „Head End" der Störung. E schickt einen „Bridge Request" an A.

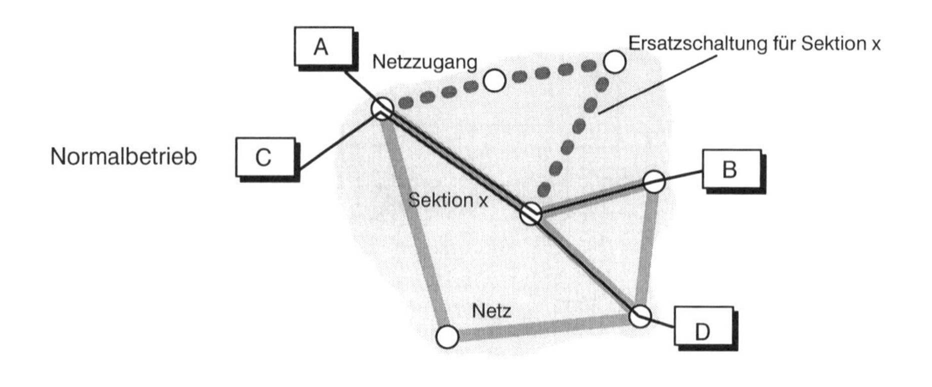

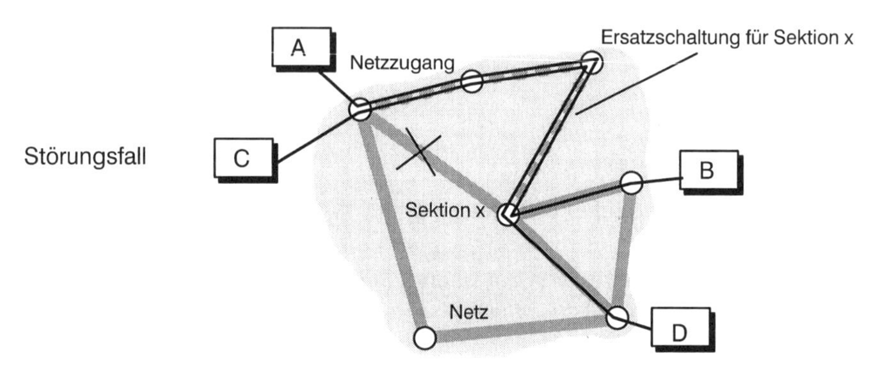

Bild 4.31: Schutz auf Sektionsebene

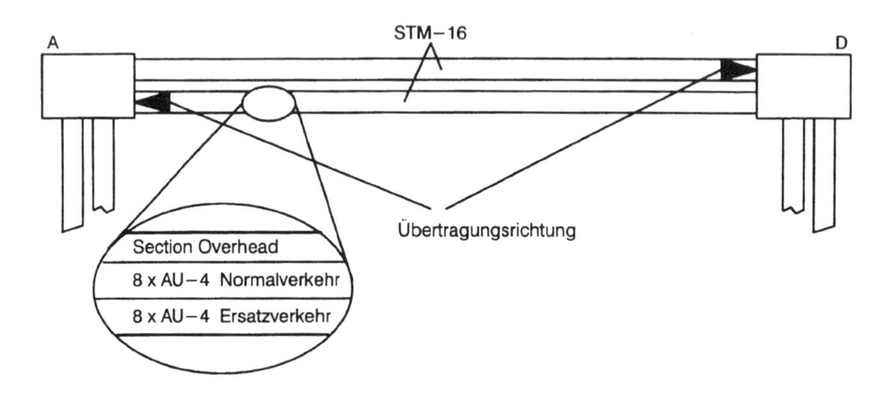

Bild 4.32: Normal- und Ersatzverkehr in einer Faser

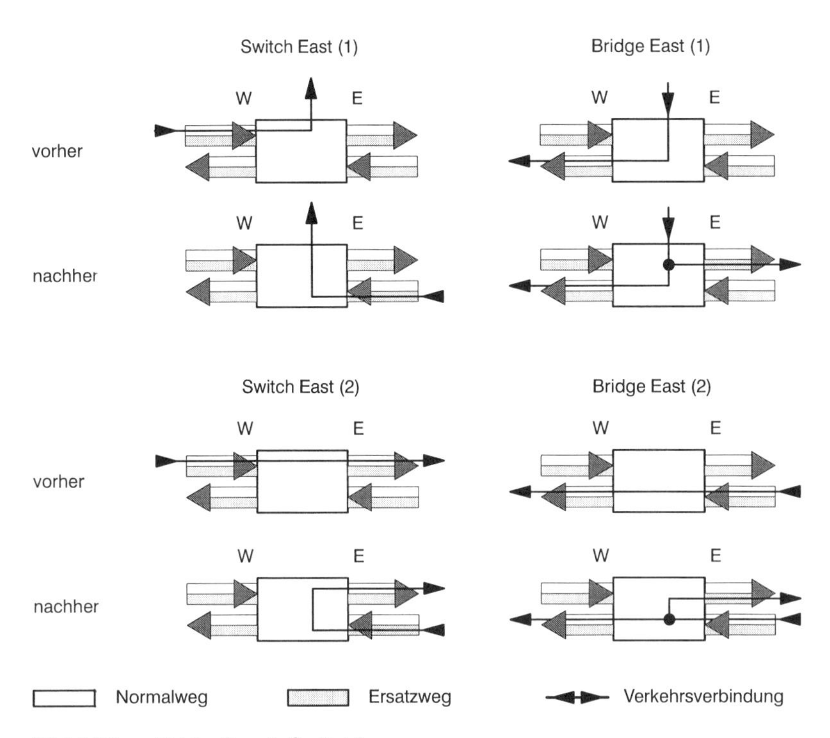

Bild 4.33: „Bridge“ und „Switch“

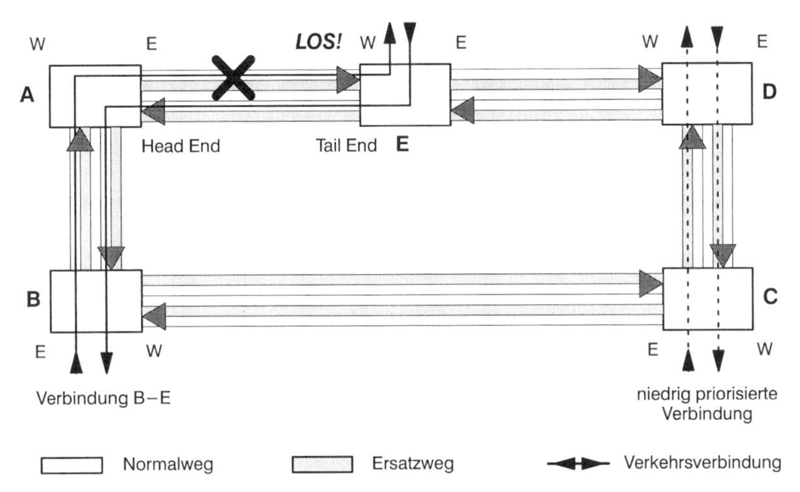

Bild 4.34: bidirektionaler Ring MS-SPRING, Fehler zwischen A-E

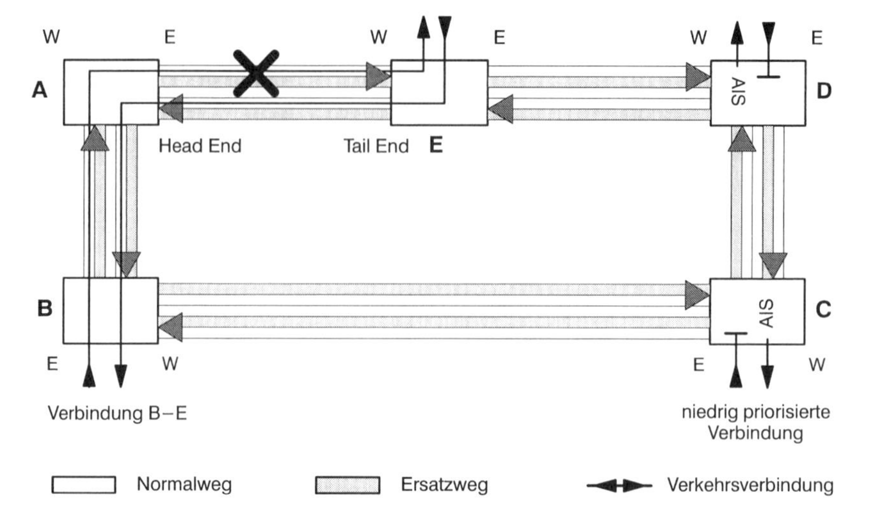

Bild 4.35: bidirektionaler Ring MS-SPRING, Squelch bei C und D

2. Bild 4.35: Im „Bridge Request" sind die Knotenadresse von Head- und Tail End enthalten. Die übrigen Knoten erkennen daran, daß sie Zwischenknoten für diesen Störungsfall sind. Die auf den Schutzkanälen übertragene Verbindung mit niedriger Priorität zwischen C und D, wird ausgelöst (Squelch). Alle Schutzkanäle werden transparent durchgeschaltet.

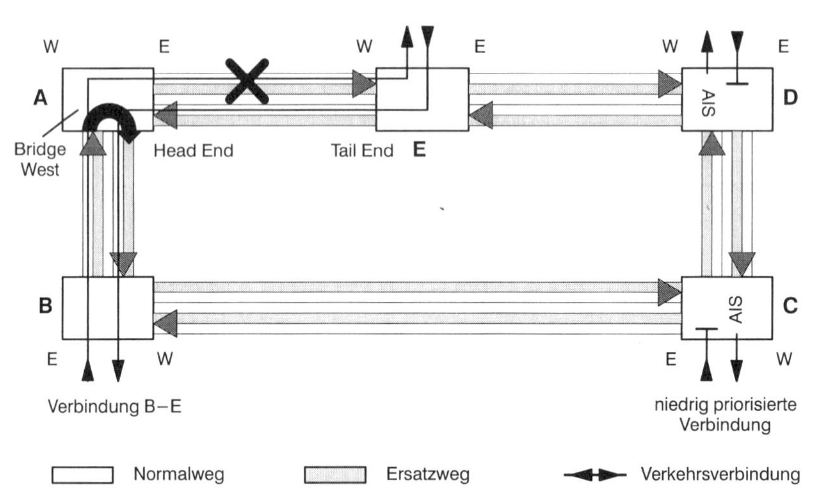

Bild 4.36: bidirektionaler Ring MS-SPRING, Bridge West in A

3. Bild 4.36: Head End A richtet ein „Bridge West“ ein und schickt eine Bestätigung an E.

4. Bild 4.37: Tail End E empfängt die Bestätigung für „Bridge“ vom Head End und richtet ein „Bridge East“ und „Switch East“ ein und schickt Bestätigung an Head End A.

5. Bild 4.38: Head End A empfängt die Bestätigung für „Bridge“ und „Switch“ im Tail End und richtet selbst noch ein „Switch West“ ein.
   Beide Enden sind damit im „Bridge“ und „Switch“ Zustand. Bild 4.39 zeigt den Verlauf des Ersatzweges.
   Alle Schutzkanäle sind als Ersatzweg benutzt. Ist der Fehler behoben, kann nach einer Wartezeit (WTR = waiting time to restore) durch eine umgekehrte Prozedur der Ausgangszustand wieder hergestellt werden.

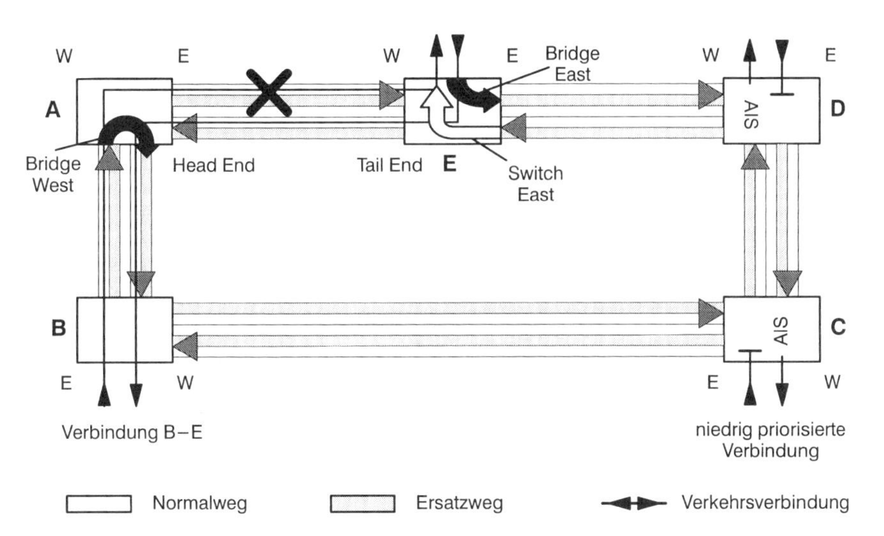

Bild 4.37: bidirektionaler Ring MS-SPRING, Bridge East und Switch East in E

Vierfaser MS-SPRING:

Vierfaser MS-SPRING benötigt vier Fasern zwischen den einzelnen Netzknoten. Normalweg und Ersatzweg laufen über getrennte Fasern.

Auf Grund seiner Architektur kann Vier-Faser MS-SPRING nicht nur „Ring-Switching“, sondern auch „Span-Switching“unterstützten. Ersatzwegschaltung mittels „Span-Switching“ bietet sich besonders bei linienhaften Busnetzen, oder auch bei noch nicht geschlossenen Ringnetzen an.

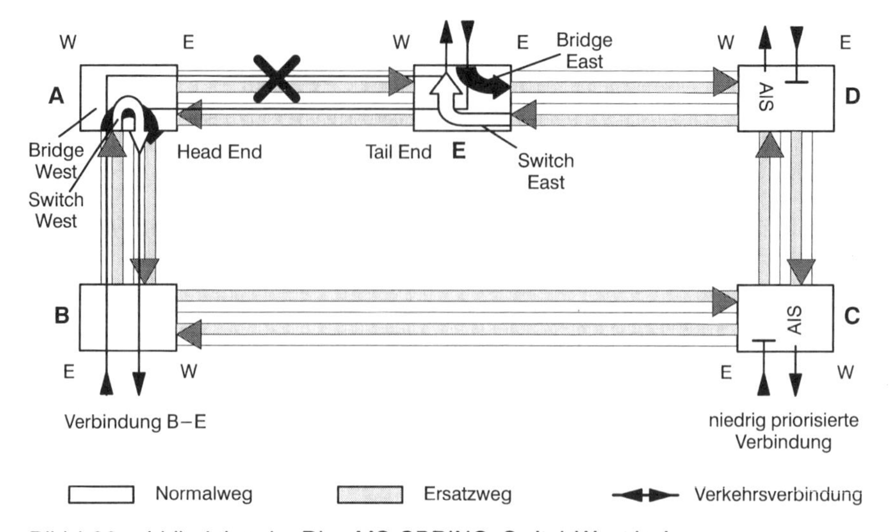

Bild 4.38: bidirektionaler Ring MS-SPRING, Switch West in A

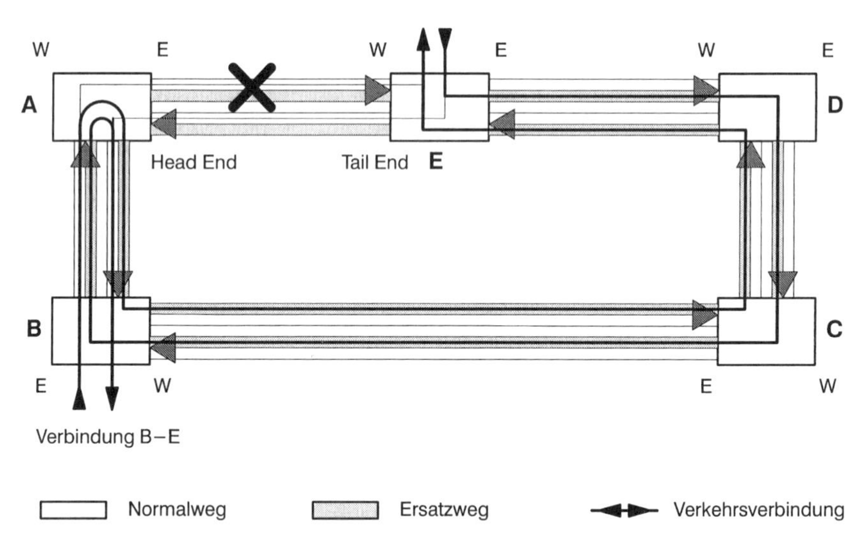

Bild 4.39: bidirektionaler Ring MS-SPRING, Bridge East und Switch East in E

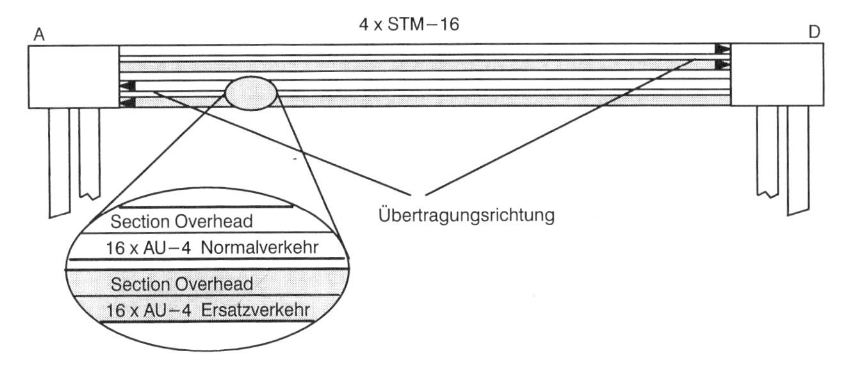

Bild 4.40: Normal- und Ersatzverkehr in verschiedenen Fasern

MS-SPRING (Transoceanic Application)
Ist die Entfernung zwischen zwei Netzknoten größer als 1500 km (z.B. bei Transatlantikverbindungen), dann ist das vorher vorgestellte MS-SPRING-Verfahren nicht mehr sinnvoll. Durch den Ersatzweg kann eine extreme Asymmetrie in der Länge der Übertragungswege in Hin- und Rückrichtung auftreten. Folge wären signifikante Laufzeitunterschiede der Signale. Für diese Sonderfälle wird ein spezielles MS-SPRING - „Transoceanic Application" - empfohlen. Bei diesem Verfahren schalten nicht unbedingt nur die Netzknoten, die direkt der Unterbrechung benachbart sind. Der gestörte Verkehr wird bei Bedarf auch in den anderen Netzknoten auf den jeweils kürzesten Ersatzweg umgelenkt.

4.4.2.2 Multiplexer Section dedicated Protection Rings (MS-DPRING)

MS-DPRING nutzt eine unidirektionale Ringstruktur ("diverse routing"). Der gesamte Verkehr wird immer nur in eine Richtung übertragen, die andere Ringrichtung bleibt als Schutzkapazität frei. Das maximale Verkehrsaufkommen im Netz darf daher die Kapazität eines Ringabschnittes nicht überschreiten. So können z.B. in einem STM-4-Ring maximal 252 Verbindungen zu je 2 Mbit/s übertragen werden. Der Einsatz von MS-DPRING ist daher nur bei bestimmten Verkehrsbeziehungen im Netz sinnvoll.

Bild 4.42 zeigt einen 2-Faser STM-4-Ring. Bei einer Unterbrechung zwischen Knoten D und E schleifen die betroffenen Aggregate (D West und E East) den gesamten Verkehr auf den Ersatzweg. MS-DPRING benötigt wie MS-SPRING das K1, K2-Byte Protokoll. Die genauere Ausführung von MS-DPRING ist noch in der Definition

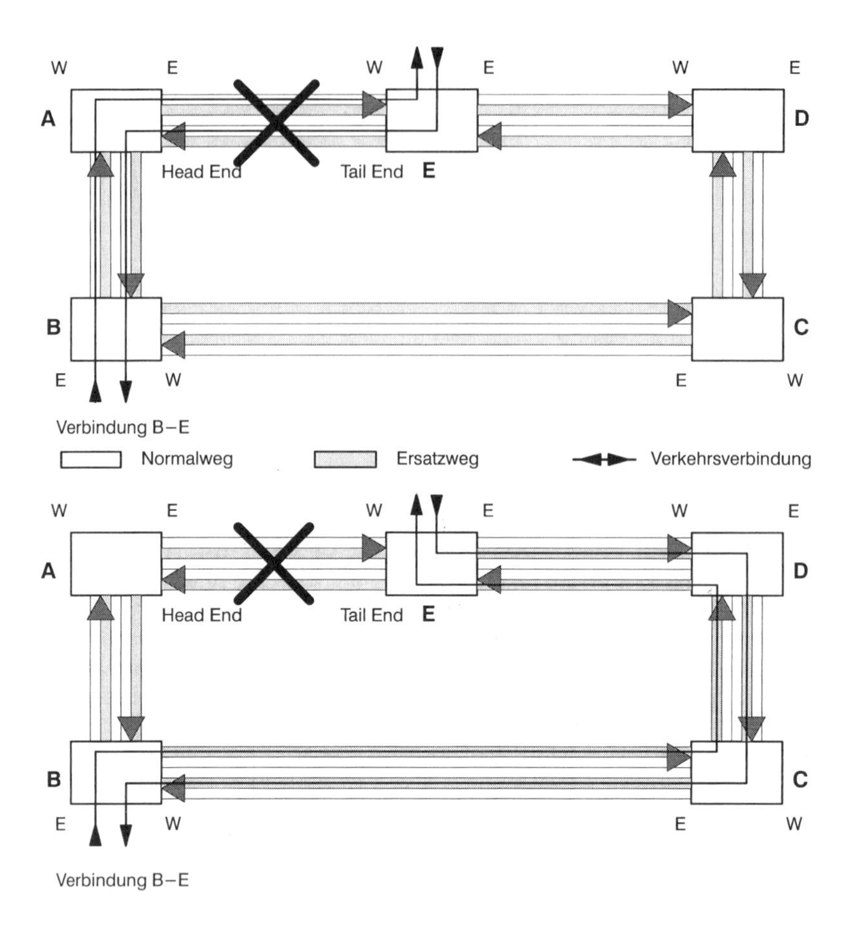

Bild 4.41: MS-SPRING Transoceanic Application, Fehler zwischen A-E

4.4.3 Schutz auf Pfadebene

Wie der Name schon sagt wird bei dieser Schutzart nur der einzelne Pfad geschützt (Path Protection). Man kann in einem Netz den gesamten Pfad (Ende-Ende, Trailprotection) schützen, oder auch Teile des Pfades in einem Subnetz (SNCP = Subnetwork Connection Protection). Der Schutz muß für jeden einzelnen Pfad, oder Pfadabschnitte eingerichtet werden. Die sieht auf den ersten Blick wesentlich aufwendiger als z.B. der Schutz auf Sektionsebene aus. Die Einrichtung der Schutzpfade kann heutzutage allerdings von leistungsfähigen Netzma-

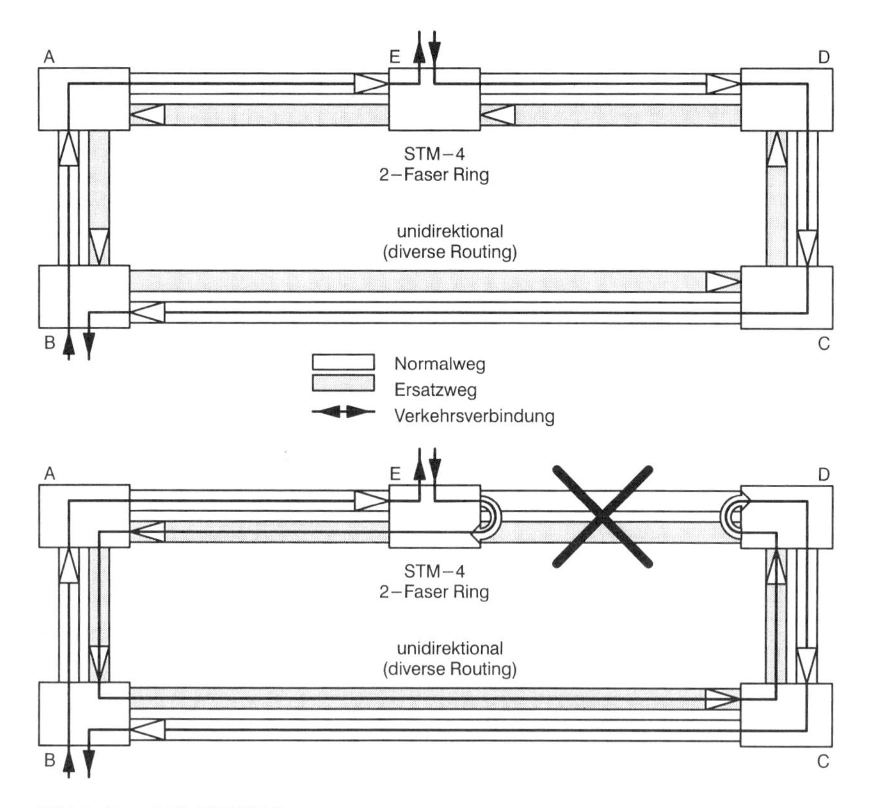

Bild 4.42: MS-DPRING

nagementsystemen übernommen werden. So wird die Möglichkeit, einzelne Pfade zu schützen, zum großen Vorteil von Trailprotection oder auch SNCP. Nur die Pfade, die unbedingt geschützt werden müssen werden geschützt, so kann Verkehrskapazität im Netz gespart werden.
Bei SNCP sind die Schutzarten 1+1 und 1:1 möglich. Die Schutzart 1+1 ist einfach zu implementieren und verlangt kein Protokoll. Für die Verbindung zwischen den Teilnehmern A und B existiert ein Hauptweg. A sendet sein Signal über den Hauptweg und den Ersatzweg („bridged"). Ist die Hauptverbindung gestört, schaltet der betroffene Empfänger auf das Signal vom Ersatzweg um („single ended switching"). Bei der Schutzart 1:1 (zur Zeit in der Definitionsphase) müssen im Fehlerfall beide Enden auf die Ersatzkapazitäten umschalten („dual ended switching"). Für das Schalten ist ein APS-Protokoll notwendig, das im jeweiligen Overhead der virtuellen Container übertragen wird (K3- bzw. K4-Byte). Vorteil von 1:1 Schutz ist die mögliche Nutzung der Schutzkapazität zum Transport von niedrig priorisiertem Verkehr.

Beispiel:

Im Beispiel in Bild 4.43 soll nur die Verbindung von A nach B betrachtet werden (die Rückrichtung verhält sich analog).

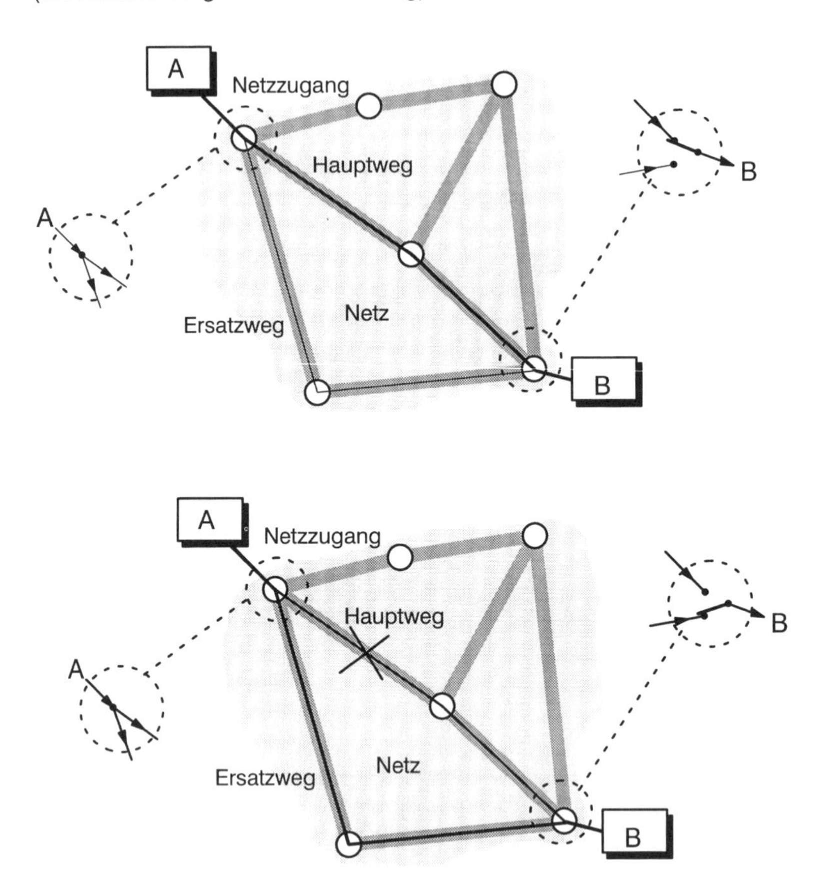

Bild 4.43: Schutz auf Pfadebene (1+1)

4.4.4 Dual Node Coupling

Mit „Dual Node Coupling" bezeichnet man im allgemeinen die Verbindung von zwei Subnetzen an zwei Knoten. Durch die Kopplung der Subnetze über zwei Knoten gewinnt man entscheidende Sicherheitsvorteile bei den Ersatzwegen. Im folgenden sei das Prinzip des „Dual Node Coupling" am Beispiel von zwei zu koppelnden Subringen demonstriert:

In den jeweiligen Netzknoten wird der Verkehr mit dem Verbindungsmode „Drop & Continue / Insert“ durchgeschaltet.

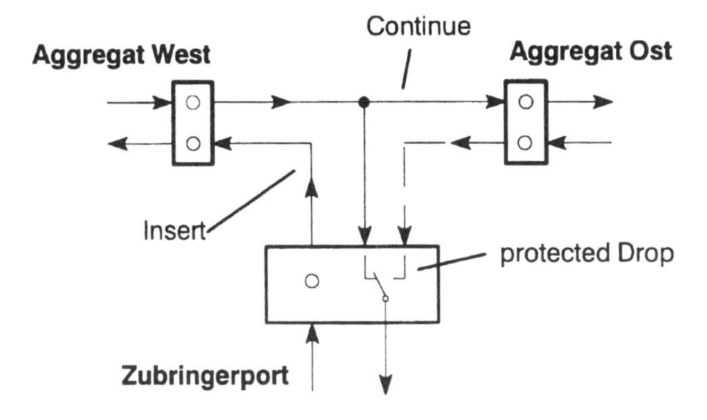

Bild 4.44: Verbindungsmode „Drop & Continue West / Insert West“

Bei dieser Verbindungsart wird das Signal (z.B. ein 2 Mbit/s-Signal in einem VC-12) vom Aggregat West auf den Zubringer geschaltet (Drop) und gleichzeitig zum Aggregat Ost durchgeschaltet (Continue). Es handelt sich um einen „geschützten Drop“, d.h. der Zubringerport erwartet das Signal noch ein zweites Mal auf dem Ersatzweg vom anderen Aggregat (hier Aggregat Ost), um im Störfall umschalten zu können. Der Zubringerport fügt sein Signal im Aggregat West ein (Insert). West und Ost sind bei diesem Verbindungsmode natürlich tausch- bzw. kombinierbar.

Bild 4.45 zeigt ein Beispiel von Dual Node Coupling. Zwei Subnetze, Netz 1 und 2 werden an zwei Netzknoten miteinander gekoppelt (Knoten 3-6 und 4-10). Die Verbindung von Knoten 1 - 8 wird mit Drop & Continue / Insert auf dem Normal- und Ersatzweg durch das Netz geschaltet.

Bei dieser Art Wegeführung kann der Normalweg an mehreren Stellen unterbrochen, oder auch ein Knoten gestört sein, und die Verbindung kann trotzdem über den Ersatzweg wiederhergestellt werden. Bild 4.46 zeigt den Ersatzweg bei zwei Unterbrechungen im Normalweg.

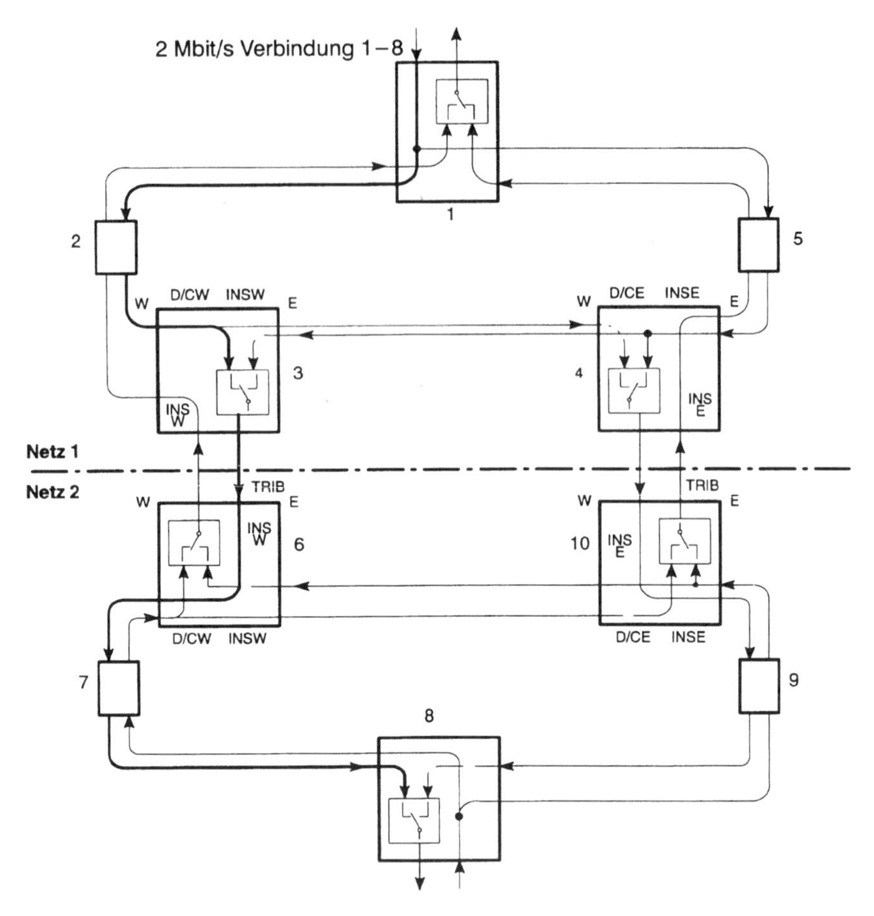

Bild 4.45: Beispiel: Dual Node Coupling von zwei Ringen

4.5 Netzsynchronisation

4.5.1 Einführung

Zu Beginn dieses Kapitels soll eine kurze Begriffsbestimmung zum Thema Synchronisation durchgeführt werden. In der Übertragungstechnik werden in diesem Zusammenhang häufig die Begriffe: Plesiochron, Synchron und Pseudosynchron verwendet und leider auch häufig verwechselt.

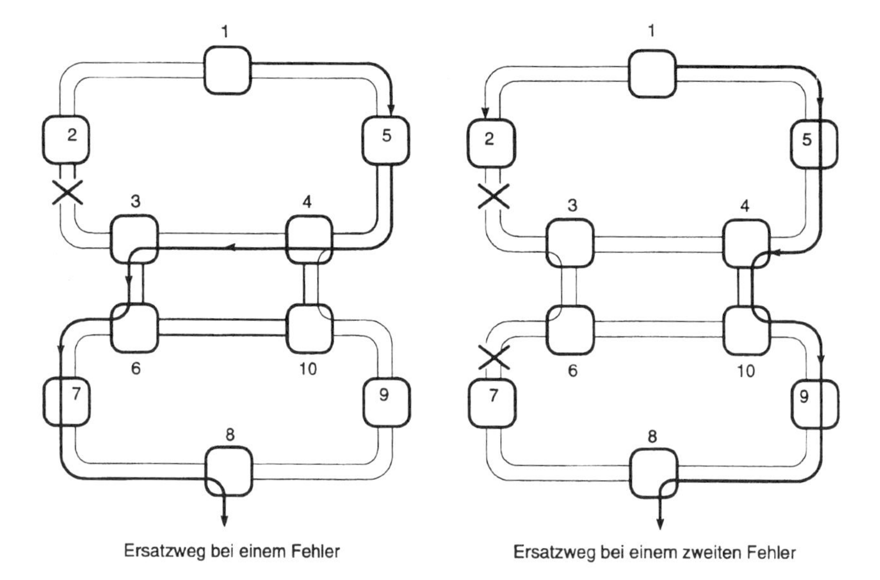

Bild 4.46: Ersatzwege beim Dual Node Coupling

Plesiochron:

Bei diesem Synchronisationsverfahren verfügen alle beteiligten Netzelemente über ihren eigenen Takt. Zum Austausch von Informationen müssen die Signale in einer Rahmenstruktur übertragen werden, die den Taktunterschieden Rechnung trägt. Plesiochrone Rahmen verfügen daher in der Regel über Stopfkapazität. An diesen Stellen können im Rahmen Informationsbits (wenn der Zubringer mit einer höheren Bitrate als nominell erlaubt anliefert) oder Stopfbits (wenn der Zubringer mit einer niedrigeren Bitrate als nominell erlaubt anliefert) übertragen werden. So können alle Netzelemente innerhalb einer vereinbarten Toleranz mit einem eigenen Takt arbeiten. Netzelemente der Plesiochronen Digitalen Hierarchie (PDH) arbeiten nach diesem Prinzip.

Synchron:

In einem synchronen Netz arbeiten alle Netzelemente mit dem gleichen Takt. Die synchrone Übertragung wird in der Synchronen Digitalen Hierachie (SDH) und z.B. auch bei der PCM-Übertragung verwendet. Wird das Signal in einer Rahmenstruktur übertragen, ist diese vollständig gefüllt - es ist kein elastischer Puffer vorhanden. Die Netzelemente müssen genau synchron arbeiten. Im gesamten Netz ist nur eine Quelle für den Takt vorhanden. Alle anderen Netzelemente synchronisieren sich in der Regel nach dem Master-Slave Prinzip auf diese Quelle.

Pseudosynchron:

Unter pseudosynchronen Netzen versteht man SDH-Netze, in denen mehr als eine Synchronisationsquelle vorhanden ist. Dies ist z.B. bei großen SDH-Netzen der Fall (internationale Verbindungen). Hier gewährleistet ein spezieller Mechanismus der SDH (Pointeroperationen) den sicheren Datentransfer. Genaugenommen handelt es sich hierbei wieder um ein plesiochrones Synchronisationsverfahren.
Im folgenden sollen nur synchrone und pseudosynchrone Netze betrachtet werden.

4.5.2 Taktqualitäten und Synchronisationsketten

Als Quelle für den Takt im Netz gibt es verschieden Möglichkeiten. In kleinen SDH-Ringen kann z.B. ein ADM als Taktmaster fungieren. Bei großen Netzen wird man spezielle, hochgenaue Taktgeneratoren einsetzen. Bild 4.47 zeigt die verschiedenen Taktquellen mit den spezifizierten Genauigkeiten.

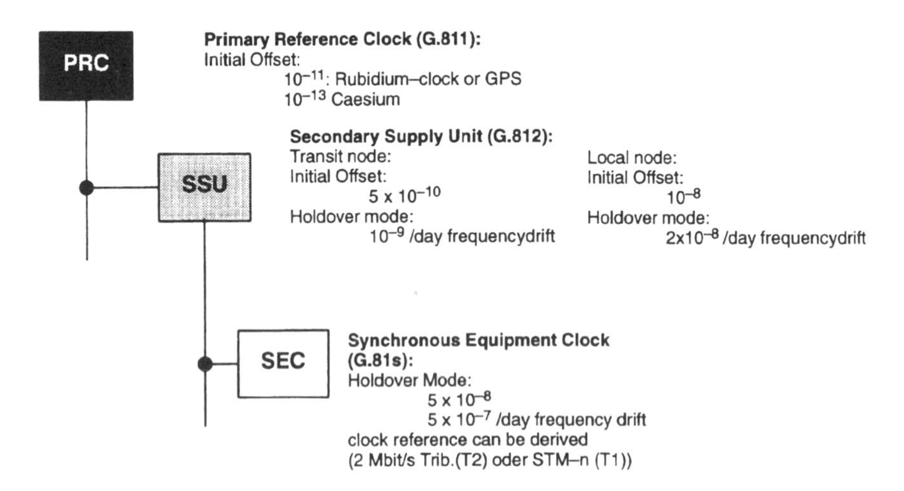

Bild 4.47: Taktqualitäten

Man unterscheidet die Taktqualität bezüglich der absoluten Abweichung vom Nominaltakt (initial Offset) und der Frequenzdrift im „Holdover-Mode“. Wird z.B. durch eine Unterbrechung im Netz ein Netzelement von dem Taktmaster isoliert, schaltet es auf „Holdover-Mode“ um. Im „Holdover-Mode“ versuchen die Netzelemente den Takt, auf dem sie zuletzt als Slave gearbeitet haben, so genau wie möglich beizubehalten. Nach einiger Zeit driften sie dann auf ihren eigenen Takt.

Synchrone Multiplexer können ankommende Signale (z.B. STM-N oder 2 Mbit/s) zur Synchronisation verwenden. So kann sich z.B. ein ADM auf sein ankommendes STM-4-Signal auf dem Aggregat West, oder aber auch auf ein 2-Mbit/s-Zubringersignal synchronisieren. Synchronisieren sich in einem SDH-Netz alle Netzelemente auf einen Master ergeben sich bei diesem Prinzip Synchronisationsketten. Im Bild 4.48 gibt es drei Synchronisationsketten: A-C-D-E, A-B und A-F.

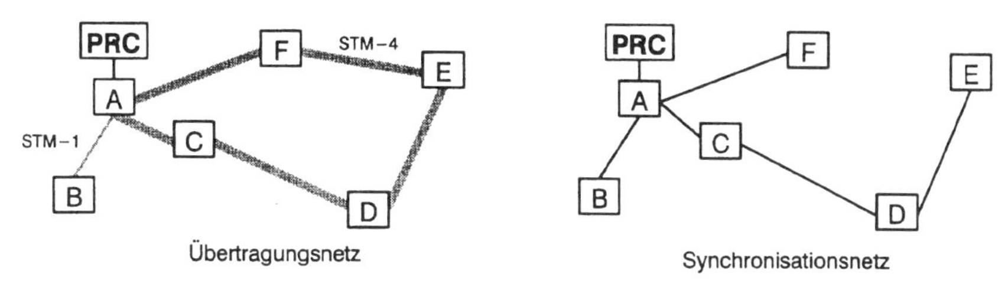

Bild 4.48: Synchronisationsketten

Um in einem SDH Netz die Taktstabilität zu verbessern, werden sogenannte Taktstützpunkte (SSU = synchronization supply unit) eingeführt. Diese Taktstützpunkte verbessern die Taktqualität signifikant im Holdover Mode.

Bild 4.49 zeigt die Referenzsynchronisationskette. Eine Kette sollte aus nicht mehr als 60 SEC (synchronous equipment clock = synchroner Multiplexer ohne zusätzliche SSU) bestehen. Nach spätestens 20 SEC sollte eine SSU als Stützpunkt eingefügt werden. Die Kette sollte insgesamt nicht mehr als 10 SSU enthalten.

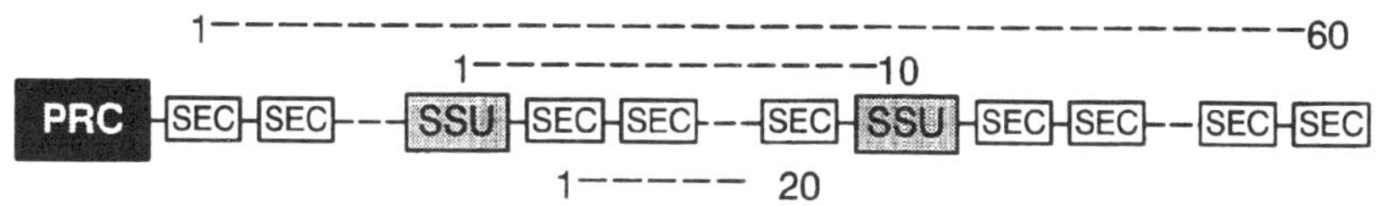

Bild 4.49: Referenzsynchronisationskette

4.5.3 Aktives Synchronisationsmanagement

Von Vermittlungssystemen ist schon die hierarchische Synchronisation bekannt. Von einer gemeinsamen Referenzquelle werden hierarchisch die einzelnen Netzknoten synchronisiert. In der Regel verfügen die Vermittlungsstellen noch mindestens über einen Zweitsynchronisationsweg. Wenn ein Knoten, durch eine Störung der Synchronisation, in den Holdovermode schaltet, gibt es keine Möglichkeiten, die folgenden Knoten über diesen „schlechten" Takt zu informieren.

Die vermittlungstechnischen Knoten sind meist über 2 Mbit/s-Leitungen miteinander verbunden, und die Taktinformation wird aus den Signalflanken abgeleitet. Dies hat zur Folge, daß sich alle folgenden Knoten auf den „schlechten“ Takt aufsynchronisieren.

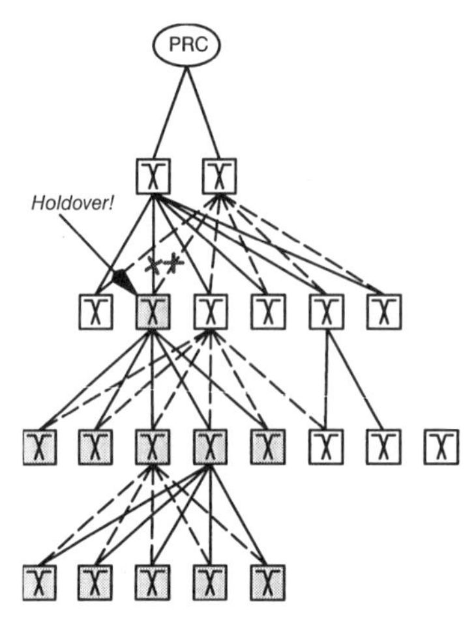

Passive Synchronisation

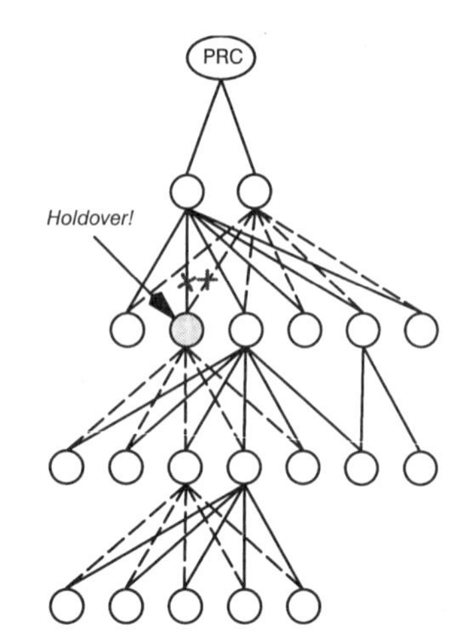

Aktives Synchronisationsmanagemer

Bild 4.50: hierarchische Synchronisation

In modernen synchronen Multiplexern ist aktives Synchronisationsmanagement möglich. In einem Overheadbyte des SOH (S1) wird eine Kennung übertragen, die der aktuellen Qualität des transportierenden STM-N-Signals entspricht. Tritt in einem Netzknoten eine Störung auf und der Knoten geht in den Holdovermode, signalisiert er dies in den gesendeten S1-Bytes. Die Folgeknoten können dann auf die Ersatztaktversorgung umschalten.

In den Netzelementen kann eine aktive Synchronisation durch Auswertung dieses S1-Byte (SSM Algorithmus) nach folgendem Schema erfolgen:

Zwei Netzknoten verfügen über eine externe Synchronisation (A und D). Im Normalbetrieb gibt es zwei Synchronisationsketten A-B-C und A-E-D. Um Synchronisationsschleifen zu vermeiden senden die Knoten jeweils ein „don't use“ in die Richtung zurück, aus der sie synchronisiert werden. C und D verfügen zusätzlich über eine Prioritätensteuerung.

A1	A1	A1	A2	A2	A2	J0	X	X
B1	Δ	Δ	E1	Δ		F1	X	X
D1	Δ	Δ	D2	Δ		D3	X	X
H1	Y	Y	H2	1	1	H3	H3	H3
B2	B2	B2	K1			K2		
D4			D5			D6		
D7			D8			D9		
D10			D11			D12		
S1	Z1	Z1	Z2	Z2	M1	E2		

RSOH Pointer MSOH Payload

S1 Bits 5678	SDH Synchronization Quality Level
0000	Quality unknown
0010	G.811 Primary Reference Clock (PRC)
0100	G.812 Secondary Supply Unit (SSU) Transit
1000	G.812 Secondary Supply Unit (SSU) Local
1011	Synchronization Equipment Timing Source (SETS)
1111	„Do not use for synchronization“
other values	Reserved

Bild 4.51: Zustände des S1-Byte

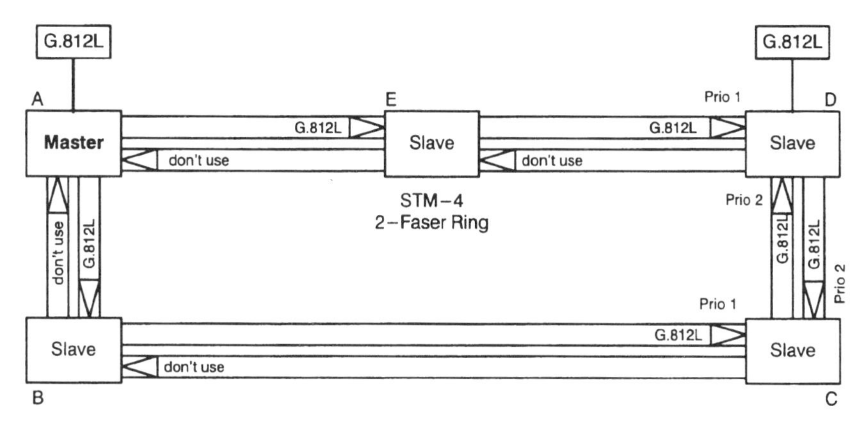

Bild 4.52: aktives Synchronisationsmanagement

4.5.4 Synchronisation von PCM- und PDH-Verbindungen im SDH Netz

Bei einer 2 Mbit/s PCM Verbindung handelt es sich auch um eine „synchrone" Verbindung. Quelle und Senke müssen also absolut synchron laufen.

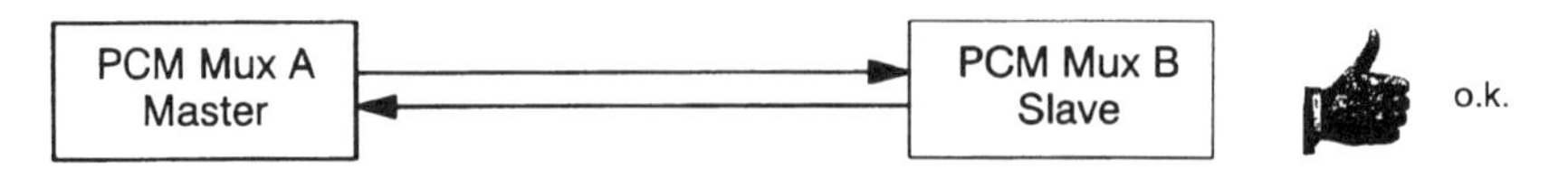

Bild 4.53: 2 Mbit/s Master-Slave Synchronisation

Üblicherweise wird dazu das Master-Slave-Prinzip verwendet. Wird eine 2 Mbit/s-Verbindung über eine plesiochrone Srecke (z.B. 34 Mbit/s) übertragen, kann das Prinzip beibehalten werden.

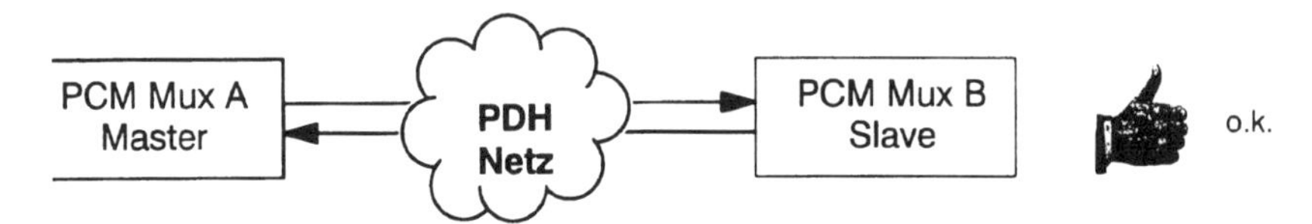

Bild 4.54: 2 Mbit/s Master-Slave Synchronisation via PDH

Wird eine 2 Mbit/s-Verbindung allerdings über ein SDH-Netz übertragen ist aus zweierlei Gründen Vorsicht geboten.

1. Wird das 2 Mbit/s-Signal in einem VC-12 übertragen kann durch eventuelle Pointeraktionen im SDH-Netz dem 2 Mbit/s-Signal Jitter überlagert werden, der es als Synchronisationssignal unbrauchbar macht.

2. Die Jitteramplituden sind bei VC-3/4 wesentlich kleiner. Wird daher das 2 Mbit/s-Signal vorher plesiochron in ein 34 Mbit/s-Signal gemultiplext und dann in einem VC-3 übertragen, kann es noch als Synchronisationsreferenz genutzt werden. Diese Möglichkeit schränkt allerdings die Routing Möglichkeiten des 2 Mbit/s-Signals im SDH-Netz stark ein.

3. Der große Vorteil von SDH-Netzen liegt in ihrer Flexibilität. Benutzt man ein 2 Mbit/-Signal zur Synchronisation, ist dieses Signal als Synchronisationsträger gebunden. Ein Umrouten ist ohne Änderung des Synchronisationsplans nicht mehr so leicht möglich.

Eine Ausnahme bilden 2 Mbit/s-Signale, die in gleicher Richtung wie die SDH-Synchronisationsinformation übertragen werden. Hier finden keine störenden Pointer-Operationen statt, somit kann kein Jitter entstehen. Dies gilt natürlich nur für den störungsfreien Zustand. Tritt eine Störung im Netz ein, muß auch hier die Synchronisation neu überprüft werden.

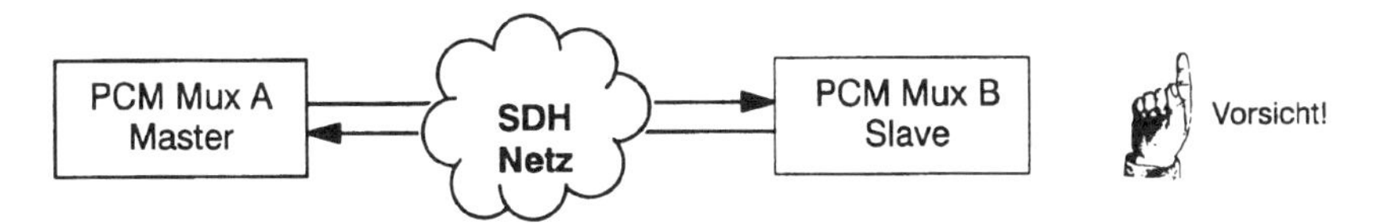

Bild 4.55: 2 Mbit/s Master-Slave Synchronisation via SDH

Eine Lösungsmöglichkeit besteht darin, PCM-Multiplexer mit dem SDH-Netz zu synchronisieren. SDH-Multiplexer verfügen über einen externen Takteingang (T3) und einen externen Taktausgang (T4). Das Synchronisationssignal ist ein 2 MHz-Takt. So könnte z.B. ein ADM-Ring von einer Vermittlungsstelle synchronisiert werden. Eine abgesetze 2 Mbit/s-Nebenstellenanlage wird dann wiederum vom SDH-Ring synchronisiert. Im ADM C muß der externe Taktausgang T4 dazu gleich dem Systemtakt gesetzt werden (vgl. Bild 4.56).

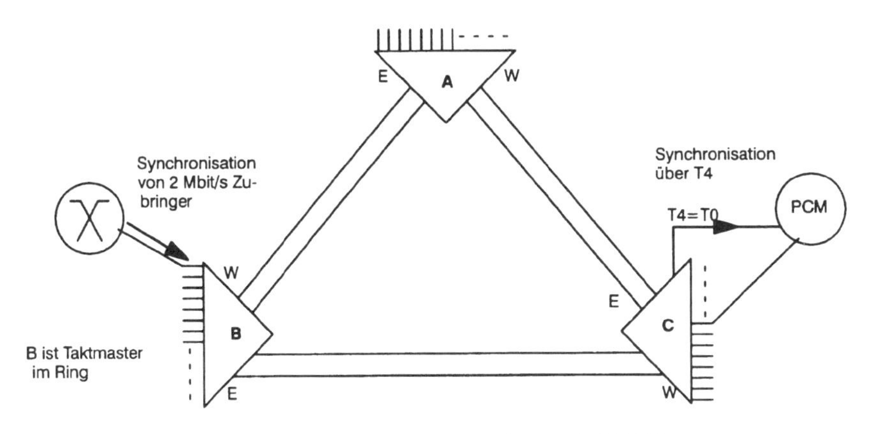

Bild 4.56: Synchronisation von 2 Mbit/s-Signalen und SDH-Netz

4.5.5 Synchronisation mit SSU

SSU (Synchronization Supply Unit) können zur Synchronisation eines Takt-Masters in einem SDH-Netz, oder auch zur Bildung von „Taktstützpunkten" im Netz genutzt werden. Um einen Takt-Master zu synchronisieren wird das 2 MHz-Signal über T3 ins Netzelement eingespeist.

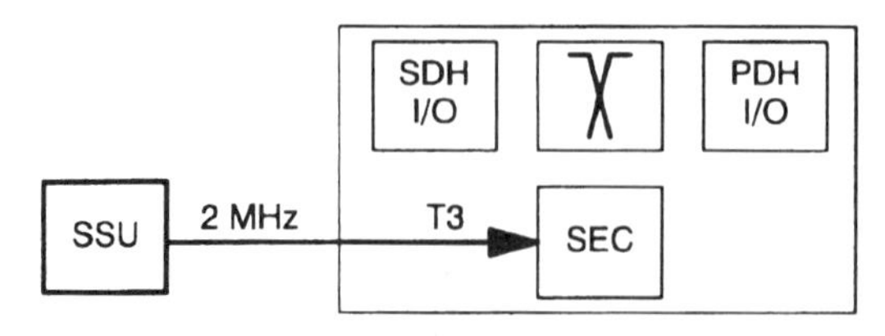

SSU: Synchronisation Supply Unit
SEC: Synchronous Equipment Clock

Bild 4.57: externe Synchronisation mit SSU

Die SSU kann auch zur Verbesserung der Takteigenschaften eines Netzelementes im Slavemodus verwendet werden. Dazu wird die SSU in den Taktregelkreis eingeschleift.

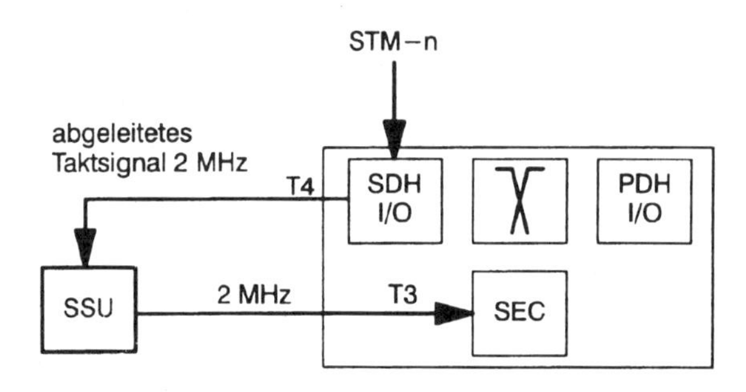

SSU: Synchronisation Supply Unit
SEC: Synchronous Equipment Clock

Bild 4.58: externe Synchronisation mit SSU, Slavemode

Die Takteigenschaften werden hier besonders bezüglich der Holdover Eigenschaften verbessert. Fällt z.B. der STM-N-Zubringer aus, auf den das Netzelement synchronisiert war, weist eine SSU wesentlich bessere Holdover-Genauigkeit als eine SEC auf.

Zusätzlich besteht auch die Möglichkeit, 2 Mbit/s-Systeme mit der SSU zu synchronisieren.

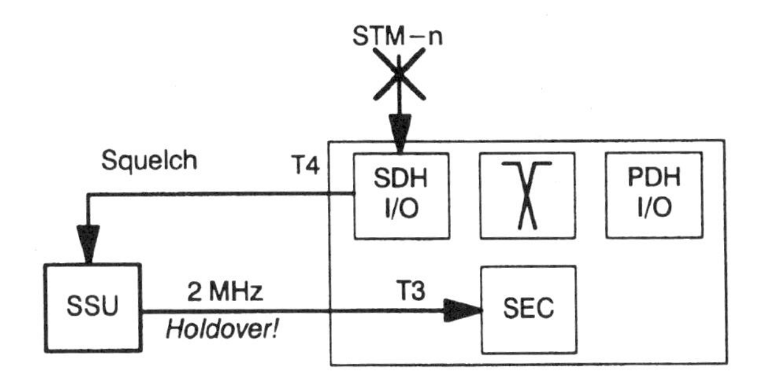

SSU: Synchronisation Supply Unit
SEC: Synchronous Equipment Clock

Bild 4.59: externe Synchronisation mit SSU im Holdovermode

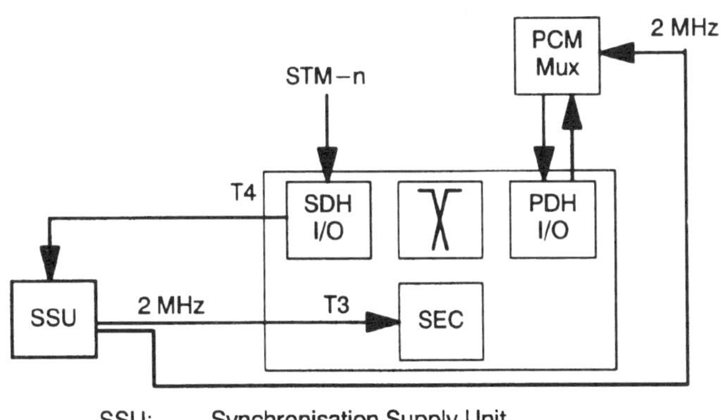

SSU: Synchronisation Supply Unit
SEC: Synchronous Equipment Clock

Bild 4.60: Synchronisation von 2 Mbit/s Systemen mit SSU

4.6 Management Synchroner Netze

4.6.1 Aufgaben desTelecommunication Management Networks (TMN)

Ein modernes SDH Netz ist ohne Unterstützung von TMN-Systemen heutzutage nicht mehr denkbar. So sind z.B. in einer einzigen STM-16-Verbindung bis zu 1008 2 Mbit/s-Verbindungen zu schalten. Ein TMN-System soll allerdings nicht nur das Schalten von Verbindungen unterstützen:

TMN: Telecommunications Management Network

Ein TMN unterstützt die Management-Bedürfnisse eines Netzbetreibers, um das Telekommunikationsnetz einschließlich der Dienste zu

- planen
- bereitstellen
- installieren
- unterhalten
- betreiben
- verwalten

Es baut auf dem allgemeinem OSI-Netzmanagement auf (vgl. Kapitel 1.3.3).

4.6.2 Struktur desTelecommunication Management Network (TMN)

Das TMN muß als Teil des Gesamtnetzes verstanden werden. Das Gesamtnetz setzt sich aus dem TN (Telecommunication Network) und dem TMN zusammen. Das TN beinhaltet in der Regel die Vermittlungs- und Übertragungstechnik. Das TMN ist ein verteiltes System. Die Kommunikation zwischen den einzelnen TMN Funktionalitäten läuft über das DCN (Data Communication Network). Beim DCN handelt es sich vom logischen Betrachtungspunkt aus um ein völlig anderes Netz als das TN. In der Praxis werden allerdings oft physikalische Ressourcen vom TN benutzt, um das DCN bereitzustellen. Zum Teil werden komplette Kanäle (z.B.

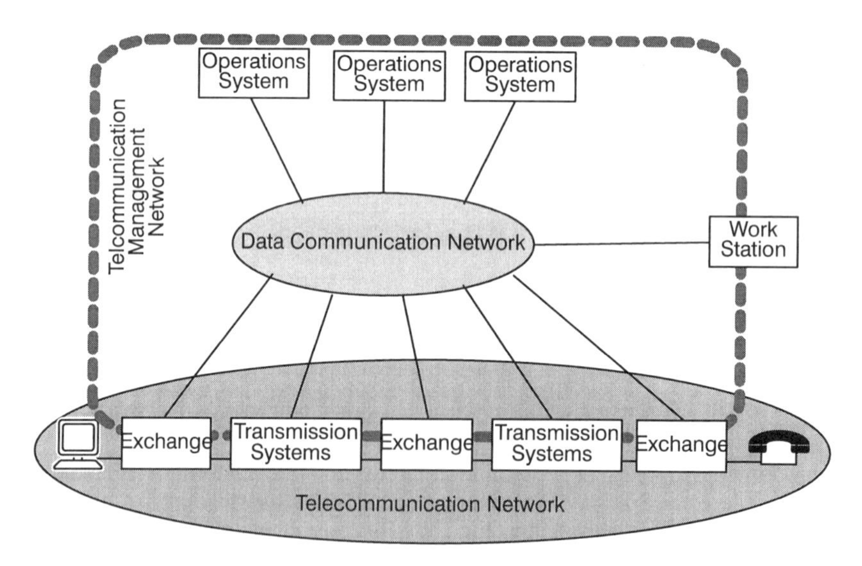

Bild 4.61: M.3010: Beziehung eines TMN zu einem Telekommunikations-Netz

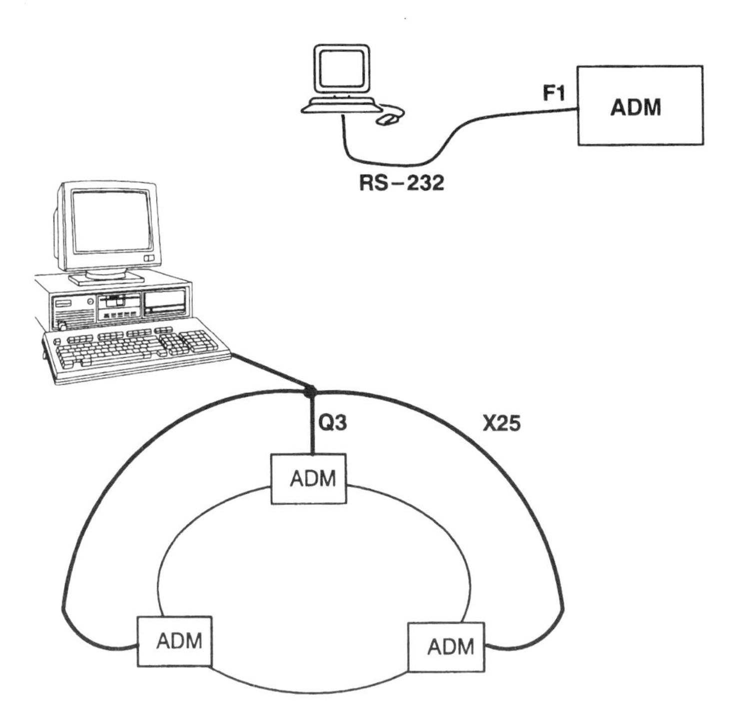

Bild 4.62: Separates DCN

64 kbit/s oder 2 Mbit/s) benutzt um die Daten des DCN zu transportieren. Bei STM-N-Verbindungen sind im Overhead bestimmte Bytes zur Übertragung des DCN vorgesehen (ECC = Embedded Control Channels).

4.6.3 Varianten des Data Communication Network (DCN)

Man kann das DCN in separate und integrierte DCNs unterscheiden. Bei einem separatem DCN werden die Verbindungen des TMN über extra physikalische Verbindungen geschaltet. Soll z.B. nur ein Netzelement angeschlossen werden, kann dies über eine serielle RS-232-Verbindung geschehen. Sollen mehrere Netzelemente, z.B. die ADMs in einem Ring, erreicht werden, so kann dies über ein Ethernet- oder X25-WAN erfolgen. Gerade für letztere Variante sind allerdings integrierte DCN praxisnäher.

Bei einem integriertem DCN werden die einzelnen Netzelemente über die integrierten Datenkanäle im SOH (Bytes D1..D3 bzw. D4..D12) des STM-N-Signals erreicht. Der Einstieg in das Netz erfolgt über ein Gateway-Netzelement (GNE).

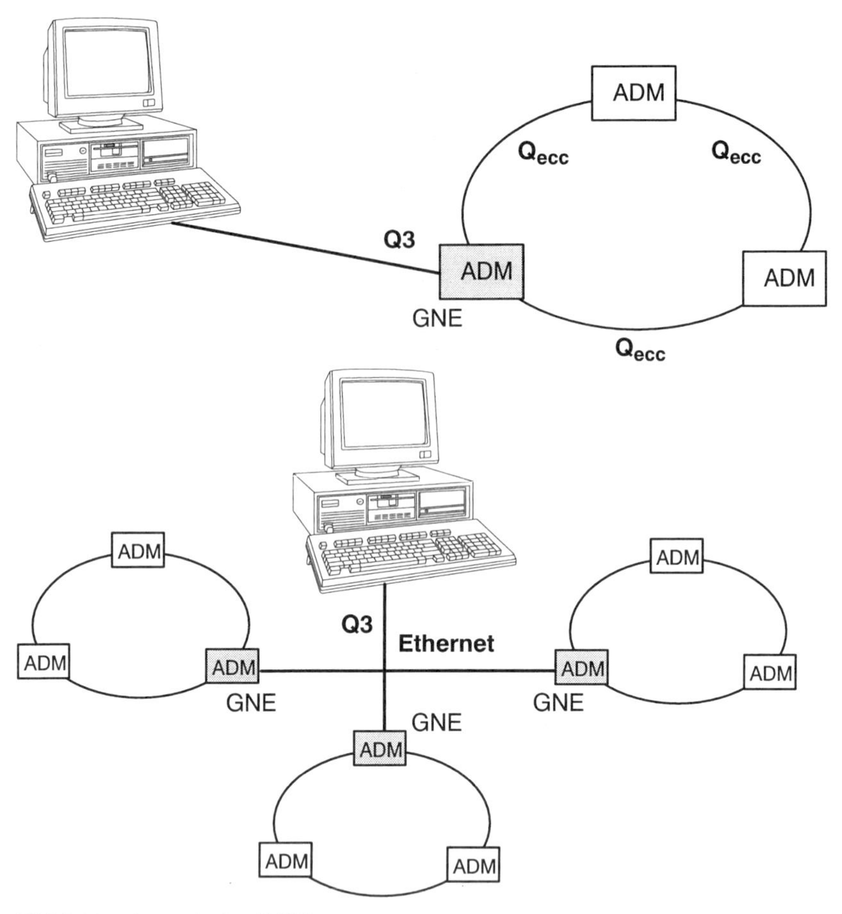

Bild 4.63: Integriertes DCN

Die Verbindung zum GNE wird über ein WAN/LAN (z.B. X.25 oder Ethernet) hergestellt.
Zur Zeit sind die Schnittstellen im TMN proprietär. Das heißt, die Netzelemente eines bestimmten Herstellers lassen sich nur mit dem TMN eben dieses Herstellers managen. Hier ist in absehbarer Zeit auch keine Veränderung in Sicht. Bei der Planung von großen Netzen sollte dieser Tatsache durch die Unterteilung in proprietäre Subnetze Rechnung getragen werden.

4.7 Literatur

[1] Dietmar Lochmann: Digitale Nachrichtentechnik, Signale, Codierung, Übertragungssysteme, Verlag Technik Berlin
[2] Peter Kahl: Digitale Übertragungstechnik (I und II), R. v. Decker
[3] Gerd Siegmund: Grundlagen der Vermittlungstechnik, R. v. Decker
[4] Christoph Wrobel: Optische Übertragungstechnik in industrieller Praxis, Hüthig Verlag
[5] Gerd Wöhlbier: Planung von Telekommunikationsnetzen (Bd. I und II), R. v. Decker
[6] Rüdiger Sellin: TMN, Die Basis für das Telekom-Management der Zukunft, R. v. Dekker
[7] ITU-T Recommendation G.803, Digital Networks, Architectures of Transport Networks based on the SDH
[8] ITU-T Recommendation G.81s, G.811, G.812, Specifications of Clock Qualities
[9] ITU-T Recommendation G.841, Digital Networks, Types and Charecteristics of SDH Network Protection Architectures
[10] ITU-T Recommendation M.3010,Principles for a TMN

5 Digitale Richtfunksysteme in PDH- und SDH-Netzen

M. Müller

5.1 Einsatz von Digitalen Richtfunksystemen im Übertragungsnetz

5.1.1 Die Entscheidung

Moderne Nachrichtennetze transportieren Informationen über leitergebundene und nicht leitergebundene Medien. Bei der leitergebundenen Übertragung wird heute neben herkömmlichen Kupferleitungen vorwiegend die Glasfaser eingesetzt. Sie ist sehr dämpfungsarm und eignet sich für sehr hohe Übertragungsraten. Nichtleitergebunde Medien, wie Richtfunk in Punkt-zu-Punkt- oder auch Punkt-zu-Mehrpunkt-Verbindungen, stellen in vielen Fällen eine wirtschaftliche Alternative dar. Die Entscheidung wann ein Funksystem oder ein leitergebundenes System eingesetzt wird, hängt von verschiedenen Parametern ab. Hierzu zählen vor allem der Vergleich der Verlegekosten einer Glasfaser mit den Aufbaukosten eines Richtfunksystems. Hierbei spielt natürlich die vorhandene Infrastruktur eine große Rolle. Ein Netzbetreiber, der über eigene Funktürme, Stromleitungsmasten oder topologisch exponiert gelegene Gebäude verfügt, sollte in jedem Fall diesen Vergleich durchführen. In einigen Fällen trägt die schnelle Verfügbarkeit einer Übertragungsstrecke zur Entscheidung bei. Hier hat der Richtfunk einen hervorragenden Vorteil, da bei entsprechender Infrastruktur die Zeit bis zur Inbetriebnahme sehr kurz sein kann. Ein weiteres Kriterium für private Unternehmen ist der Kostenvergleich einer eigenen privaten Funkverbindung, z.B. zwischen zwei Bankgebäuden und den Kosten einer Mietleitung. Ein weiterer wichtiger Faktor ist die Übertragungssicherheit. Hier steht der Richtfunk der leitergebundenen Übertragung in nichts nach. Die internationalen Qualitätsempfehlungen gemäß ITU-T G.826 werden bei entsprechender Funkfeld- und Frequenzplanung eingehalten, wobei hier verschiedene Diversity-Verfahren zur Anwendung kommen. Hierzu zählen insbesondere Raum-, Winkel- und Frequenz-Diversity (siehe Abschnitt 5.2.8), bei deren Einsatz ein redundantes Signal über eine zweite Antenne, einen anderen Empfangswinkel oder einer weiteren Frequenz empfangen wird. Um Gerätestörungen abzusichern, stehen Ersatzschaltungen auf sogenannte Heißreserven (siehe Abschnitt 5.2.8) zur Verfügung. Von den bisher genannten Entscheidungskriterien abgesehen, besteht in verschiedenen Regionen keine wirtschaftliche Alternative zum Richtfunk als Übertragungsmedium. Hierzu zählen unwegsame Gelände wie Gebirge, aber auch Flußläufe oder Sumpf- bzw. Feuchtgebiete, sowie Bereiche in denen eine Verlegung von Kabeln rechtlich nicht möglich ist.

5.1.2 Der Einsatz

Das moderne Nachrichtennetz basiert heute auf der „Synchronen Digitalen Hierarchie" (SDH). Ein SDH-Netz bietet neben einer optimierten Netzmanagementstruktur den einfachen Zugriff auf gemultiplexte Datenströme. Dies bedeutet nicht, daß keine plesiochronen Systeme mehr eingesetzt werden. Diese kommen weiterhin im Zubringerdienst zu SDH-Netzknoten und synchronen Multiplexern oder in Netzen der „Plesiochronen Digitalen Hierarchie“ zur Anwendung. In Bild 5.1 sind verschiedene Möglichkeiten aufgezeigt, digitale Richtfunksysteme in ein Kommunikationsnetz einzubinden. SDH-Richtfunksysteme in Punkt zu Punkt Verbindungen dienen in den Hierarchiestufen STM-0, STM-1 und STM-4 [1,2] des synchronen Netzes der Übertragung. Sie übernehmen in STM-N Ringstrukturen zwischen synchronen Netzknoten oder Multiplexern die Funktion eines Regenerators im Sinne SDH [4]. Plesiochrone Richtfunksysteme werden dann verwendet, wenn die gewünschte Transportkapazität unterhalb von STM-1, also 155.52 Mbit/s liegt. Hier sind Systeme für die Übertragung von 2x34 Mbit/s, 34 Mbit/s (16x2 Mbit/s),

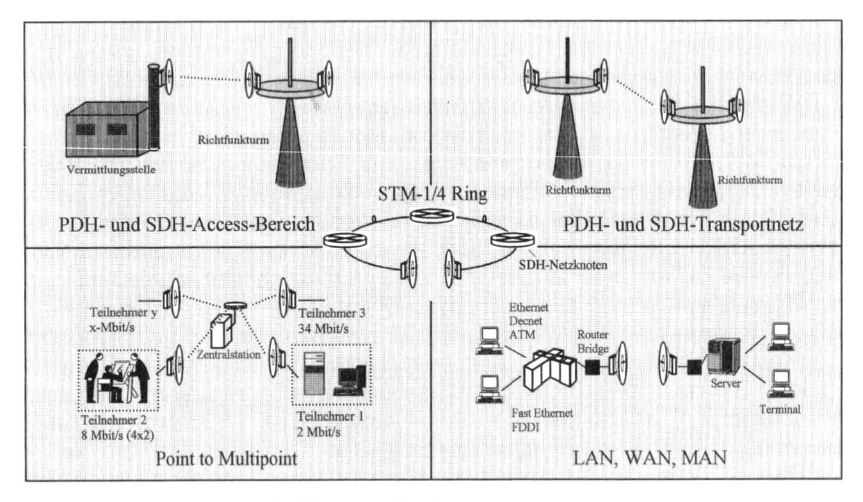

Bild 5.1: Funksysteme in Kommunikationsnetzen

8 Mbit/s(4x2 Mbit/s) oder 2 Mbit/s zu nennen [3]. Diese Systeme werden üblicherweise als Schmalbandsysteme bezeichnet. Sie werden z.B. in GSM-Netzen als Verbindung zwischen Funk- und Basisisstation eingesetzt. In LAN-Verbindungen sind PDH-Richtfunksysteme zur Kopplung von Teilnetzen zwischen zwei „Routern“ oder „Bridge“-Systemen im Einsatz. Längerfristig könnten diese Schmalbandanlagen durch synchrone STM-0- oder SubSub STM-1-Systeme mit einer Übertragungskapazität von 51.84 Mbit/s (21 x 2 Mbit/s) [11] bzw. 6.9 Mbit/s (3 x 2 Mbit/s) ersetzt werden. Dies hätte den Vorteil, daß auch Schmalbandsysteme in die SDH-Netzstruktur eingebunden wären. PDH-Breitband Richtfunkanlagen, zur Übertragung von 140 Mbit/s, werden heute durch SDH-Systeme mit „Mapping-Funktion“ 140 Mbit/s [1,2] ersetzt. Abschnitt 5.4 vermittelt einen Eindruck über die Systemtechnik von SDH-Richtfunksystemen. Eine andere Anwendungsmöglichkeit von Funksystemen bieten Punkt-zu-Mehrpunkt-Verbindungen. Diese, kurz P-MP-Systeme genannten Anlagen, sind vor allem im urbanen Bereich vorteilhaft

einsetzbar. Hier werden über eine Basisstation mit einer sektorisierten Rundstrahlantenne Daten zu mehreren Außenstellen gesendet und empfangen. Die Datenraten können hier sehr unterschiedlich sein. Im Beispiel 5.1 werden die Außenstellen mit 64 kbit/s-Kanälen oder 2 Mbit/s-Mietleitungen angebunden. Äquivalent ist für eine SDH-Anwendung hier die Übertragung von in der SDH verwendeten „Virtuellen Containern" (VC) [1] möglich. Mehr Informationen zu P-MP-Systemen vermittelt Abschnit 5.4.4.

Keine wirtschaftliche Alternative durch digitale Richtfunksysteme bietet heute die Übertragung mit Bitraten höher als 622.08 Mbit/s (STM-4). Die SDH-Hirachiestufen 16 bzw. 64 können derzeit nur auf Glasfaserleitungen übertragen werden. Hier schränkt die zur Übertragung benötigte Bandbreite die wirtschaftlichen Möglichkeiten des Richtfunks ein.

5.2 Aufbau eines Digitalen Richtfunksystems

5.2.1 Systemarchitektur

Klassischer Aufbau

Der klassische Aufbau eines Weitverkehrs-Richtfunksystems [5] ist in Bild 5.2 aufgezeigt. Im Beispiel sind zwei RF-Kanäle in Sende- und Empfangsrichtung eines Einträger-Richtfunksystems abgebildet. Die Information wird wie folgt übertragen. Das angelieferte leitungscodierte Basisbandsignal wird dem Modulator zugeführt. Dieser moduliert es auf einen Zwischenfrequenzträger. Das Zwischenfrequenzsignal, das z.B. bei 70 MHz oder 140 MHz liegt, wird in den Sender eingespeißt. Hier wird das Signal mit der kanalbezogenen Oszillatorfrequenz gemischt und so auf die gewünschte Sendefrequenz umgesetzt. Um größtmögliche Selektion gegenüber benachbarten Kanälen zu erreichen, wird das Sendesignal durch einen Bandpaßfilter geschickt. Der nachfolgende Zirkulator entkoppelt die Sender einer Kanalweiche voneinander. Der Anschaltzirkulator trennt Sende- und Empfangszug der Kanalweiche hochfrequenzmäßig voneinander. Die weitere Übertragung des HF-Signals erfolgt über einen Hohlleiter zur Polarisationsweiche (PW). Diese ermöglicht den gleichzeitigen Betrieb auf der horizontalen und vertikalen Polarisation der doppelpolarisierten Antenne. Die Empfangsrichtung arbeitet entsprechend der Senderichtung. Über die Antenne, die PW, den Hohlleiter und den Anschaltzirkulator gelangt das Signal in den Empfangszug der Kanalweiche. Dort wird das empfangene HF-Signal über die Filtergruppen (Filter + Zirkulator) in den Empfänger eingespeißt. Im Empfänger wird das hochfrequente Signal zurück in die Zwischenfrequenzebene umgesetzt. Das entstandene ZF-Signal wird im Demodulator demoduliert und steht wieder als vollständig regeneriertes Basisbandsignal zur Verfügung.
Abweichend von der hier aufgezeigten Art und Weise, werden Kurzstrecken-Richtfunksysteme zwar vom Prinzip her ähnlich aufgebaut, doch weisen sie eine kom-

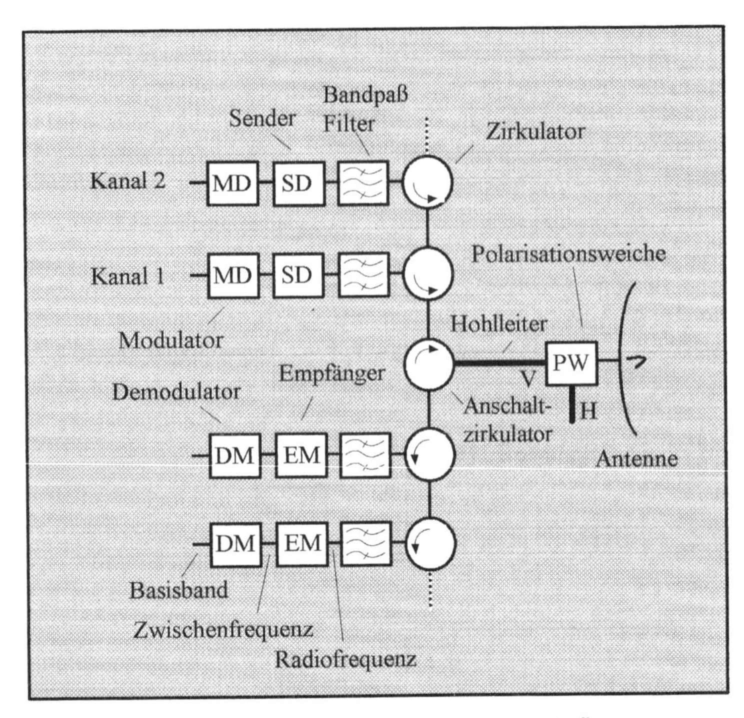

Bild 5.2: Digitales Richtfunksystem – klassischer Aufbau

paktere Bauweise auf. Sender und Empfänger sind meist in einem Wetterschutzgehäuse direkt an der Antenne untergebracht. Die Modulationseinheit befindet sich dann innerhalb eines Gebäudes (Indoor) und wird über eine Koaxialleitung mit der antennennahen Außeneinheit (Outdoor) verbunden. Ebenfalls kann, aufgrund der kurzen Funkstrecke, auf aufwendige Entzerrungsmethoden im Demodulator verzichtet werden. Äquivalent werden heute aber auch Weitverkehrs-Richtfunksysteme mit außenliegender HF-Einheiten eingesetzt. Dieses Verfahren erspart die teure und aufwendige Verlegung von Hohlleitern und verringert die Dämpfung auf der Hochfrequenzseite.

Zweiträgersysteme

Bisher wurde davon ausgegangen je einen modulierten Träger pro RF-Kanal zu übertragen. Einige Frequenzraster (siehe Tabelle 5.27) erlauben aber die Belegung durch Signale mit höherer Bandbreite. Um diese ökonomisch auszunutzen werden zwei modulierte Träger auf einem RF-Kanal übertragen. In der Praxis bedeutet dies den Einsatz von zwei Modulatoren bzw. Demodulatoren pro Sender und Empfänger. Die Zwischenfrequenz der Modulationsgeräte 1 + 2 sind verschieden. Zum Beispiel arbeitet ein 64 QAM Modulator/Demodulator zur Übertragung eines STM-1 Datenstroms auf der ZF von 122.5 MHz der andere bei einer ZF von 157,5 MHz. Diese Verfahren erspart den Einsatz eines Senders und Empfängers gegenüber der gleichen Übertragungskapazität bei Einträgersystemen.

XPE (XPIC)-Systeme

Um die Ausnutzung vorgegebener Frequenzraster zu optimieren, kann alternativ zu einer alternierend kreuzpolarisierten Aufschaltung von RF-Kanälen (siehe Bild 5.28) auch in einigen Frequenzrastern der Gleichkanal belegt werden. Dies bedeutet auf der gekreuzten Polaristion eines RF-Kanals wird ein zweites Richtfunksystem betrieben. Die beiden Systeme mit der selben RF sind nur durch die Polarisationsentkopplung getrennt. Diese ist bei XPD-optimierten Antennen durchaus ausreichend um die beiden Systeme fehlerfrei zu betreiben. Allerdings ist die Systemreserve (siehe Abschnitt 5.6) durch den Störeinfluß des Gleichkanalbetriebs herabgesetzt. Um diesen „Verlust" wieder auszugleichen werden auf der Empfangsseite Demodulatoren mit Kreuzpolarisations-Entzerrern (XPE) in der Basisbandebene eingesetzt. Dieses aufwendige Verfahren setzt eine Synchronisation beider Signale auf der Sendeseite vorraus. Die Demodulatoren des Systems auf der horizontalen Polarisation arbeitet mit dem der vertikalen zusammen. Das heißt der Demodulator (V) kennt zu jedem Zeitpunkt das ihn störende Signal durch dessen Auswertung am Demodulator (H) und umgekehrt. Diese Kenntnis verwenden die XPEs um das eigene Signal zu entzerren. In Kombination mit einem Zweiträgersystem erlaubt dieses Verfahren die Übertragung von vier STM-1 Datenströmen auf einem RF-Kanal (siehe Tabelle 5.27).

5.2.2 Modulator

In Blockschaltbild 5.3 ist ein Modulator mit Quadratur Amplituden Modulation dargestellt (QAM Mod). Seine Aufgabe ist, das angelieferte Basisbandsignal auf einen Zwischenfrequenzträger aufzumodulieren. Ein elektrisches Signal (ITU-

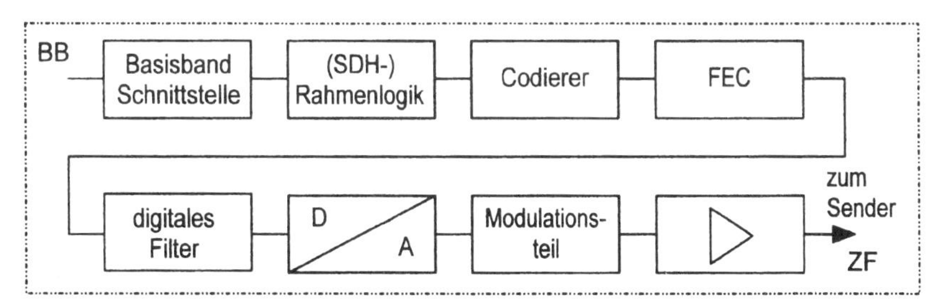

Bild 5.3: QAM-Modulator

T G.703) in Leitungscode (z.B.: CMI, HDB3, B3ZS) wird der Basisbandschnittstelle zugeführt. Diese gleicht auf der Basisbandleitung entstandene Verzerrungen und Dämpfung des Digitalsignals aus. Alternativ werden in SDH-Systemen auch optische Schnittstellen entsprechend ITU-T G.957 eingesetzt, die mit Signalen im NRZ-Format arbeiten. Die weitere Verarbeitung des Datensignals wird in SDH-System in einem speziellen SDH-Prozessor gemäß den einschlägigen ITU-T Empfehlungen durchgeführt. SDH-Systeme bieten durch ihren Section-Overhead (SOH) eine Vielzahl von Überwachungen und zusätzlichen Dienstkanälen. Diese ermöglichen die Übertragung richtfunkinterner Daten in medienspezifischen Bytes (siehe auch Kapitel 3.2.2). In PDH-Systemen fügt eine Rahmenlogik mittels eines Überrahmens zusätzliche Dienstkanäle (z.B. n x 64 kbit/s oder 2 Mbit/s Wayside Traffic) dem Datenstrom hinzu. Um auf der Empfangsseite eine sichere Taktrückgewinnung zu gewährleisten, wird das Signal anschließend richtfunkspezifisch verscrambelt. Der Codierer codiert das Signal entsprechend der bei N-QAM (N= 4, 16, 32, 64, 128, 256, 512) vorgegebenen Codierschemas. Durch die Codierung werden jeweils mehrere Bit zu einem Symbol zusammengefaßt. Die eigentliche Übertragungsgeschwindigkeit wird dadurch auf die Baudrate reduziert. Hierdurch gewinnt das Signal an Bandbreiteneffizienz. Außerdem werden zusätzliche freie Bit dem Datenstrom unterlegt. Die „Forward Error Correction" (FEC) füllt diese freien Bit nach einem vorgegebenen Bildungsgesetz. Diese Bit dienen auf der Empfangsseite zur Fehlererkennung und Fehlerkorrektur. Durch das Hinzufügen zusätzlicher Bit (FEC, Überrahmen) ist nun die sogenannte Bruttobitrate entstanden. Der Datenstrom ist außerdem in einen Inphase- und Quadraturphasezweig aufgeteilt die je ein Teilsymbol führen. Diese werden den digitalen Filtern zugeführt, welche das Ausgangsspektrum begrenzen und formen. Nach durchlaufen der Digital/Analogwandler ist jedem Teilsymbol ein analoger Wert zugeordnet. Moduliert man nun ein Teilssymbol im I-Zweig mit einem Sinussignal und ein Symbol im Q-Zweig mit einem Cosinussignal, spricht man von Quadraturamplitudenmodulation. Ein Trägeroszillator versorgt die Modulationsstufen zu diesem Zweck mit dem Zwischenfrequenz-Trägersignal in den Phasenlagen -45° und +45°. Die entstandene Konstellation verschiedener QAM - Signale zeigt Bild 5.4. Die Ausgangssignale der beiden Modulatoren (I+Q) werden addiert und bilden, am Ausgangsverstärker, das ZF-Ausgangssignal. Das Frequenzspektrum eines solchen Signals ist in Bild 5.5 gezeigt.

5.2.3 Demodulator

In Blockschaltbild 5.6 ist ein QAM-Demodulator dargestellt. Seine Systemaufgabe besteht darin, daß vom Empfänger angelieferte Zwischenfrequenzsignal in die Basisbandebene umzusetzen. Zuerst durchläuft das ZF-Signal den adaptiven Schräglagenentzerrer. Dieser gleicht das unterschiedliche Dämpfungsverhalten des Übertragungswegs über der Frequenz aus und unterstützt die Funktion des adaptiven Basisbandentzerrers im Digitalteil des Demodulators. Der nachfolgende geregelte Zwischenfrequenzverstärker hält den Pegel am Eingangs

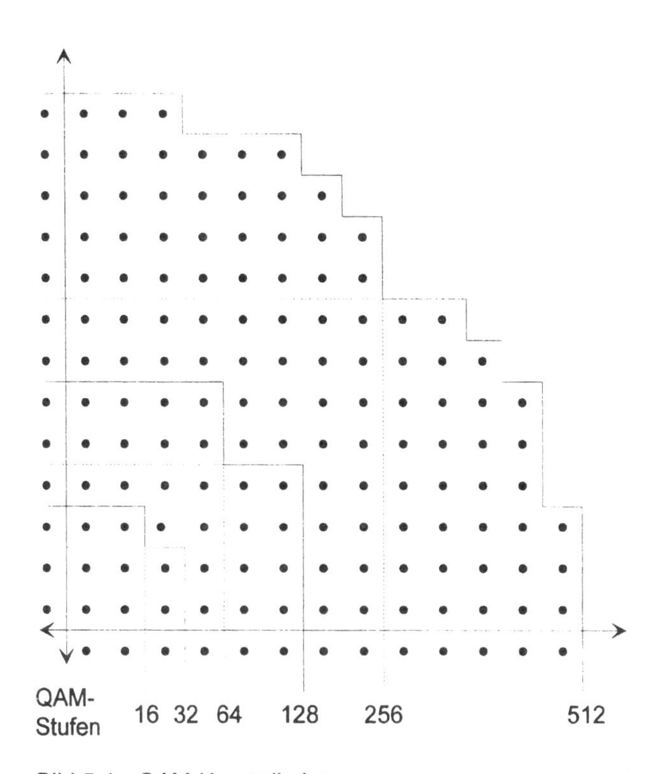

Bild 5.4: QAM Konstellationen

des Demodulators konstant. Das ZF-Bandpaßfilter sorgt zusammen mit der Filterung im Modulator für optimale Übertragungseigenschaften im Kanal und unterdrückt Störsignale außerhalb des Nutzspektrums. Im Demodulationsteil wird das QAM-Signal durch Multiplikation mit einem Referenzträger demoduliert und in einen Inphase- und Quadraturphasezweig aufgeteilt. Anschließend werden die Signale mit Tiefpässen von unerwünschten Mischprodukten befreit. Das bisher noch analoge Signal wird dann in die digitale Ebene umgesetzt. Nachfolgend kompensiert ein adaptiver Basisbandentzerrer lineare Verzerrungen des QAM-Kanals, die überwiegend durch Mehrwegeausbreitung im Funkfeld verursacht wurden (siehe auch Abschnitt 5.6). Die FEC-Schaltung korrigiert anschließend einen großen Teil der im Übertragungsabschnitt möglicherweise entstandenen Bitfehler und verbessert somit die Hintergrundbitfehlerrate des Systems bei kleinen Empfangspegeln. Zusätzlich werden in der FEC Steuerkriterien für die Richtfunkersatzschaltung gewonnen. Der Decoder setzt die kodierten Symbole in einen binären Datenstrom um. Somit liefert er einen seriellen Datenstrom an die Rahmenlogik. Hier wird das Signal systembezogen descrambelt und der zusätzliche Überrahmen abgebaut

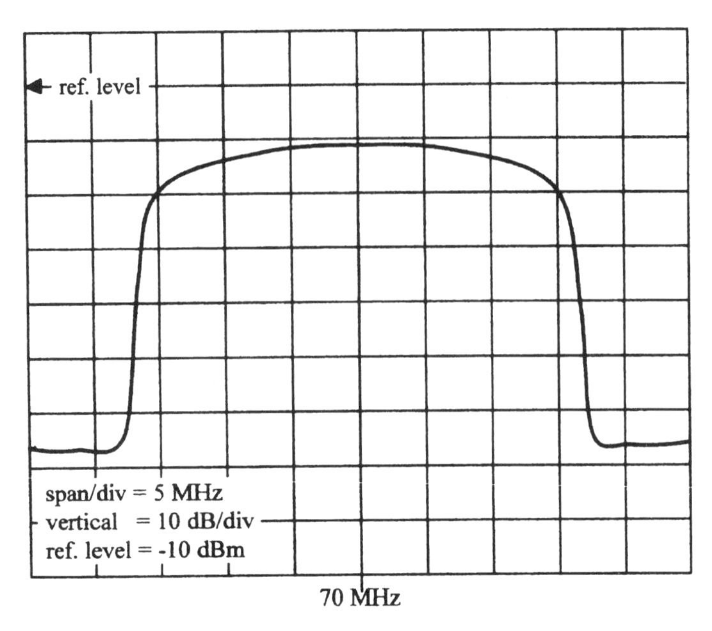

Bild 5.5: ZF-Ausgangsspektrum Modulator 64 QAM/155 Mbit/s

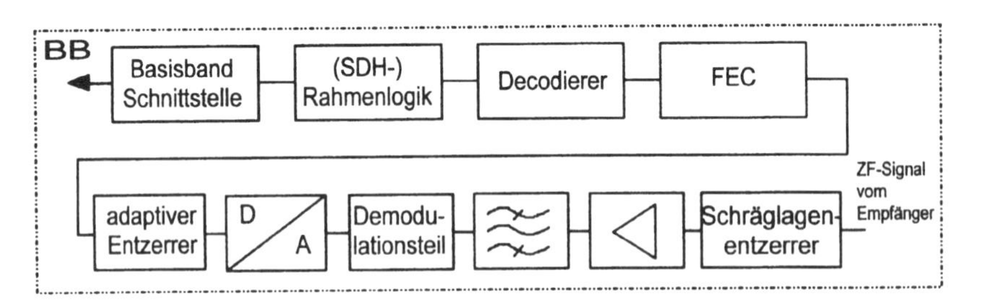

Bild 5.6: QAM Demodulator

und/oder bei SDH-Systemen der STM-N (N = 0, 1, 4) Rahmen bearbeitet. Weiter wird das Basisbandsignal über den Leitungscodierer an die Basisbandschnittstelle des Demodulators gegeben. Diese liefert ein elektrisches Signal nach ITU-T G.703 bzw. ein optisches Signal nach ITU-T G. 957.

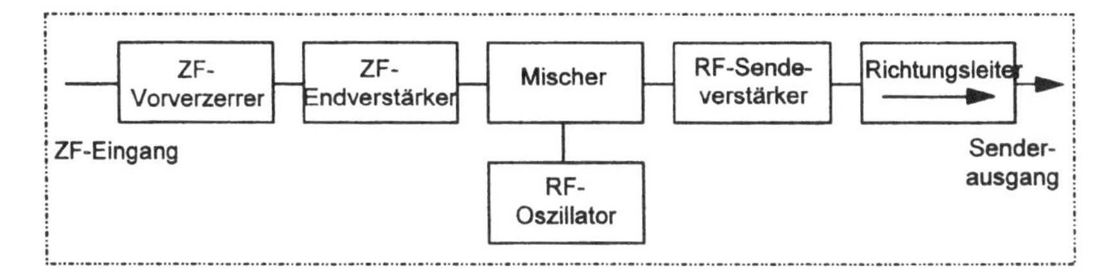

Bild 5.7: Sender des Digitale Richtfunksystems

5.2.4 Sender

Im vereinfachten Blockschaltbild 5.7 ist der Aufbau des Senders eines digitalen Richtfunksystems dargestellt. Die Aufgabe des Senders ist, das vom Modulator angelieferte Zwischenfrequenzsignal in die HF Ebene umzusetzen und zu verstärken. Im ZF-Vorverzerrer wird das ZF-Signal so verzerrt, daß zusammen mit dem Sendeverstärker eine nahezu lineare Kennlinie entsteht. Dies ermöglicht einen größtmöglichen Intermodulationsabstand am Ausgang des Senders. Die Vorverzerrung wird in Abhängigkeit der Sendeleistung reguliert. Über den ZF-Endverstärker gelangt das Signal in den Mischer. Hier wird das ZF-Signal mit Hilfe des RF-Oszillators auf die eigentliche Übertragungsfrequenz hochgemischt. Das entstandene RF-Signal wird dem Sendeverstärker zugeführt. Am Ausgang des Transistor-Sendeverstärker folgt ein Isolator, der den Sender HF-mäßig an die Kanalweiche anpaßt. Heutige Sender digitaler Richtfunksysteme werden in Kurzstrekken- und Weitverkehrssystemen mit einer Sendepegelregelung ausgestattet. Die ATPC (Automatic Transmit Power Control) verringert in dicht belegten Richtfunknetzen zu einem hohen Prozentsatz der Zeit den Einfluß von Gleich- und Nachbarkanalstörern. In Zeiten ohne Schwund auf dem Funkfeld kann der Sendepegel reduziert werden, ohne das ein Qualitätsverlust auf dem Übertragungskanal auftritt. Erhöht sich die breitbandige Dämpfung (Flachschwund) auf dem Funkfeld, so kann der Sender seine Leistung erhöhen. Je nach eingestelltem Referenzwert am Empfänger (z.B. -50 dBm) regelt der Sender die Sendeleistuing zwischen einem Minimalwert und der nominalen Sendeleistung. In der Praxis wird ein Regelumfang der ATPC von 20 dB als sinnvoll betrachtet. Die ATPC (1-3 Bit) wird durch eine Regelschleife zwischen Empfänger und Sender der Gegenstelle realisiert. Der Sender kennt somit zu jeder Zeit den Empfangspegel des zugehörigen Empfängers. Bei der Planung von Richtfunknetzen kann die Strategie bei der Wahl des Antennenstandorts in Bezug auf die Winkelentkopplung der Antenne vorteilhaft sein (siehe auch Abschnitt 5.2.7).

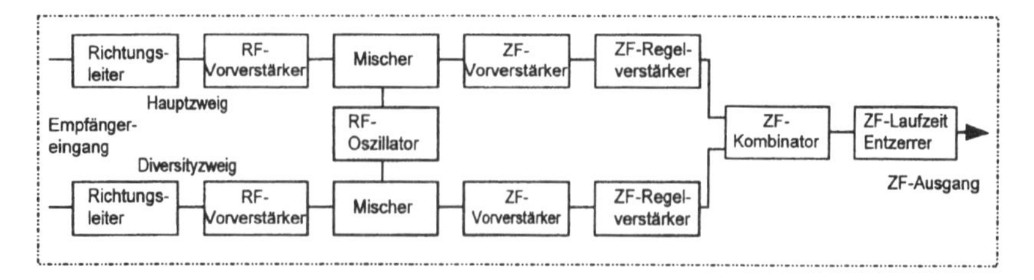

Bild 5.8: Empfänger mit Diversity des digitalen Richtfunksystems

5.2.5 Empfänger

Der Empfänger eines digitalen Weitverkehrs-Richtfunksystems ist in Blockschaltbild 5.8 dargestellt. Dieser hat zur Aufgabe, das hochfrequente Eingangssignal in die Zwischenfrequenzlage umzusetzen. Die durch Schwund im Funkfeld entstandenen Pegelschwankungen und Dämpfungsverzerrungen werden ausgeglichen. Interferenzen durch Störer und Nachbarkanäle werden unterdrückt. Das Empfangssignal gelangt über einen Empfangsisolator auf einen rauscharmen Vorverstärker. Hier wird es auf einen geeigneten Pegel für die Mischstufe umgesetzt. Diese mischt das HF-Eingangssignal, mit dem RF-Oszillatorsignal als Referenz, auf die Zwischenfrequenzlage. Über einen ZF Vorverstärker gelangt das Signal zum ZF-Regelverstärker. Dieser gleicht Pegelveränderungen des ZF-Signals durch Pegeleinbrüche auf dem Funkfeld aus und liefert somit einen konstanten ZF-Ausgangspegel. Bei Betrieb eines Diversity-Empfängers arbeitet dieser mit einem redundanten Empfangssignal einer zweiten Antenne (Raum-Diversity) oder eines anderen Empfangswinkels auf der selben Antenne (Winkel-Diversity). Der Diversity-Empfänger ist entsprechend dem Hauptempfänger aufgebaut und verwendet den selben Referenzoszillator. Die beiden geregelten ZF-Signale des Haupt- und Diversity-Zweigs werden in einem ZF-Kombinator so bewertet, daß das Summensignal, bezogen auf die beiden Eingangssignale, ein Optimum an Qualität aufweist. Das kombinierte ZF-Signal wird durch den Laufzeitentzerrer an den Ausgang des Empfängers gegeben. Dieser gleicht statische Laufzeitunterschiede im Nutzband durch die Kanalweichenfilter aus. In der ZF-Kombinatortechnik werden Verfahren wie „Maximum Ratio", „Minimum Dispersion" oder „Equal Gain" angewendet.

5.2.6 Hohlleiter

Die Energieleitung zwischen Anschaltzirkulator des Richtfunksystem und der Antenne wird, je nach Übertragungsfrequenz, mit Hohlleitern oder HF-Koaxialskabeln mit Wellrohraußenleiter realisiert. Hohlleiter werden ab einer Frequenz von etwa 3 GHz eingesetzt. Prinzipiell werden Rechteck-Hohlleiter und Hohlleiter mit ovalem Querschnitt unterschieden. Letztere haben den Vorteil, daß sie über beide Querschnittsachsen trommelbar sind. Außerdem können sie in fortlau-

fender Länge (100-200m) hergestellt werden. Die Übertragungsverluste sind somit geringer als beim Rechteck-Hohlleiter. Es werden nur eine geringe Anzahl von Flanschverbindungen bei der Montage benötigt, was zu äußerst niedrigen Reflexionsfaktorwerten führt. Für Frequenzbereiche ab 12 GHz stehen übermodiert betriebene und somit sehr dämpfungsarme Hohlleiter zur Verfügung.
Beispiel . Ein ALLFORM-Hohlleiter für den Frequenzbereich 5,9 GHz-7.15 GHz (A65) weist eine Dämpfung von 5.6-4.8 dB pro 100m auf.

5.2.7 Antenne

Eine Richtfunkantenne bündelt die empfangene und abgestrahlte Energie keulenförmig in eine Hauptrichtung. Je nach Richtwirkung der Antenne sind die Haupt- und Nebenkeulen unterschiedlich ausgeprägt. In Bild 5.9 ist das Strahlungsdiagramm einer Richtantennen aufgezeigt. Hieran erkennt man, welche Dämpfung

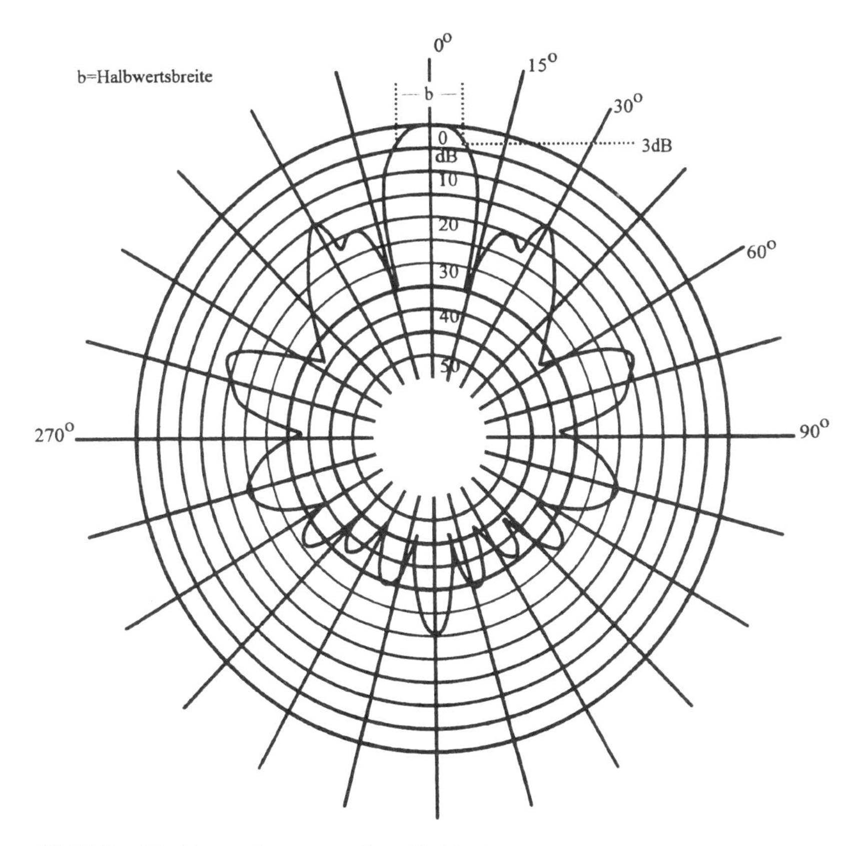

Bild 5.9: Strahlungsdiagramm einer Richtantenne

die Nebenkeulen gegenüber der Hauptkeule aufweisen. Die Halbwertsbreite „b“ ist ein Kriterium für die Richtwirkung der Antenne . Wird eine Richtfunkstrecke neu aufgebaut, werden zuerst die Antennen ausgerichtet. Hierbei muß besonders darauf geachtet werden, daß nicht aus Versehen auf das Maximum einer Nebenkeule gedreht wird. Für die Wahl der Antenne entscheidet die gewünschte Übertragungsfrequenz, die Zahl der Richtfunkstrecken am gleichen Standort (Winkelentkopplung), die geforderte Übertragungsqualität und die Entfernung zur Gegenstelle. In Kurzstreckensystemen werden gewöhnlich Parabolantennen mit eine Durchmesser von 30 cm bis 1.2m verwendet. Weitverkehrssysteme hingegen arbeiten mit Parabolantennen von 2 m oder 3m, bzw. verwenden Muschelantennen mit einer Größe von 2 m bis 4m. Muschelantennen sind Offset-Antennen, das heißt der Brennpunkt sitzt außerhalb des Strahlengangs (siehe Bild 5.10). Somit werden unerwünschte Reflexionen durch den Strahler vermieden. P-MP Systeme arbeiten im urbanen Bereich mit Planarantennen. Diese auf einer Leiterkarte (z.B.: Teflon) geätzte Antennenstruktur ist sehr klein, leicht und preisgünstig. Je nach Übertragungsfrequenz sind diese Art Antennen an Häusern und Gebäuden unauffällig zu montieren.

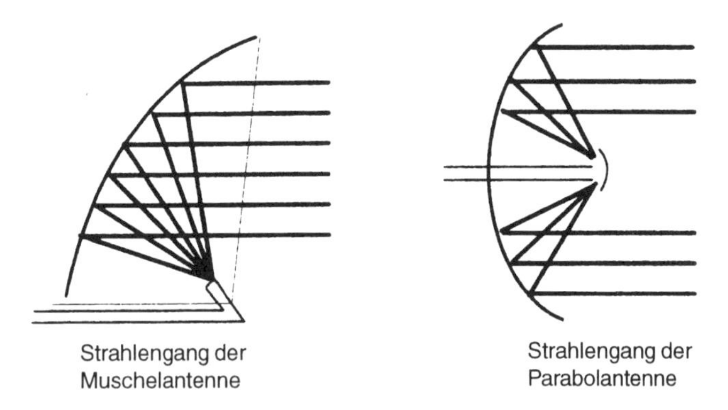

Bild 5.10: Strahlengang der Richtfunkantenne

5.2.8 Ersatzschalttechniken

Ersatzschaltung sichern den Datenverkehr auf einer Richtfunklinie (mehre Funkfelder hintereinander) oder eines einzelnen Funkfeldes. Je nach Einsatzfall werden neben Linienersatzverfahren einfache Heißreserveschaltungen ausgeführt. Bei Einsatz von Linienersatz stehen, je nach Typ, eine oder zwei zusätzliche Kanalfrequenzen zur Übertragung von Ersatzkanälen zur Verfügung. Diese werden bei Störung eines (des) Betriebskanals als Redundanz benutzt. Zwei Typen von Lienienersatzschaltung sind zu unterscheiden. Steht für einen Betriebskanal mit der Frequenz f1 ein Ersatzkanal mit der Frequenz f2 zur Verfügung, so kann in Verbindung mit einem Basisbandschalter auf der Empfangsseite

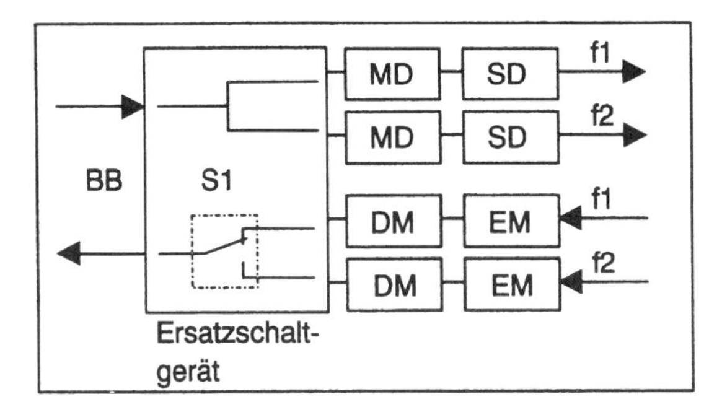

Bild 5.11: 1+1 Frequenzdiversity

eine 1+1 Frequenz-Diversity durchgeführt werden (siehe Bild 5.11). 1+1 Ersatzschaltgeräte für den Betrieb im Frequenz-Diversity synchronisieren mittels elastischer Speicher die zwei Datenströme auf der Empfangsseite, so daß bei auftretenden Bitfehler im Betriebskanal noch auf den Ersatzkanal umgeschaltet werden kann und dabei keine Bitfehler im Basisband nach dem Schalter auftreten. Eingesetzt wird dieses Verfahren auf schwierigen Funkfeldern mit stark dispersiven Verhalten. Eine zweite Möglichkeit besteht darin mehrere (n) Betriebskanäle mit mehreren (m, üblicherweise m = 1,2) Ersatzkanälen zu schützen (Bild 5.12). Die n+m Ersatzschaltung ist auf eine sehr frühe Erkennung von Störungen (early warning) auf dem Funkfeld angewiesen, da vor der Ersatzschaltung der Empfangsseite zuerst die Sendeseite des Betriebskanals mit der des Ersatzkanals parallel geschaltet werden muß. Geschieht dies nicht rechtzeitig, so kann Betriebs- und Ersatzkanal nicht mehr rechtzeitig synchronisiert werden und auftretende Bitfehler im Betriebskanal führen auch nach dem Schutzschaltgerät zu Fehlern. Daraus ist auch ersichtlich, daß die Umschaltzeit von n+m Ersatzschaltgeräten zu einem Großteil von der Synchronisationsdauer der Richtfunkanlagen abhängt. Sogenannte „early warning"-Kriterien werden aus der FEC des Demodulators ge-

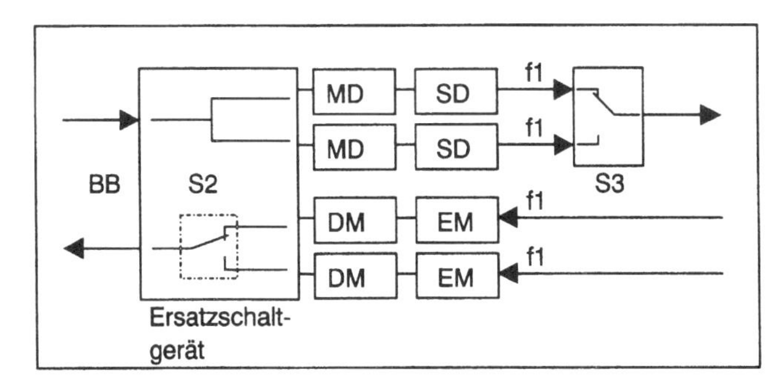

Bild 5.12: 1+1 Heißreserve

wonnen. Eine Möglichkeit die Richtfunk-Übertragungssysteme vor Geräteausfällen zu schützen, bietet eine 1+1 Heißreserveersatzschaltung nach Bild 5.13. Diese ist dadurch charakterisiert, daß der Ersatzsender bzw. -empfänger auf der selben Frequenz f1 arbeiten wie die Betriebsgeräte. Bei Ausfall eines Gerätes wird einfach auf die Redundanz umgeschaltet. Dieses Verfahren erzeugt durch den harten Umschaltvorgang einen kurzen Synchronverlust in der Datenleitung. Angewendet wird die 1+1 Heißreserveersatzschaltung bei Kurzstreckenrichtfunksystemen und Weitverkehrssytemen vor allem aus frequenzökonomischer Sicht.

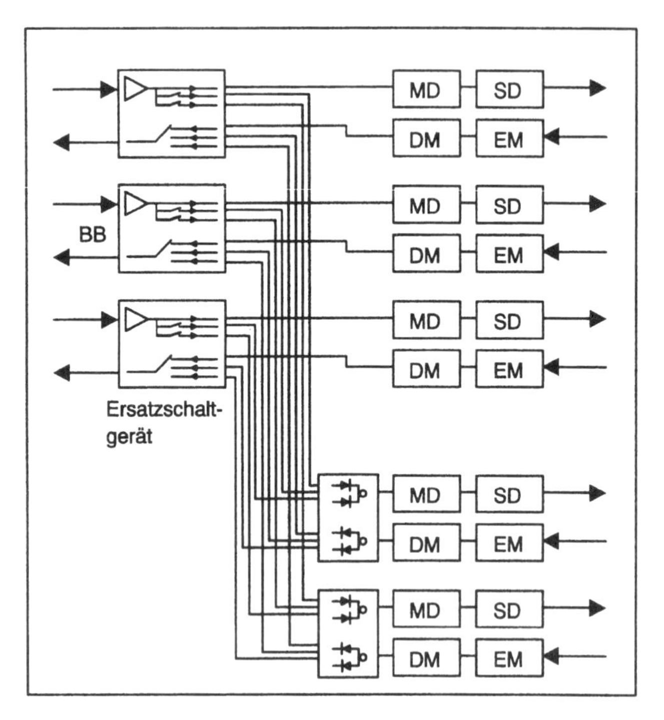

Bild 5.13: 3+2 Ersatzschaltung

5.2.9 Richtfunkspezifische Daten

5.2.9.1 Begriffsklärung

Als richtfunkspezifisch werden Daten bezeichnet, die ausschließlich der Steuerung und Überwachung von Richtfunksystemen dienen. Transportiert werden diese in einem den Nutzdaten aufgesetzten Überrahmen. In SDH-Systemen besteht zusätzlich die Möglichkeit diese in medienspezifischen Byte zu übertragen. Letztere sindTeil des Regenerator Section Overheads des STM-1-Rahmens. Die wichtigsten richtfunkspezifischen Daten sind die ATPC (Automatic Transmit Power Control), die Funkkanalkennung und die Leitungsfehlerimpulse.

5.2.9.2 Funkkanalkennung

Die Funkkanalkennung kennzeichnet mit drei oder vier Bit pro Rahmen den digitalen Datenstrom so, daß auf der Empfangsstelle dieser eindeutig identifiziert werden kann. In Funknetzen werden oft gleiche Radiofrequenzen vergeben. Aus diesem Grund kann es, je nach Ausbreitungsbedingungen, zu Einkopplungen fremder Signale kommen. Der Analogteil des Funkgeräts kann hier nicht differenzieren. Deshalb muß der Datenstrom eine auf digitaler Ebene ausgewertete Kennung besitzen. Das beschriebene Prinzip kommt standardgemäß in Systemen mit XPE (Kreuzpolarisationsentzerrer) zur Anwendung. Hier werden, wie in Abschnitt 5.2.1 beschrieben, immer zwei Signale der selben Radiofrequenz auf einer Übertragungsstrecke verwendet.

5.2.9.3 Leitungsfehlerimpulse

Fehlerimpulse werden in digitalen Richtfunksystemen für die Berechnung von Qualitätsparametern und zur Richtfunkersatzschaltung verwendet. Die Impulse werden aus der FEC der Demodulatoren generiert. Dabei sind Fehlerimpulse und Korrekturimpulse zu unterscheiden. Fehlerimpulse zeigen die Anzahl der nichtkorrigierbaren Fehler an. Korrekturimpulse werden schon dann erzeugt, wenn die FEC der Demodulatoren Bitfehler korrigiert und somit noch gar keine Bitfehler im Basisband zu messen sind. Letztere nennt man deshalb auch „early warning“ Kriterien. Um auch Ersatzschaltungen über mehrere Funkfelder zu gewährleisten, muß für den Transport dieser Informationen zusätzliche Bit zur Verfügung stehen.
In SDH-Systemen werden diese Fehlerimpulse nicht mehr zur Berechnung der Qualitätsdaten herangezogen. Sie sind durch die Berechnung von Blockfehlern aus den „Bit Interleaved Parity“ Byte des STM-N-Signals ersetzt (vgl. Kapitel 3.3.1).

5.2.9.4 RPS-Kanal

Die SDH-Richtfunkersatzschalttechnik dient nicht zur Umschaltung auf Pfade verschiedener Richtungen, sondern schaltet immer auf Parallelwege. Aus diesem Grund werden auch nicht die in der SDH üblichen APS (Automatic Prtotection Switching) Byte K1 und K2 für die Ersatzschaltprotokolle verwendet. Der Richtfunk bedient sich hier der medienspezifischen Byte im RSOH. Zur Überwachung und Steuerung der Richtfunkersatzschalttechnik dient also ein Protokoll, das völlig unabhängig von anderen Systemen über einen RPS- (Radio Protection Switching) Kanal, übertragen wird.

5.2.9.5 2 Mbit/s Wayside-Traffic

Erläuterung

Als „Wayside-Traffic“ werden Datenkanäle bezeichnet, die neben den eigentlichen Nutzdaten zusätzliche Transportkapazität bieten. In der SDH-Technik können 2 Mbit/s „Wayside-Traffic“- Kanäle unabhängig von den eingemappten 2 Mbit/s Datenströmen genutzt werden. Dies ermöglicht dem Netzbetreiber zusätzliche Kapazität an dem eigentlichen SDH-Netz vorbei zu nutzen. Eine Anwendung besteht darin, 2 Mbit/s-Datenkanäle an SDH-Regeneratoren anzubinden und bis zum nächsten SDH-Netzknoten zu transportieren. Dies erspart dem Betreiber den Einsatz eines zusätzlichen Add/Drop-Multiplexers. Eine andere Anwendung bietet der Betrieb einer Nebenstellenanlage auf dem Streckennetz über den „Wayside-Traffic“- Kanal.

Transport

Der Transport der zusätzlichen Kapazität von 2.048 Mbit/s setzt entsprechenden Platz voraus. Für ein SDH-Richtfunksystem gibt es einerseits die Möglichkeit den Wayside-Traffic im RFCOH, andererseits diesen bei STM-1- und STM-4- Systemen im SOH zu übertragen. Doch Vorsicht, eine Übertragung im SOH des STM-1-Signals benutzt Bytes im MSOH, die ein STM-1-Regenerator normalerweise nicht verändern darf. Der Grund liegt in der damit verbundenen Änderung der B2-Information. STM-4-Signale hingegen übertragen viele „Unused Byte“ im RSOH deren Nutzung (noch) nicht definiert ist. Hier ist die Übertragung eines 2 Mbit/s-“Wayside-Traffics“ kein Problem.

Technik

Ein SDH-System überträgt genau 8000 Rahmen pro Sekunde. Wird ein 2.048 Mbit/s- Datenstrom innerhalb der SDH-Rahmen übertragen, benötigt man dazu 32 Byte pro Rahmen. Da aber in der Regel ein PDH-Signal im „Wayside-Traffic“-Kanal übertragen wird, mussen für die Taktanpassung zusätzliche Stopfbits vorgesehen werden. Bei 2 Mbit/s-Signalen wird mit einer maximalen Taktabweichung von $\pm$ 50 ppm gerechnet. Die Praxis geht somit von insgesamt 33 byte pro Rahmen zur Übertragung aus.

5.3 Richtfunk in SDH Netzen

5.3.1 STM-0

5.3.1.1 Einleitung

STM-0-Systeme mit einer Bitrate von 51,84 Mbit/s werden mittelfristig den Bereich unterhalb der STM-1-Netzebene abdecken. Dieser ist bisher PDH Schmalband-Richtfunkanlagen mit z.B. 34 Mbit/s-Übertragungskapazität vorbehalten. Die

Intension diese PDH-Systeme gegen SDH-Anlagen zu ersetzen, liegt in den vielen Vorteilen der SDH-Übertragung begründet. 34 Mbit/s ist eine PDH-Bitrate, die entsprechend der PDH-Multiplexhirarchie 16 x 2 Mbit/s Signale enthalten kann. Auf diese E1-Daten innerhalb der 34 Mbit/s-Datenstruktur kann deshalb auch nicht von einem SDH-Cross-Connect - oder Add/Drop-Multiplexer zugegriffen werden. Selbst wenn ein „einmappen" der 34 Mbit/s in ein STM-N Signal erfolgt, sind die E1-Kanäle für das SDH-System nicht gegenwärtig. Daraus folgt die Notwendigkeit, PDH-Signale zuerst auf E1-Ebene herunterzubrechen um diese dann mit einem SDH-Multiplexer in das SDH-Netz einzuspeisen. Vollständig vermieden wird dieses umständliche Vorgehen durch den Einsatz von STM-0-Systemen.

5.3.1.2 Multiplexvorgang

Der Übergang von STM-1-Signalen in die STM-0 Ebene erfolgt über die SDH-Multiplexspinne (vgl. Bild 3.11). Das STM-1-Signal wird in drei unabhängige STM-0-Signale aufgesplittet, welche die „Payload" des STM-1 Signals beinhaltet. Das STM-1-Signal ist in Europa üblicherweise AU-4 strukturiert und enthält innerhalb der drei TUG-3 je sieben TUG-2 mit wiederum je drei VC12 Signalen. Über diesen Weg gelangen je sieben TUG-2 in einen VC3. Dieser wird über den AU-3 Pointer dem STM-0 Rahmen zugeordnet. Somit transportiert ein STM-0-Signal 21 x 2 Mbit/s. Diese Tatsache ermöglicht ein flexibles Vorgehen in der Verteilung der 63 x 2 Mbit/s-Signale eines STM-1 Rahmens. Bild 5.14 zeigt den SDH-Multiplexvorgang von STM-1 nach STM-0.

5.3.1.3 STM-0-Richtfunksysteme

STM-0-Systeme sind von ihrer Transportkapazität her für den Access-Bereich bestimmt. Sie kommen in dieser Netzebene als Zubringer zu GSM- oder Multipoint-Basisstationen in Frage. Da die zu überbrückenden Entfernungen sich in einem Radius von 3-25 km bewegen, ist ein Kurzstreckenrichtfunksystem ausreichend. Hier stehen die Frequenzbänder in den Bereichen 15 GHz, 18,7 GHz, 23 GHz und 26 GHz zur Verfügung. Dabei beträgt die zur Übertragung eines RF-Kanals gemäß ETSI zulässige Bandbreite oberhalb 18 GHz 28 MHz, unterhalb 18 GHz sind 14 MHz zulässig. Diese Vorgaben bestimmen letzendlich die Modulationsart des STM-0-Richtfunksystems. Ist für den Bereich oberhalb 18 GHz z.B. ein 16 QAM-Verfahren ausreichend, müssen unterhalb diesen Frequenzbereichs schon mindestens 32 QAM-Verfahren zur Anwendung kommen.
Da im STM-0 „Section-Overhead" keine medienspezifischen- oder ungenutzten Byte vorhanden sind, erfolgt der Transport der richtfunkspezifischen Daten in einem sogenannten Richtfunküberrahmen. (RFCOH = Radio Frame Complenmentary Overhead). Dieser dient in der Regel auch zur Übertragung eines weiteren 2 Mbit/s-Kanals als „Wayside-Traffic". In Bild 5.15 ist der SOH eines STM-0-Signals dargestellt.

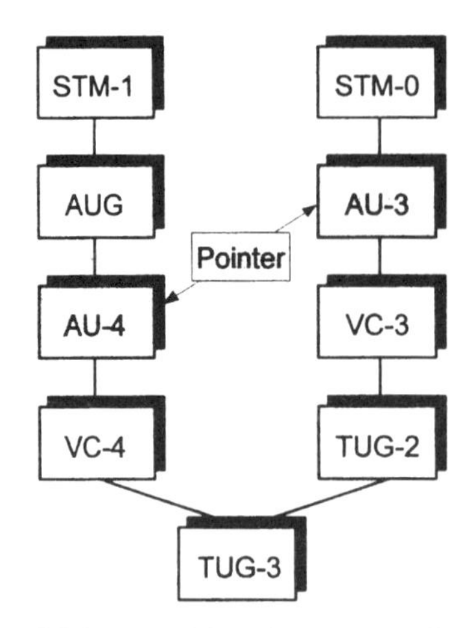

Bild 5.14: Multiplexvorgang STM-0 - STM-1

A1	A2	J0
B1	E1	F1
D1	D2	D3
H1	H2	H3
B2	K1	K2
D4	D5	D6
D7	D8	D9
D10	D11	D12
S1	M1	E2

A1,A2 : Rahmensynchronwort
J0 : Section Trace
B1 : BIP-8
E1, F1 : Sprach- und Datenkanäle
D1..D3 : DCC
H1..H3 : AU-3 Pointer
B2 : BIP-8
K1, K2 : APS - Byte
D4..D12 : DCC
S1 : Timing Marker
M1 : MS-REI
E2 : Sprachkanal

Bild 5.15: STM-0 SOH

5.3.1.4 STM-0-Netzanwendungen

Die Möglichkeit das SDH-Netz in den Access-Bereich auszuweiten, bietet jeder STM-N-Multiplexer (N = 1, 4, 16,.) über eine STM-1 Tributary Schnittstelle. Das STM-0-System verfügt über die notwendigen Multiplexverfahren um die Konvertierung des AU-3 oder AU-4 strukturierten STM-1-Signals in drei STM-0-Signale vorzunehmen (SNT = STM-1 Network Termination). Innerhalb der STM-0-Netzebene stehen alle Möglichkeiten eines SDH-Netzes zur Verfügung. Über Add/Drop Multiplexer (ADP = Add/Drop Point) werden z.B. bis zu 42 x 2 Mbit/s Kanäle

„ein- und ausgemapped". Im Richtfunksystem integrierte Terminal Multiplexer (TP = Terminal Point) bieten den Zugriff auf bis zu 21 x 2 Mbit/s. Die Möglichkeit auch 34 Mbit/s als Payload zu übertragen ist zwar gegeben aber aufgrund des hohen Anteils an Stopfinformation für Richtfunksysteme nicht sehr frequenzökonomisch. Hier wird für zukünftige Anwendungen die effizientere Payload von 45 Mbit/s erwogen. Bild 5.16 gibt einen Eindruck über die flexiblen Einsatzmöglichkeiten von STM-0-Richtfunksystemen im SDH-Netz.

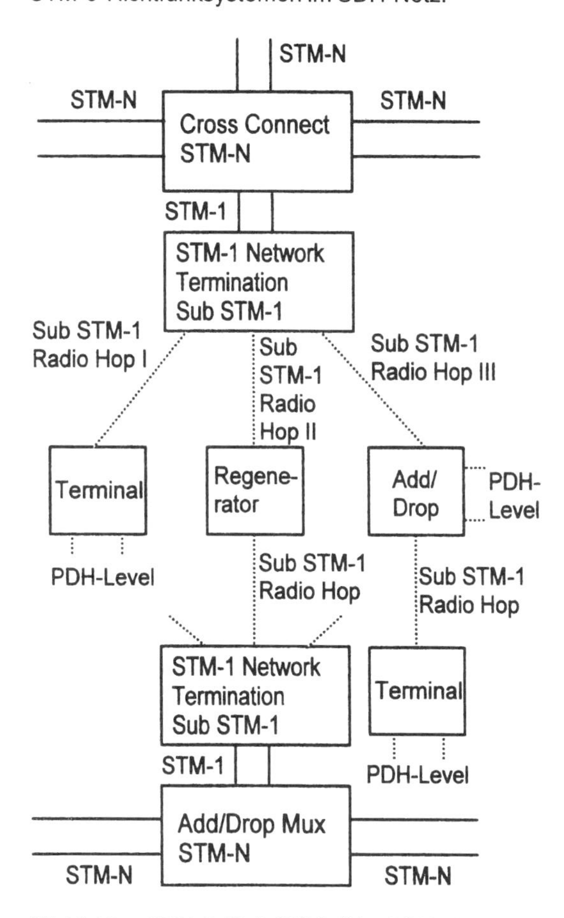

Bild 5.16: STM-0 (Sub STM-1) im SDH-Netz

5.3.2 STM-1

5.3.2.1 Einleitung

STM-1-Richtfunksysteme haben sich im SDH-Netz seit Jahren etabliert. Sie bilden ein wichtiges Übertragungsmedium innerhalb des Netzverbundes. Sie stellen eigene Netzelemente dar, auch wenn sie in der Regel nur die Funktion eines Regenerators im Sinne SDH erfüllen. Auch in diesem Bereich wurden durch die europäischen - und internationalen Normungsgremien ETSI und ITU-R neue richtfunkspezifische Verfahren entwickelt, welche die Nutzung von SDH-Richtfunksystemen noch effizienter und somit wirtschaftlicher machen. Hierzu zählen Funktionsblöcke wie RSPI (Radio Synchronous Physical Interface, ROHA (Radio Overhead Access) oder RPS (Radio Protection Switching). Diese zusätzlich zu den SDH Funktionen entwickelten Blöcke ermöglichen eine Transparenz bezüglich richtfunkspezifischer Funktionen gegenüber dem TMN.

5.3.2.2 SDH-Regenerator

Takt und Synchronisation

Grundsätzlich arbeitet natürlich auch ein SDH-Richtfunksystem als Regenerator mit dem Synchrontakt des SDH-Netzes. Dieser wird aber immer vom ankommenden Datenstrom abgeleitet und zur Sendeseite durchgereicht. Der SDH-Regenerator kann und braucht nicht von einem externen Takt versorgt werden. Bild 5.17 zeigt wie die Takttransparenz eines SDH-Regenerators hergestellt wird. Fällt das ankommende Datensignal aus, muß der Regenerator das abgehende AIS-Signal mit einer Taktgenauigkeit von ± 20 ppm senden. Diese liegt vereinbarungsgemäß nach ITU-T G.703 innerhalb der zulässigen Toleranz für SDH-Schnittstellen.

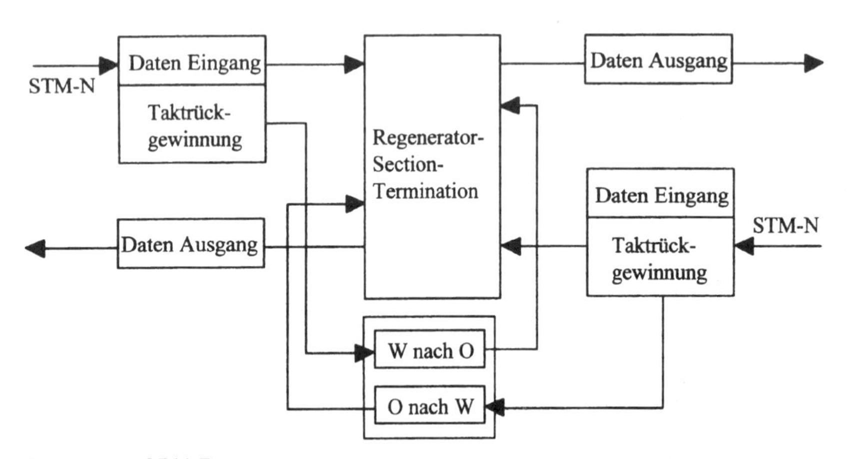

Bild 5.17: SDH-Regenerator

Section Overhead

Für den Betrieb des SDH-Regenerators sind die ersten 3 Zeilen des SOH, der „Regenerator-Section-Overhead“, reserviert. Der Section Overhead ist je nach STM-N-Grad unterschiedlich groß. Einige Byte sind aber davon unabhängig definiert. Hierzu zählen das Rahmensynchronwort (A1, A2), die „Section Trace“ (J0), das „Bit interleaved Parity Byte“ (B1), die Sprach- und Datenkanäle E1, F1 und der „Data Communication Channel“ (DCC_R). Medienspezifische Byte sind bisher nur im STM-1 „Regenerator Section Overhead“ seitens ITU-T definiert. Alle restlichen Byte sind sogenannte „Unused- oder National Byte“, deren Nutzung zwar nicht verboten ist, aber deren Verwendung durch ITU-T bzw. nationalen Gremien nichts im Wege steht.

Der SDH-Richtfunk-Regenerator verwendet den RSOH gemäß den einschlägigen Bestimmungen. In der Regel werden die medienspezifischen Byte zum Transport richtfunkinterner Daten benutzt. Die „Unused- und National Byte“ dienen zur zusätzlichen Übertragung von 64 kbit/s Dienstkanälen. Letztere können im Gegensatz zu den Dienstkanälen E1 und F1 als „echte“ kodirektionalen Schnittstellen ausgeführt werden, da einige Bit zum Stopfen und somit zum Ausgleich der unterschiedlichen Takte verwendet werden. E1 und F1 sind gemäß ITU-T zwar ebenfalls als kodirektionale Schnittstellen ausgeführt, müssen aber mit einer Oktettslip-Kompensation versehen sein. Diese gewährleistet den Erhalt der Rahmensynchronisation trotz ungleicher Takte der Quelle und der Senke. Praktisch werden hier je nach Taktabweichung 8 Bit weggeworfen oder einfach wiederholt. Eine Sprachübertragung wird hiervon nicht beeinflußt, da ein fehlender oder doppelter Quantisierungswert für digitalisierte Sprache ohne Bedeutung ist. Eine Datenübertragung muß ein geschütztes Protokoll verwenden, da die Oktettslip-Kompensation hier zu Fehlern führt. Die Häufigkeit der Byte-Slips hängt von der Abweichung des eingespeisten Taktes zum SDH Takt ab. Der $DCC_{R,}$ besteht aus den Byte D1 bis D3 und bildet einen 192 kbit/s-Übertragungskanal. Dieser kann auf Regeneratorabschnitten des SDH-Netzes zur Übertragung der Netzmanagement-Funktion dienen. Die Praxis geht aber momentan davon aus, daß ein nicht voll Q3 konformes Protokoll im DCC_R bzw. DCC_M übertragen wird. Dies macht die gemeinsame Nutzung der DCC durch Produkte unterschiedlicher Hersteller leider bisher nur schwer möglich.

5.3.3. STM-4

5.3.3.1 Einleitung

Die Transportebenen sowie Ringstrukturen werden heute in SDH Netzen häufig mit Bitraten von 622 Mbit/s (STM-4) oder höher realisiert. Daß heißt die Einsatzfälle von STM-1 Übertragungseinrichtungen werden sich mittelfristig verringern. Bisher wurden STM-4 Übertragungswege ausschließlich mit Glasfaserkabel bedient. Die zur Übertragung benötigte Bandbreite schränkt die Realisierung mit Richtfunksystemen ein. Eine Möglichkeit wie dennoch ein STM-4 Signal über Richtfunk übertragen werden kann, zeigen die nachfolgenden Kapitel auf.

5.3.3.2 Technischer Hintergrund

Prinzipiell können zwei Verfahren diskutiert werden um ein STM-4 Signal über Richtfunk zu übertragen. Entweder wird das Modulationsverfahren erhöht, und/ oder das STM-4 Signal wird in Teilsegmente gesplittet. Eine Erhöhung des Modulationsverfahrens von 64 QAM (128 QAM) auf 512 QAM hat zwar eine Reduktion der Bandbreite zur Folge, ermöglicht aber noch nicht die Übertragung des STM-4 Signals mittels eines Trägers. Das STM-4 Signal muß auch hier in zwei Teilsignale mit 311 Mbit/s + Richtfunkzusatzdaten aufgesplittet werden. Jedes dieser Teilsignale belegt einen 40 MHz Kanal im RF-Frequenzraster. Verknüpft man beide Signale mit einem XPE (Kreuzpolarisationsentzerrer), so ermöglicht dieses Verfahren die Übertragung des STM-4 Signals innerhalb eine einzigen 40 MHz Kanals unter Belegung beider Polarisationen. Nachteile dieser Realisierung bestehen darin, daß nur einige Frequenzraster nutzbar sind.
Weitaus flexibler gestaltet sich die Variante mit vier STM-1 Teilsignalen unter Verwendung beliebiger STM-1 Richtfunksysteme. Hier wird das STM-4 Signal in seine vier STM-1 ähnlichen Rahmen zerlegt. Die Übertragung erfolgt mittels konventioneller STM-1 Richtfunkanlagen. Auf der Empfangsseite werden die vier Einzelsignale wieder zu einem STM-4 Signal zusammengeführt. Diese Möglichkeit sieht im ersten Moment sehr trivial aus, ist sie doch prinzipiell durch einen einfachen Multiplexer STM-4 nach STM-1 zu realisieren. Denkt man aber an die Integration solcher Systeme in STM-4-Ringstrukturen und STM-4 Übertragungsnetze ist eine Lösung mit Multiplexern völlig ausgeschlossen. Hier muß unbedingt die Bedingung eines SDH Regenerators erfüllt werden. Der Grund liegt in der Tatsache, daß zwischen zwei SDH Netzknoten eine „Multiplex-Section“ besteht (MS). Diese darf durch Übertragungseinrichtungen nur in Regeneratorabschnitte unterteilt werden. Aus dieser Konsequenz heraus ist die Veränderung des „Multiplex Section Overhead“ oder der Pointerzeile verboten. Die Lösung einen STM-4 Richtfunk-Regenerator zu realisieren, bedarf also noch einiger Überlegungen, die im Folgenden besprochen werden. Bild 5.18 stellt das einzuhaltende Regeneratorprinzip dar.

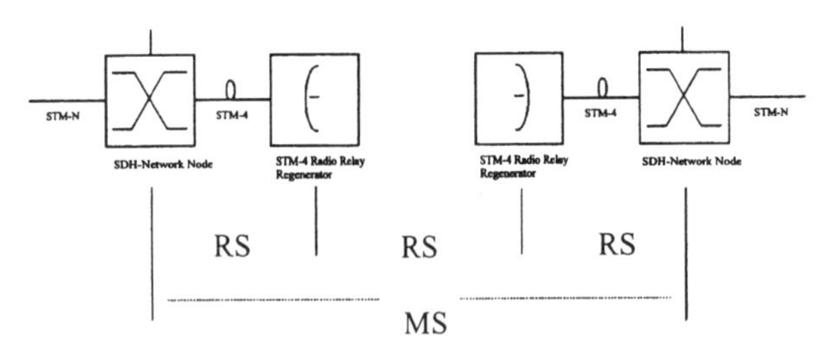

Bild 5.18: Regenerator-Prinzip im SDH-Netz

5.3.3.3 STM-4 Richtfunk-Regenerator (Bosch Telecom)

Einführung

Die Übertragungseinrichtung DPU STM-4 (Data Processing Unit) ist ein System, das ausschließlich Datenprozesse in der SDH Ebene durchführt. Es wird konventionellen STM-1 Richtfunksystemen vorgeschaltet und befähigt diese dann, ein STM-4 Signal als Regenerator im Sinne SDH zu übertragen. In der Konsequenz ermöglicht die DPU STM-4 die Migration von STM-1-Richtfunknetzen hin zu STM-4.

Systemdarstellung

Die DPU STM-4 bedient sich konventioneller STM-1-Richtfunksysteme zur Übertragung von STM-4 Signalen. Einzige Bedingung ist die Regeneratorbetriebsart dieser auf STM-1-Ebene. Ist ein vollbesetzter STM-4-Datenstrom zu übertragen, werden mindestens vier STM-1-Systeme benötigt. Diese werden über CMI-Schnittstellen mit der DPU STM-4 verbunden. das STM-4 Übertragungsprinzip wird in Bild 5.19 dargestellt. Um die Übertragungsqualität auf kritischen Funkfeldern zu erhöhen, können die vier STM-1-Datenströme über ein 4+1(2) Ersatzschaltsystem geschützt werden. Dieses arbeitet wie in Abschnitt 5.2.8 beschrieben und benötigt aus diesem Grund die „early warning" Kriterien aus den Demodulatoren.

Daten Schnittstellen

Die DPU STM-4 arbeitet mit genormten Leitungsschnittstellen um die Zusammenschaltung mit konventionellen STM-4 - und STM-1-Systemen zu ermöglichen. STM-4-seitig werden optische Schnittstellen gemäß ITU-T G.957 unterstützt. Auf der

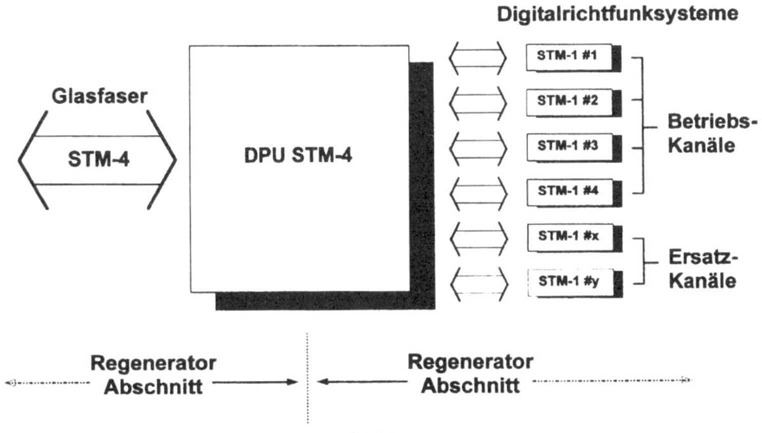

Bild 5.19: Data Processing Unit STM-4

STM-1-Seite stehen CMI codierte elektrische Schnittstellen gemäß ITU-T G.703 zur Verfügung.

Service Kanal Schnittstellen

Die DPU STM-4 stellt alle notwendigen Schnittstellen eines SDH-Regenerators zur Verfügung. Hierunter fallen die Sprach- und Datenkanäle F1 und E1 des Regenerator Sectionoverhead und den Data Communication Channel (DCC). Der Zugriff auf die Performance Daten aus B1 (BIP-8) und die Section Trace J0 werden unterstützt. Bild 5.20 gibt einen Überblick der logischen- und physikalischen Schnittstelen der DPU STM-4.

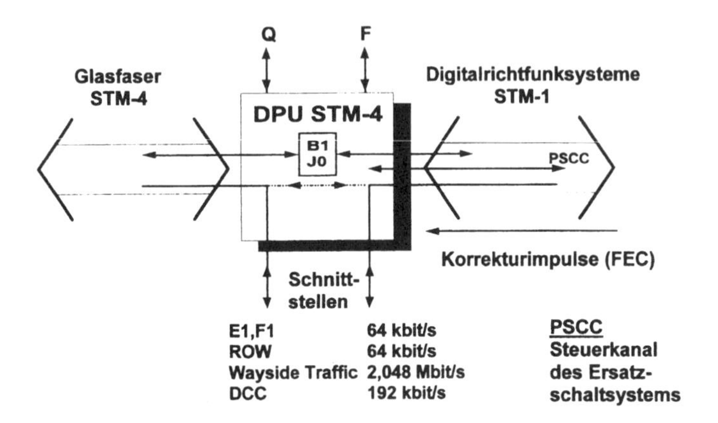

Bild 5.20: Schnittstellen an der DPU STM-4

Teilbesetzte STM-4 Signale

Um die Migration von bisherigen STM-1-Verbindungen zu STM-4 möglichst wirtschaftlich zu gestalten, ist die Übertragung teilbesetzter STM-4-Datenströme mittels der benötigten STM-1-Richtfunksysteme möglich. Ein teilbesetzter STM-4-Datenstrom mit nur einem besetzten VC-4 wird beispielsweise nur mit einem STM-1-Richtfunksystem übertragen. Die restlichen Container werden mit einem „Unequipped Signal“ gefüllt. Dieses löst, im Gegensatz zu einem alternativen MS-AIS, keine zwingende Reaktion des empfangsseitigen Netzknotens aus. Allerdings ist zu berücksichtigen, daß kein physikalischer Übertragungsweg für diese Signale zur Verfügung steht. Bild 5.21 zeigt das Übertragungsprinzip eines teilbesetzten STM-4-Datenstroms.

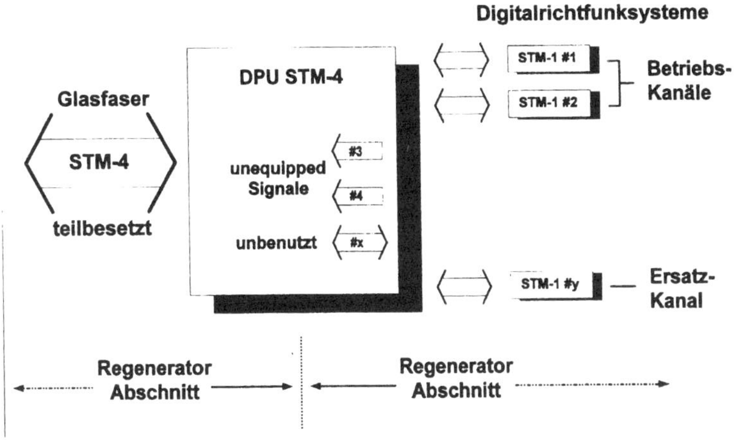

Bild 5.21: Übertragung eines teilbesetzten STM-4 Signals

5.4 Point-to-Multipoint-Systeme

5.4.1 Einführung

Bisher wurden nur Point-to-Point-Systeme besprochen, die ihrem Prinzip nach genau eine Empfangsstelle einer Sendestelle zuordnen. Dieses Verfahren hat in Ring- und Transportnetzen einen sinnvollen undf festen Platz. Allerdings stellt sich die Frage wie kann ein Funksystem sich in der „last mile“ etablieren. Dieser stark umkämpfte „Access-Bereich“ der Übertragungsnetze gewinnt durch „Point-to-Multipoint“- Systeme für den Netzanbieter stark an Attraktivität. Gerade neue Netzbetreiber auf dem legitimierten Telekommunikationsmärkten haben hier eine realistische Möglichkeit den Etablierten echte Konkurrenz zu bieten. Durch schnelle Verfügbarkeit und flexible Handhabung bieten diese Funksysteme eine Alternative zu Kabelnetzen.
Das Hauptanwendungsgebiet von Point-to-Multipoint-Systemen sind öffentliche - und private Netze. Das Netzwerk mit P-MP Systemen wird „multi cellular“ strukturiert, so daß städtische und ländliche Gebiete abgedeckt werden können. Dem Anwender werden verschiedene Benutzer-Schnittstellen, von der 2-Draht-Verbindung über ISDN bis hin zum Mehrfachen der Primärbitrate angeboten. Der Teilnehmer wird mit standardisierten Schnittstellen transparent an Vermittlungsstellen bzw. Netzknoten angebunden. Die Anzahl der Teilnehmer einer Basisstation reicht dabei von einigen wenigen bis hin zu einigen tausend. P-MP Systeme werden in Pre-Assigned (PAMA) oder Demand Assigned Multiple Access Systems (DAMA) konfiguriert.

Typische Parameter eines P-MP Systems sind die effiziente Nutzung des Frequenzspektrums, die Konzentration auf eine Basisstation und die Datentransparenz.
Mit Konzentration wird vor allem die Nutzung von n Kanälen durch m Teilnehmer gemeint. Wobei die Anzahl m der Teilnehmer größer ist als die der verfügbaren Kanäle n. Der „Multiple Access" ermöglicht innerhalb des Systems jeden Teilnehmer auf jeden verfügbaren Kanal zu legen. In der Praxis bedeutet dies, daß bei einem Anruf ein Kanal belegt wird, der nach Beendigung der Verbindung wieder zur Benutzung durch andere Teilnehmer freigegeben wird. Diese Funktionen des P-MP-Funksystems benötigt eine intelligente Steuerung in der auch Qualitäts - und Wartungsbeurteilungen durchgeführt werden. Die Transparenz der Übertragung läßt den Teilnehmer nichts von der Verbindung über ein Funksystem merken

5.4.2 Prinzip

System Architektur

In Bild 5.22 ist die generelle System-Architektur eines P-MP-Systems dargestellt. Die Basisstation (CS = Cenral Station) kann in zwei Einheiten, der Basiseinheit (CCS = Central Controller Station) und der Funkeinheit (CRS = Central Radio Station) aufgeteilt sein. Die CCS stellt die Schnittstelle zum Netzknoten und die CRS die Funkschnittstelle zu den Terminals (TS = Terminal Station) zur Verfügung.

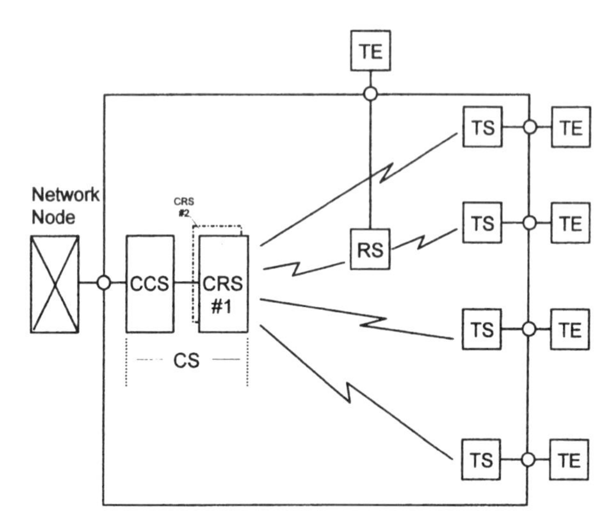

Bild 5.22: P-MP System Architektur

Erfolgt die Aufteilung des Funkbereichs in verschiedene Sektoren, ist jede Sendeempfangskombination in der CRS mit einer eigenen Antenne verbunden. Die TS bindet das Teilnehmergerät an die Basisstation an. RS (RS = Repeater Station) können selbst TE (TE = Teilnehmerendstellen) versorgen und gleichzeitig mehrere TS anbinden. Generell können mehrere TE an eine TS angeschlossen sein.

Verfahren

Für die P-MP-Übertragungstechnik kommen im wesentlichen drei Verfahren zur Anwendung. Je nach Applikation wird die Kanalorganisation mit „Frequency Division Multiple Acces Methods (FDMA), Code Division Multiple Access Methods (CDMA) oder Time Division Multiple Access Methods (TDMA) realisiert.
Die hohe Flexibilität der P-MP-Verfahren ermöglichen unter anderem Prozesse wie „Automatic Transmit Power Control" (ATPC), „Remote Transmit Power Control" (RTPC) oder Remote Frequency Control" (RFC).

TDMA System

TDMA-Systeme basieren alle auf einem ähnlichen Prinzip, welches auf einer 2 Mbit/s-PCM-Struktur aufbaut. Ergänzend werden Zusatzdaten, wie bei Point-to Point-Systemen auch, zur internen Überwachung und Steuerung der Verbindungen übertragen.
Das TDMA P-MP-System arbeitet in „Downlink"-Richtung im TDM-Betrieb und in „Uplink"-Richtung mit dem TDMA-Prinzip. Praktisch bedeutet dies, daß die CS ständig die vollständige Datenstruktur (PCM-Rahmen + Zusatzdaten) sendet. Die TS greifen auf den zugeordneten Zeitschlitz empfangsseitig zu. In Senderichtung arbeiten die TS in einem „Burst"-Betrieb. Das „Timing" des „Burst" ist so eingestellt, daß es in Synchronisation mit dem „Downlink"-Rahmen ist.

DS-CDMA-System

In einem CDMA-System werden die Daten eines jeden Teilnehmers verschieden kodiert, so daß empfangsseitig eine Unterscheidung stattfinden kann. Die Übertragungskapazität des CDMA-Systems hängt von der Anzahl der Teilnehmer und deren Nutzbitraten, der verfügbaren RF-Bandbreite und letzlich von der gewünschten Qualität der Übertragung ab.
Das „Downlink"-Signal der CS wird aus den aufsummierten kodierten Nutzdaten und einem Pilotsignal gebildet. Die TS empfängt das Signal und dekodiert es mit dem selektiven Code um an seine Information zu gelangen. Die „Uplink"-Verbindung arbeitet von jeder TS aus mit dem gleichen Spektrum, wobei auf Synchronisation nicht geachtet werden muß. Die empfangenen Signale werden in der CS durch Korrelationsprozesse voneinander unterschieden. Da jede TS mit dem gleichen Spektrum arbeitet, ist es wichtig, daß die „Uplink"-Signale die CS mit gleichem Pegel erreichen. Dieser Prozess wird durch ein „Automatic Power Control" System gewährleistet.

FDMA-System

Die grundsätzliche Funktionsweise eines FDMA-Systems basiert auf der Verteilung der Nutzdaten in verschiedenen Frequenzschlitzen. Diese bestehen aus dem modulierten Träger mit der gewünschten Datenrate (evtl. incl. FEC). Die „Downlink“-Verbindung zur TS verwendet standardisierte Frequenzraster. Die CS sendet ein „Multi-Carrier“-Signal aus, wobei die Anzahl der Träger in der Größenordnung 100 liegen kann. Der „Uplink“ zur CS benutzt in der Regel ein Signal mit gleicher Bandbreite (nicht zwingend) wie der „Downlink“. Die spektrale Entkopplung der Sende- und Empfangssignale wird durch einen großen Duplexabstand gewährleistet.
FDMA-Systeme können durch Anwendung von Modulator- und Demodulatortechnologie mit flexibler Bitrate die individuellen Bandbreitenbedürfnisse der Teilnehmer sehr flexibel erfüllen. Umschaltbare Modulationsverfahren (z.B.: QPSK (1/2), QPSK(3/4), QPSK(1), 8PSK(2/3), 16PSK(3/4)) mit unterschiedlichen FEC Redundanzen erlauben die Einstellung verschiedener Bandbreiten mit individuellen C/N Verhältnissen. Das DBA- (Dynamic Bandwidth Allocation) Verfahren ermöglicht die Anpassung der Datenrate und Nutzbandbreite in Abhängigkeit der momentanen Verkehrsauslastung des Systems.

5.5 Anforderungen an ein digitales Richtfunksystem

5.5.1 Frequenzen und Bitraten

Grundsätzlich werden digitalen Richtfunksysteme aufgrund ihrer Übertragungsfrequenz und der damit verbundenen Reichweite in Kurzstrecken- und Weitverkehrssyteme unterteilt. Innerhalb dieser Klassifizierung werden sie nochmals bezüglich ihrer Übertragungsbitrate in Systeme unterschiedlicher Kapazität gegliedert. Hier spricht man von PDH- und SDH-Schmalband- und SDH-Breitbandsytemen. In der Tabelle Bild 5.23 sind einige mögliche Kombinationen von

		Weitverkehrssysteme											Kurzstreckensysteme						
System	f/GHz / Mbit/s	2	3.9	4.7	6.2	6.8	7.4	7.5	8	8.2	11.2	13	15	18	23	26	29	38	Telefonkanäle
PDH	2	■					■			■			■	■	■	■	■	■	30
	2x2	■					■			■			■	■	■	■	■	■	60
	4x2/8	■					■			■			■	■	■	■	■	■	120
	2x8	■					■			■			■	■	■				240
	16x2/34	■					■			■			■	■	■				480
	2x34						■												630
SDH	21x2/51						■			■			■	■	■	■			960
	155/140		■	■	■			■	■			■		■	■	■			1920
	2x155		■	■		■					■								3840
	4x155		■	■		■					■								7680
	622		■	■	■	■		■	■		■	■		■	■				30720

Bild 5.23: Frequenzen und Bitraten in digitalen Richtfunk

Übertragungsfrequenz und Bitrate aufgezeigt. Die angegebenen Frequenzbänder sind nach ITU-R bezüglich ihrer Mittenfrequenz und Kanalstruktur festgelegt. Aus diesem Grund macht auch nicht jede beliebige Kombination von Frequenz und Bitrate Sinn. Die angegebenen Telefonkanäle beziehen sich auf eine Bitrate von 64 kbit/s pro Sprachkanal. In Bild 5.24 ist das Beispiel eines Kanalrasters aufgezeigt. Die RF-Kanäle sind hier alternierend kreuzpolarisiert aufgeschaltet. Das heißt, der direkte Nachbarkanal wird immer auf der anderen Polarisation betrieben. Somit ist die Selektion zwischen den beiden Frequenzspektren nicht nur durch die Kanalweichenfilter sondern auch durch die Polarisationsentkopplung bestimmt.

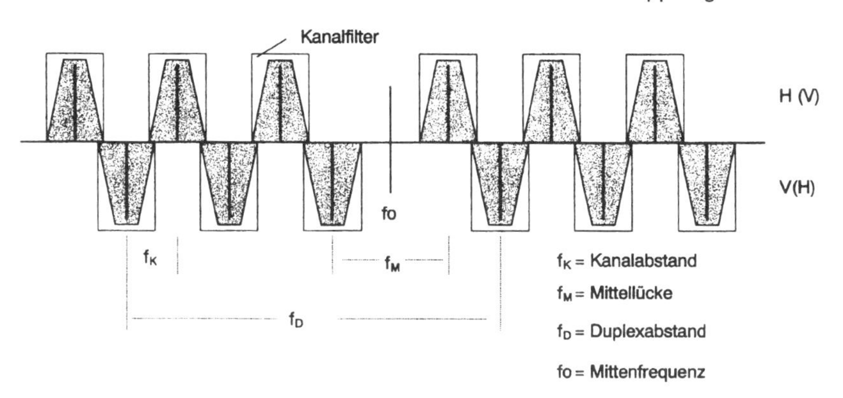

Bild 5.24: Beispiel eines Kanalrasters

5.5.2 Reichweiten

Die realisierbare Länge eines Funkfeldes hängt einerseits von Systemparametern und andererseits von Übertragungsparametern ab. Bei der Planung gehen vorgegebene Größen wie Übertragungsfrequenz und Bitrate, sowie die Systemgrößen Sendeleistung, empfangsseitige Entzerrung des Interferenzschwunds (Signaturtiefe/fläche, siehe Abschnitt 5.8.4) und der Empfangspegel an der Systemschwellen (siehe Abschnitt 5.8.2) ein. Dann ist die Wahl der Antennengrößen und des angewendeten Diversity-Verfahrens entscheidend. Betrachtet man nun noch bei Systemen oberhalb 13 GHz die Regenrate der Region (Regendämpfung), läßt sich aus den vorstehenden Werten eine Nichtverfügbarkeit pro Jahr berechnen und somit ein Funkfeld als realisierbar oder nicht einschätzen. (siehe auch Abschnitt 5.6.2).
Aus praktischer Sicht werden mit Weitverkehrs-Breitband-Richtfunksystemen (Nx155 Mbit/s, N = 1..4) Entfernungen von 30-50km ohne, und 50-80km mit Diversity realisiert. Kurzstrecken -Breitband-Richtfunksysteme werden auf Funkfeldern bis 20 km eingesetzt. Mit Schmalband-Weitverkehrssystemen werden Funkfelder bis 70km ohne Diversity aufgebaut. Bei Schmalband-Kurzstrecken-

richtfunksystemen gilt pauschal, daß die realisierbare Funkfeldlänge mit steigender Frequenz und Bitrate abnimmt. Als praktische Werte können hier Längen zwischen 3km und 35 km pro Funkfeld angegeben werden.

5.6 Übertragungstechnische Aspekte

5.6.1 Funkfeld

[6] Die Sichtweite zwischen zwei Richtfunkstationen ist durch den optischen Horizont begrenzt. Mikrowellen werden aber so in den Luftschichten gebrochen, daß sie sich über den optischen Horizont hinaus ausbreiten. Man spricht hier vom Radiohorizont bzw. von der Radiosichtweite. Zur geometrischen Konstruktion wird diese Verbindung jedoch als Gerade abgebildet. Dies ist dann möglich, wenn der mittlere Erdradius mit einem Krümmungsfaktor k multipliziert wird. Das Produkt ist der Radio-Erdradius. Der Krümmungsfaktor k ist von der jeweils vorherrschenden Temperatur, vom Luftdruck und dem Wasserdampfverhältnis abhängig. Da eine Richtfunkantenne keulenförmig abstrahlt, entstehen in Abhängigkeit der 3 dB Bandbreite der Hauptkeule (siehe Abschnitt 2.8) eine Vielzahl von Brechungen bzw. Reflexionen. Diese entstehen an der Erdoberfläche, auf Wasserflächen oder an Luftschichten. Bei der Planung von Mikrowellen-Funkfeldern ist es nun wesentlich zu wissen, welche Punkte im überquerten Gelände solche Störeinflüsse hervorbringen. Bedingung für eine ungehinderte Ausbreitung ist, daß die erste Fresnelzone (Fresnel: französischer Physiker) frei von Hindernissen ist (siehe Bild 5.25). Diese erste Fresnel-Zone verbindet alle im Raum möglichen

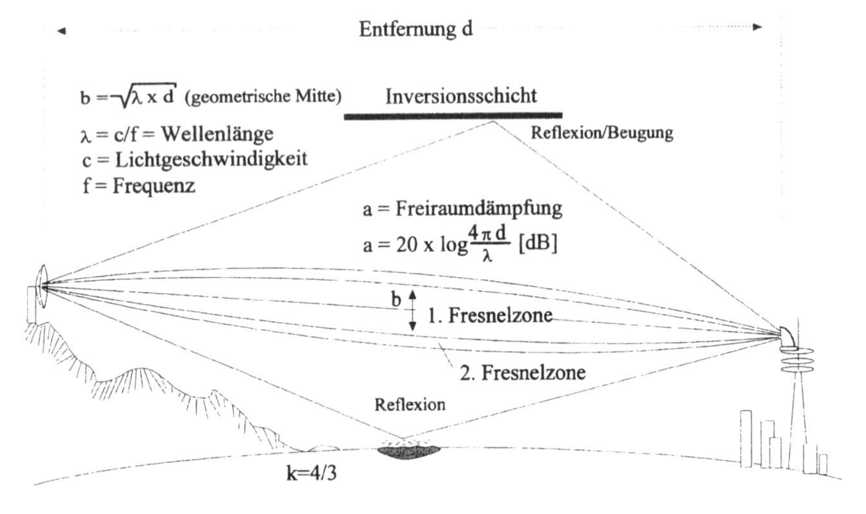

Bild 5.25: Funkfeld

Punkte, die bei einer Reflexion eine Phasendrehung des Umwegsignals gegenüber des direkten Signals von 3λ/2 erzeugen. Diese Punkte liegen an der Oberfläche eines Rotationselipsoids mit der geometrischen Sichtlinie als Drehachse. Reflexionen die auf der „Oberfläche" ungradzahliger Fresnel-Zonen liegen, erzeugen eine Signalverstärkung an der Empfangsantenne. Reflexionen an gradzahligen Fresnel-Zonen führen zu Signalabschwächung. Diese Umwegsignale bewirken also je nach Leistung und Phasenlage Schwund (Mehrwegeschwund) im Empfangssignal. Je nach Bandbreite des übertragenen Signals kann sich dieser sehr selektiv auswirken und somit nur einzelne Frequenzbereiche innerhalb des Nutzbandes auslöschen. Diese selektiven Schwundeinbrüche (Notch) führen zu Verzerrungen die, bestimmt durch das Signaturverhalten des Richtfunksystems, auf der Empfangsseite ausgeglichen werden. Selektive Verzerrungen treten vorwiegend auf Funkfeldern mit einer Länge größer als 10km - 15 km auf und erfordern, je nach Bandbreite des Signals, eine besondere Entzerrungsmaßnahmen auf der Empfangsseite (z.B.: adaptiver Basisbandentzerrer). Weiterhin können Reflexionen bzw. Beugungen an Inversionschichten oder an troposphärischen Schichten auch zu Dämpfungsschwund bzw. Flachschwund führen. In diesem Fall sinkt die Empfangsleistung breitbandig ab. Dieser Fall ist planerisch durch die Schwundreserve berücksichtigt. Diese berechnet sich folgendermaßen:

$$P_s - P_e + g_{ant1} + g_{ant2} - a_0 - a_x = a_{res}$$

Ps	=	Sendeleistung, [dBm]
Pe	=	Empfangsleistung an der Systemschwelle, [dBm]
g_{ant}	=	Antennengewinn [dB]
a_0	=	Freiraumdämpfung [dB]
a_x	=	Dämpfung der Hohlleiter, Kanalweichen und Zirkulatoren [dB]
a_{res}	=	Schwundreserve [dB]

5.6.2 Qualität im Funkfeld

5.6.3 Vorgaben

Die Planung eines Funkfelds muß den internationalen Empfehlungen ITU-T G.821 bzw. G.826 zur Übertragungsqualität gerecht werden. Wobei die Empfehlung ITU-T G.821 die Qualitätsvorgaben der bisherigen klassischen PDH-Welt beschreibt, und nun im SDH-Zeitalter, durch die schärfere ITU-T G.826 abgelöst wird (siehe auch Kapitel 6.5).

5.6.4 Ein Modell zur Ausfallzeitwahrscheinlichkeit

Das erläuterte Modell zur Ausfallzeitwahrscheinlichkeit basiert auf [7] und wurde durch [8,9] erweitert. Veröffentlicht ist diese Ausarbeitung in ETSI TM4 [10].

Die relative Ausfallzeit P_{tot} beschreibt die Periode in der das Richtfunksystem den Schwellenwert des SES-Kriteriums (siehe Kapitel 6.5) erreicht bzw. überschritten hat. P_{tot} berechnet sich aus drei variablen Termen.

$$P_{tot} = P_S + P_T + P_I$$

wobei

- P_S die relative Ausfallzeit hervorgerufen durch selektives Fading (Schwund),
- P_T die relative Ausfallzeit durch Flachschwund und
- P_I die relative Ausfallzeit durch Interferenzen

beschreibt.

Im einzelnen berücksichtigt der Term P_s die Zeit in der Mehrwegeausbreitung erwartet wird , die erwartete Umweglänge der reflektierten Signale im Funkfeld und die typische Signaturbreite und -tiefe des Systems bei einer bestimmten Umweglänge.
Im Term P_T wird neben einem frequenz-, längen (Funkfeld) und klimaabhängigen Faktor Po, die Schwundreserve für thermisches Rauschen eingerechnet. Der Term P_I wird mit Po und der Schwundreserve bezogen auf Interferenzen berechnet. In Bild 5.26 ist in einem Diagram die realisierbare Funkfeldlänge in Abhängigkeit der Übertragungsfrequenz und der zu erwartenden Ausfallzeit dargestellt.

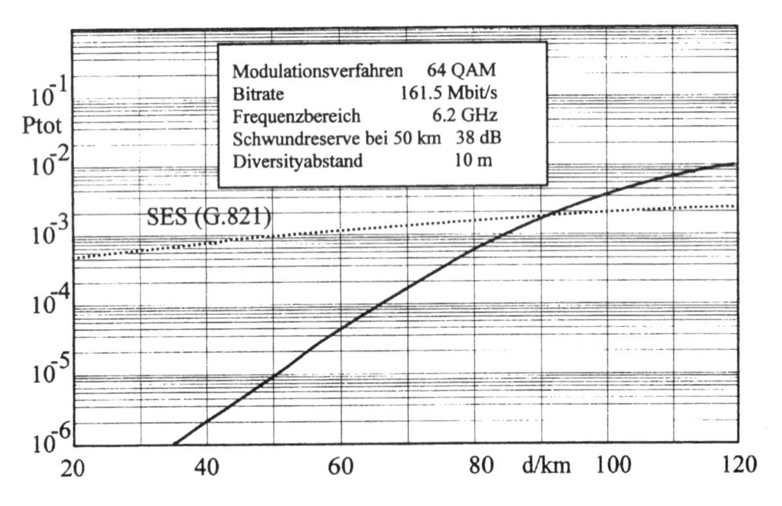

Bild 5.26: Ausfallzeit über der Funkfeldlänge

5.7 Richtfunk im Netzmanagementsystem

5.7.1 Generelles

Ein digitales Richtfunksystem ist im Verbund eines Netzmanagementsystems als eigenes Netzelement (NE) einzuordnen. Das bedeutet alle Erfordernisse bezüglich Überwachung, Konfiguration und Qualitätskontrolle müssen erfüllt werden. Zum Transport dieser Netzmanagementdaten werden national und international Datenprotokolle und Informationsmodelle standardisiert, die beschreiben in welcher Weise die Informationen verarbeitet werden. Eine solche Standardisierung stellt das SISA-System (SISA Supervisory and Information System for Local and Remote Areas) dar. Dieses dient heute bereits zur Steuerung und Überwachung von privaten und öffentlichen PDH- und SDH-Nachrichtennetzen. Die darin beschriebene Q-Schnittstelle heißt QD2. Sie wurde für den Bereich der Deutschen Telekom AG spezifiziert, wird aber auch von zahlreichen anderen Netzbetreibern im In- und Ausland eingesetzt.

5.7.2 TMN-Struktur

Ein zentrales Netzmanagement spart Betriebskosten durch eine flexible Steuerung und Überwachung des Kommunikationsnetzes. Es ermöglicht die flexible Zuweisung von Übertragungskapazität an den Nutzer. Die Anforderung an das einzelne Netzelement besteht deshalb im wesentlichen darin, alle notwendigen Managementdaten über ein Bussystem an die TMN-Zentrale zu übermitteln. Diese Daten werden mit einem standardisierten (oder firmenspezifischen) Protokoll transportiert. Bereitgestellt werden diese Daten über eine Schnittstelle zur Fernabfrage (Q-Schnittstelle) und über eine Schnittstelle zur lokalen Überwachung, der F-Schnittstelle. Zur physikalischen Übertragung werden in PDH- und SDH Richtfunksystemen Dienstkanäle im eigentlichen Nutzdatenstrom verwendet. In PDH-Systemen befinden sich diese in einem Richtfunküberrahmen. Zur Übertragung wird ein 64 kbit/s Dienstkanal oder Kanäle mit ähnlicher Bitrate verwendet. Für SDH-(Richtfunk)-Systeme sind die Netzmanagementkanäle in der ITU-T Empfehlung G.708 spezifiziert und befinden sich im Section Overhead (SOH) des STM-N Rahmens. Zum Transport der Netzmanagementdaten werden hier ein 192 kbit/s Kanal (DCC_R, D1..D3) bzw. ein 576 Kbit/s Kanal(DCC_M, D4..D12) empfohlen. In Bild 5.27 ist ein mögliches Überwachungskonzept zusammen mit Richtfunksystemen aufgezeigt. Standort 1 und 2 sind nur mittels Richtfunk angebunden. Die Dienstkanäle des TMN-Systems werden innerhalb des Nutzdatenstroms übertragen. Zur Absicherung wird ein Ersatzkanal über ein ohnehin vorhandenen Nutzdatenstrom, geschaltet. Alle Netzelemente, so auch die Richtfunksysteme, sind über einen Stationsbus (z.B.RS485) verbunden. Die Konzentratorfunktion ermöglicht eine Baumstruktur der Adressierung. TMN-Systeme überwachen zusätzlich auch betreiberspezifische Geräte, die nicht Teil der Übertragungssysteme sind (Türkontakt, Feuermelder etc.).

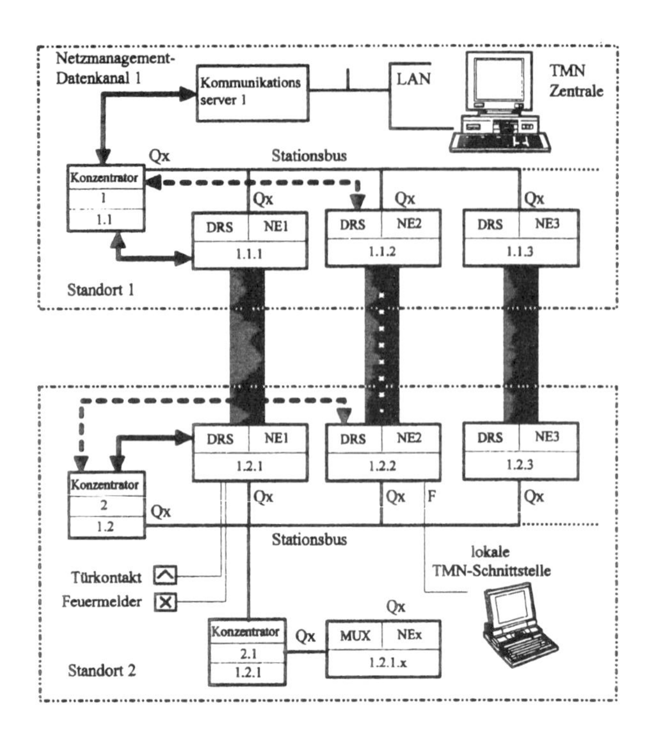

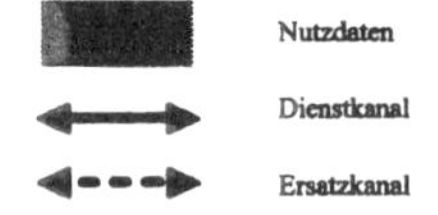

Bild 5.27:
TMN & Richtfunk

5.8 Messungen am Richtfunksystem

5.8.1 Leistungsmessung

Unter den zahlreichen Möglichkeiten im Richtfunksystem Leistungen zu messen, betrachtet man die Messung der Sende-und Empfangsleistung als die Wichtigste. Diese Werte werden in der Hochfrequenzmeßtechnik in dBm angegeben. Wobei +30 dBm z.B. einer Sendeleistung von 1 Watt entsprechen. Es gilt hier folgender Zusammenhang: P [dBm]=10 x log (P [mW]).

5.8.2 Messung der Systemkurve

Mit der Messung der Systemkurve wird das Richtfunksystem hinsichtlich seines Verhaltens bei Veränderung des Signal-Rausch Abstandes (S/N) beurteilt. Analog zum Betriebsfall auf dem Funkfeld entspricht diese Simulation einem Flachschwund. Die Messung wird im sogenannten künstlichen Funkfeld durchgeführt. Zwischen der Filtergruppe Sender und der des Empfängers wird ein variables HF-Dämpfungsglied eingefügt (siehe Bild 5.28). Um für die Messung ein Referenzwert zu schaffen, wird zuerst ein Empfangspegelwert Pe am Ausgang der Empfangsweiche mit dem Leistungsmesser eingestellt (z.B.: -30 dBm). Mit dem Dämpfungsglied wird nun der Empfangspegel soweit abgesenkt bis die Abschaltschwelle des Systems erreicht ist. Diese liegt in der Regel bei BFH 1xE-3 (ITU-T G.821) oder bei einer äquivalenten Bitfehlerhäufigkeit von 1.5xE-5 (ITU-T G.826). Von dem eingestellten Dämpfungswerte aus wird nun die Dämpfung um einen gewählten Betrag (z.B.: 1dB-Schritte) verringert und die dabei entstehende Bitfehlerhäufigkeit notiert. Es ist zu beachten, daß bei sehr kleinen Bitfehlerhäufigkeit die Meßintervalle ausreichend groß gewählt werden. Der Eintrag der Meßpunkte erfolgt in ein vorbereitetes Diagramm. Auf der Abszisse werden die Empfangspegel in dB linear aufgetragen. Die Ordinate wird mit der Bitfehlerrate (logarithmische Gaußverteilung) bezeichnet. Eine typische Meßkurve ist in Bild 5.29 dargestellt. Zusätzlich wird die Systemkurve auch bei Störbeeinflussung gemessen (siehe Bild 5.28). Hierbei wird ein definiertes Verhältnis Pc/Pst eingestellt. Als Störer kommen Störspektren oder Störträger im Gleich- oder Nachbarkanal in Frage. Bei dieser Messung verschlechtert sich das Ergebnis der Systemkurve in Abhängigkeit der Störgröße Pst.

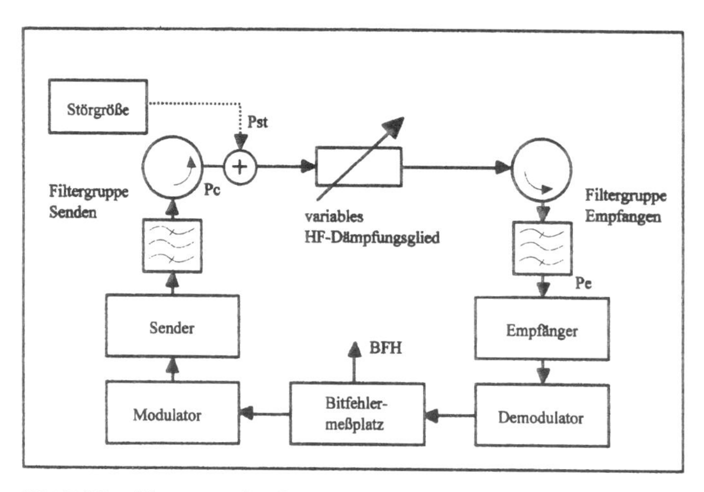

Bild 5.28: Messung der Systemkurve

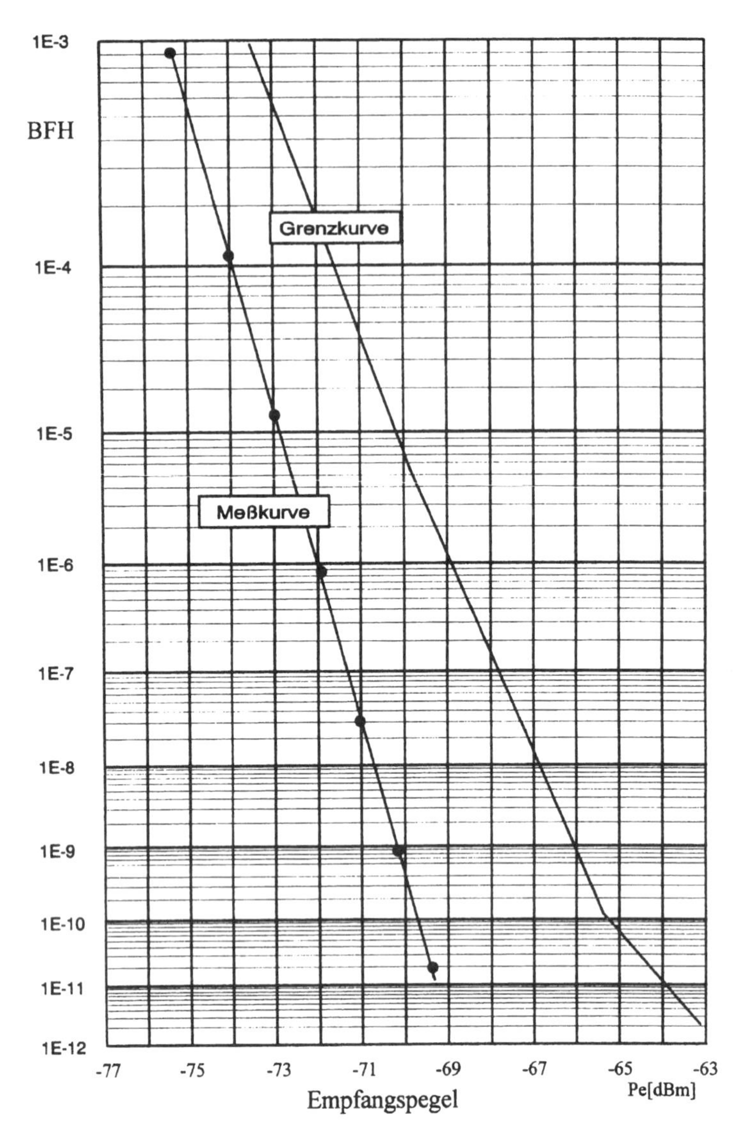

Bild 5.29: Systemkurve DRS 6.8 GHz/155 Mbit/s ohne Diversity

5.8.3 Jittermessung

Bei der Jittermessung wird die Taktbasis des Basisbanddatenstroms mit einem Rechteck- oder Sinussignal moduliert. Dies bewirkt eine sich ständig ändernde Phasenlage des Basisbandsignals bezogen auf die Eingangsdaten. Die Amplitude der Änderung, bezogen auf das unbeeinflußte Signal, heißt Unit Interval (UI). Wobei ein UI der Länge einerTaktperiode entspricht. Diese Modulationsspannung wird nicht nur in ihrem Hub sondern auch in der Frequenz verändert (siehe auch Kapitel 7). Es werden üblicherweise die Jitterverträglichkeit und die Jitterübertragungsfunktion des Richtfunksystems gemessen. Bei der Messung der Jitterverträglichkeit wird eine Basisbandübertragung über das Richtfunksystem hergestellt (siehe Bild 5.30). An den externen Takteingang des Bitfehlermeßplatzes wird ein Jittergenerator angeschlossen, der je nach Ausführung und Anwendungsfall intern oder vom Bitfehlermeßplatz getaktet ist. Durchgeführt wird diese Messung indem am Jittergenerator eine Jitterfrequenz eingestellt wird und der Jitterhub so-

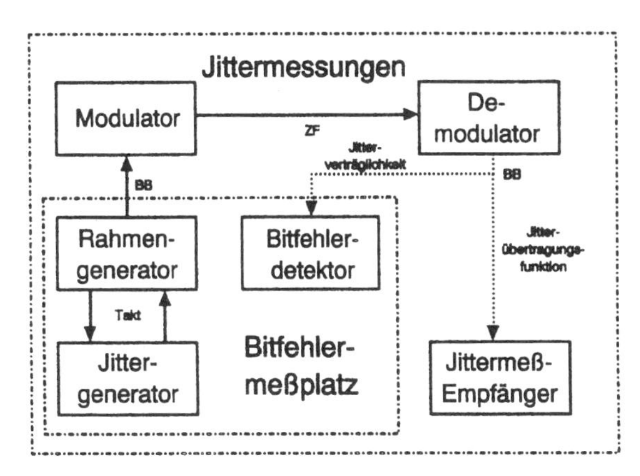

Bild 5.30: Jittermessung in Modem-Schleife

weit erhöht wird bis am Bitfehlermeßplatz Bitfehler registriert werden. Diese Messung wird bei verschiedenen Jitterfrequenzen wiederholt. Die Werte werden zusammen mit der eingestellten Frequenz in ein Meßblatt eingetragen. Das Ergebnis einer Messung in einem 140 Mbit/s-Richtfunksystem ist in Bild 5.31 dargestellt. Bei der Messung der Jitterübertragungsfunktion eines Systems wird der Bitfehlermeßplatzes aus Bild 5.31 empfangsseitig gegen ein Jittermeßempfänger getauscht. Dieser ermittelt den Ausgangsjitter des Systems. Bei dieser Messung wird am Jittersender eine Jitteramplitude eingestellt, die noch im zulässigen Bereich des Richtfunksystems liegt (siehe Jitterverträglichkeit). Zu jedem Jitterfrequenzwert wird der Ausgangsjitter des Systems gemessen. In Bild 5.32 ist eine Meßkurve der Jitterübertragungsfunktion in einem 140 Mbit/s-Richtfunksystem dargestellt.

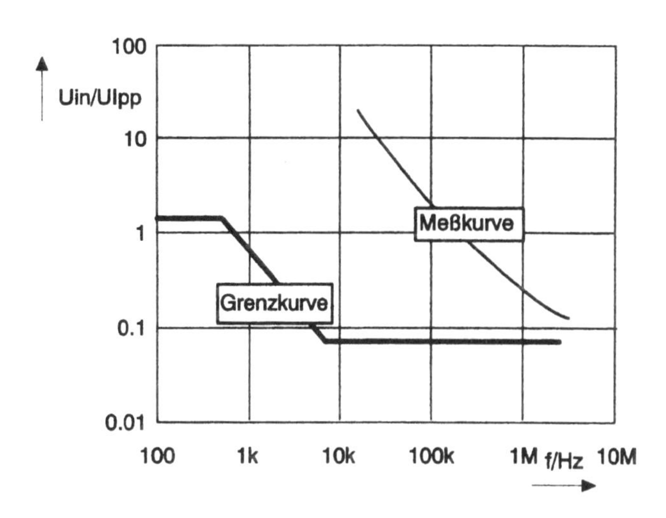

Bild 5.31: Jitterverträglichkeit Modem-Schleife 64 QAM/140 Mbit/s

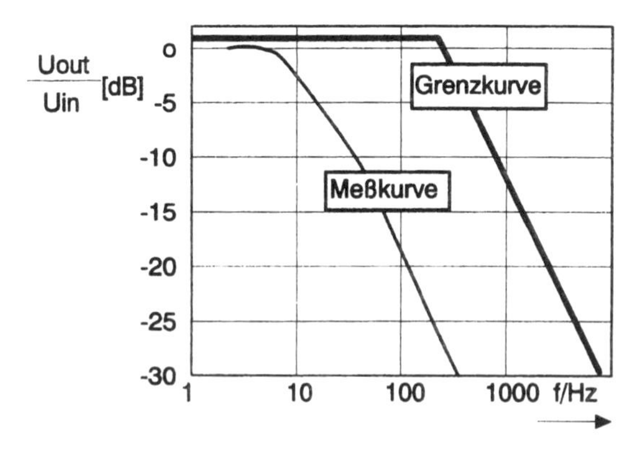

Bild 5.32: Jitterübertragungsfunktion Modem-Schleife 64 QAM/ 140 Mbit/s

Die Jitterreduktion wird in dB angegeben und errechnet sich folgendermaßen: A=20xlog (UIout/UIin). Die Toleranzwerte dieser Messungen sind in den ITU-T-Empfehlungen G.823 für PDH-Systeme und ITU-T G.825 und G.958 für SDH-Systeme angegeben.

5.8.4 Signaturmessung

Die Signaturmessung beurteilt das Richtfunksystem bezüglich seiner Fähigkeit selektiven Schwund (Abschnitt 4) zu entzerren. Für die Entzerrung des Empfangssignals sind heute hauptsächlich adaptive Basisbandentzerrer (Abschnitt 2) verantwortlich. Dies vereinfacht die Messung in sofern, da für die Beurteilung des Systems hinsichtlich seiner Signatur, nur Modulator und Demodulator in ZF-Schleife gemessen werden müssen. Für die Signaturmessung werden aus diesem Grund Fading -(Schwund) Simulatoren für die ZF-Ebene verwendet. Prinzipiell ist diese Messung aber auch durch Einfügen entsprechender HF-Meßtechnik zwischen Sender und Empfänger möglich. In Bild 5.33 ist der Meßaufbau in der ZF-Ebene aufgezeigt. Der ZF-Schwundsimulator fügt in das vom Modulator kommende ZF-Signal ein Umwegsignal ein. Somit erreicht den Demodulator ein verzerrtes Signal. Der Selektivschwund wird nun vergrößert bis der Demodulator nicht weiter entzerren kann und der Bitfehlermeßplatz Fehler anzeigt. Diese werden gezählt bis eine am Signaturmeßplatz eingestellte Bitfehlerrate (z.B. 1x10 E-5) überschritten wird. Der jetzt erreichte Wert des Selektivschwundes (Notchtiefe), wird gespeichert und später als Meßpunkt im Diagramm erscheinen. Die Messung wird im allgemeinen an gewählten Frequenzmarken im Nutzband für den minimalphasigen- und nichtminimalphasigen Fall durchgeführt. Minimalphasig bedeutet, daß das Umwegesignal mit einer kleineren Amplitude als das Nutzsignal am Empfänger erscheint. Der nichtminimalphasige Fall betrachtet den umgekehrten Zustand. In Bild 5.34 ist das Meßergebnis einer Ausfallsignatur gezeigt. Die Signaturtiefe beträgt im Mittel über das Nutzband etwa 20 dB. Die Wiederkehrsignatur (ohne Abbildung) beschreibt das Verhalten des Systems nach einem Ausfall durch Selektivschwund.

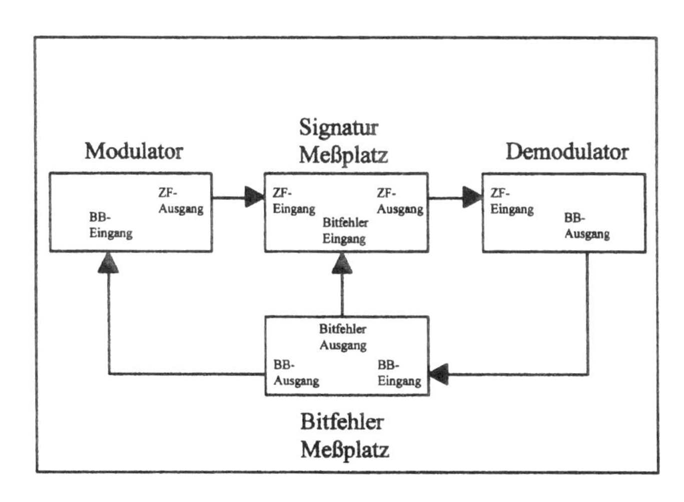

Bild 5.33: Signaturmessung

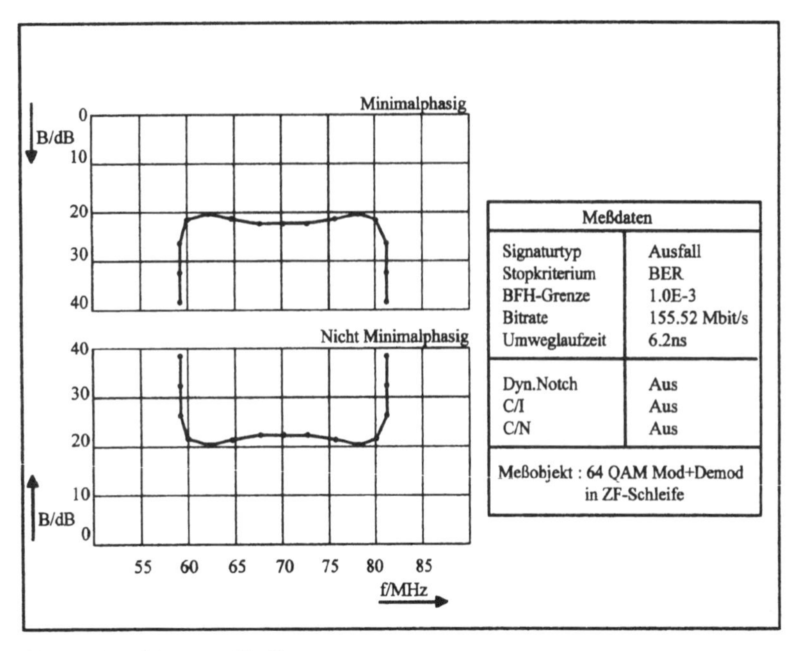

Bild 5.34: Signatur-Meßkurve

5.9 Literatur

[1] ITU-T G.707, G.708, G.709
[2] ITU-T G.781, G.782, G.783, G.784
[3] ITU-T G.703
[4] ITU-T G.957, G.958
[5] Nachrichtentechnische Berichte der Firma ANT-Nachrichtentechnik
[6] Das Funkfeld, E. Zakosteletzky, 1984
[7] Mojoli, L.F.; Mengali, U.: Propagation in Line of Sight Radio Links. Part II, Multipath Fading. TELETTRA Review, Special Edition, Milan 1983
[8] Glauner M.: Outage Prediction in Modern Broadband Digital Radio-Relay Systems, Proceedings European Conference on Radio-Relay Systems (ECRR) Munich 4-7 Nov. 1986, pp 90-96
[9] Glauner M.: Considerations for the Planning of Digital Radio-Relay Systems Limited by Interference and Noise. Second European Conference on Radio-Relay Systems. Abano Terme-Padua (Italy), 17-21 April 1989, pp 154-161
[10] ETSI/STC-TM4 (90) 109, Model for Radio-Relay Performance Prediction. Document TM4 (89)/67, Document TM4 (90)/29
[11] ETSI DTR/TM-04021
[12] ETSI DE/TM 04050-1 Point-to-multipoint radio systems in the band 24.25GHz to 29.5 GHz with different access methods. Part 1: Basic Parameters.
[13] Müller M.: Implementation of Sub STM-1 radios in SDH Networks, ECRR 1996, Bologna
[14] Müller M., STM-4 Radios in Synchronous Networks, ECRR 1996, Bologna

6 Messungen von Analogparametern

H. Melcher

Ein PCM-Übertragungssystem dient zur digitalen Übertragung analoger NF-Signale von einer analogen Eingangsschnittstelle zum analogen Ausgang des Systems. Die Messung, die diesen Weg erfaßt, ist die Vollkanalmessung, eine Analog-Analog-Messung.

Für Zwecke der Fertigungsprüfung, Qualitätssicherung und Abnahme ist es sinnvoller, jeweils nur einen Teil des Signalwegs zu erfassen, um Qualitätseinbrüche besser lokalisieren zu können. Diese Messungen prüfen den Weg des analogen Signals bis auf die digitale Seite des Multiplexers oder den entgegengesetzten Weg von der digitalen Seite auf die analoge Seite. Sie heißen Halbkanalmessungen.

6.1 Vollkanal

Die Vollkanalmessung bestimmt die Ende-zu-Ende-Parameter einer ganzen Übertragungsstrecke:

- Analoger, sprachfrequenter Eingang
- Analog-Digital-Wandlung im Codec
- Digitales Multiplexen
- Digitale Übertragung
- Digitales Demultiplexen
- Digital-Analog-Wandlung im Codec
- Analoger, sprachfrequenter Ausgang

Bild 6.1 zeigt den Signalweg bei einer Messung im Vollkanal.

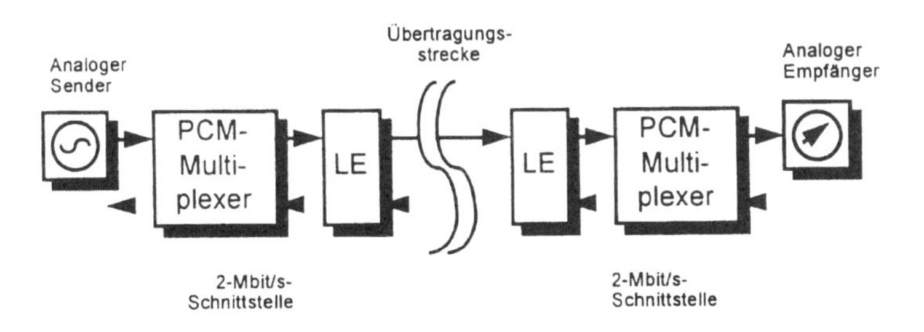

Bild 6.1: Messung im Vollkanal

6.2 Halbkanal

Halbkanalmessungen kommt heute eine größere Bedeutung zu als Vollkanalmessungen:

- In den Prüffeldern der Hersteller digitaler Übertragungseinrichtungen kommen einzelne Systemkomponenten in die Prüfung, nicht komplette Übertragungsstrecken.
- Abnahmemessungen lokalisieren Schwachstellen genauer, wenn sie Einzelkomponenten prüfen. Eine Gesamtmessung einer Übertragungsstrecke ist nur bei einer Turnkey-Installation sinnvoll.
- Digitale Vermittlungseinrichtungen vermitteln jeden beliebigen PCM-Multiplexer auf jeden anderen. Multiplexer müssen also beliebig kombinierbar sein.
- Fehlersuche lokalisiert Ausfälle bis auf den Gestellrahmen nur bei Einzelmessung der Komponenten.

Eine Halbkanalmessung in Analog-Digital-Richtung, wie in Bild 6.2 gezeigt, umfaßt:

- Analoger, sprachfrequenter Eingang
- Analog-Digital-Wandlung im Codec
- Digitales Multiplexen

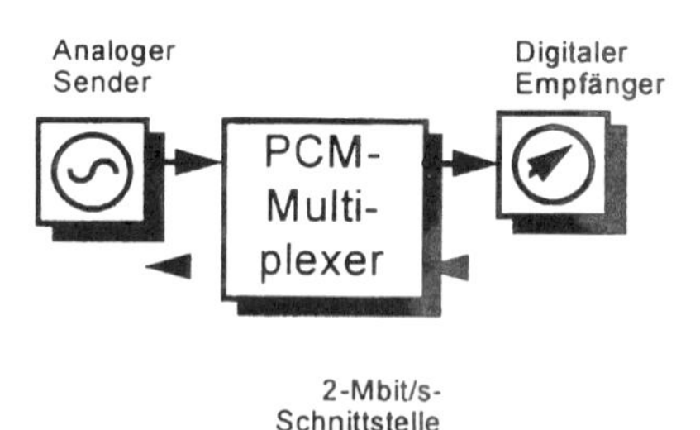

Bild 6.2: Halbkanalmessung Analog-Digital

Eine Halbkanalmessung in Digital-Analog-Richtung, wie in Abbildung 6.3 dargestellt, umfaßt:

- Digitales Demultiplexen
- Digital-Analog-Wandlung im Codec
- Analoger, sprachfrequenter Ausgang

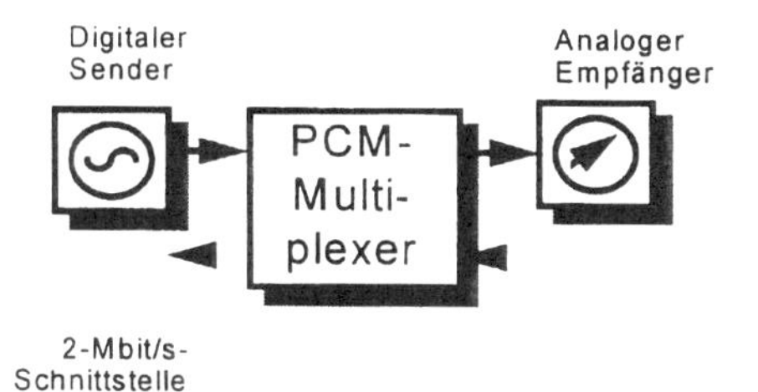

Bild 6.3: Halbkanalmessung Digital-Analog

Moderne Meßsysteme für Funktionsprüfungen in den Prüffeldern führen zwei entgegengesetzte Halbkanalmessungen gleichzeitig durch:

- eine Halbkanalmessung in Analog-Digital-Richtung und
- eine Halbkanalmessung in Digital-Analog-Richtung

So halbiert sich die benötigte Meßzeit.

6.3 Relativer Pegel

Der „relative Pegel", p_r, ist die Differenz des Pegels an einem bestimmten Meßpunkt eines Übertragungssystems, p_x, und dem Pegel an einem definierten Bezugspunkt des Systems, P_0.

$$p_r = p_x - p_0 \text{ [dBr]}$$ Gleichung 6-1

Der definierte Bezugspunkt des Systems ist der Punkt mit dem relativen Pegel 0, der „0-dBr-Punkt". Messungen von Leistungspegeln, die sich auf diesen 0-dBr-Punkt beziehen, sind daher mit der Angabe „dBm0" gekennzeichnet. Die Ermittlung des relativen Pegels entkoppelt die Dämpfungsmessung vom Wert des absoluten Pegels und spart dadurch weitere, das Meßergebnis kommentierende Angaben.

Moderne Meßgeräte haben die Möglichkeit, den Pegel am Bezugspunkt einzustellen, um dem Anwender die Umrechnung zu ersparen.

6.4 Typische Messungen

6.4.1 Betriebsdämpfung

Die Betriebsdämpfung ist die Dämpfung des Prüflings zwischen Signaleingang und Signalausgang. Bild 6.4 zeigt die Anschaltung des Prüflings.

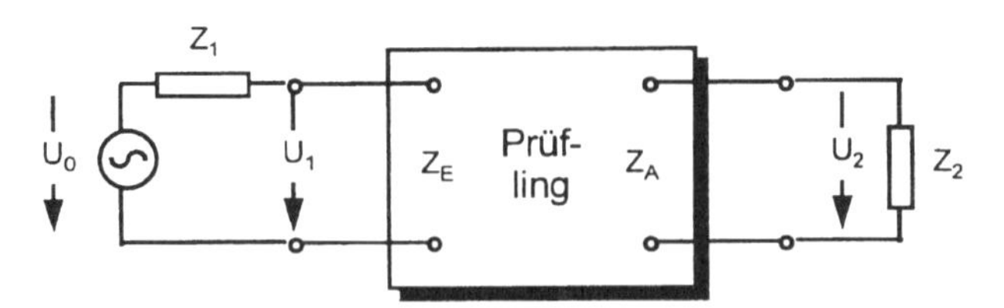

Bild 6.4: Messung der Betriebsdämpfung

Allgemein gilt sie für jede beliebige Eingangs- und Ausgangsimpedanz:

$$a_B = 20\lg\left|\frac{U_0}{2U_2}\sqrt{\frac{Z_2}{Z_1}}\right| \quad [\mathrm{dB}]$$ Gleichung 6-2

Bei gleichen Eingangs- und Ausgangsimpedanzen von reell 600 W wird aus der Betriebsdämpfung a_B zur Restdämpfung a_R.

$$a_B = 20\lg\left|\frac{U_0}{2U_2}\right| = 10\lg\left|\frac{P_1}{P_2}\right| \quad [\mathrm{dB}]$$ Gleichung 6-3

6.4.2 Frequenzgang der Verstärkung

Diese Messung ermittelt den Verlauf der Verstärkung für den Frequenzbereich von 300 Hz bis 3.400 Hz. Als Bezugspunkt mit der relativen Verstärkung 0 dB gilt der Meßwert bei der Frequenz 814 Hz.

Diese Messung ist im Vollkanal möglich und im Halbkanal, wobei die zulässige Toleranz für die Halbkanalmessung nur halb so groß ist, wie die zulässige Toleranz im Vollkanal.

6.4.3 Pegelabhängigkeit der Verstärkung

Der Codec des Senders führt außer der reinen Analog-Digital-Wandlung des sprachfrequenten NF-Signals eine Signalkompression durch. Mit dieser Kompression ist die Auflösung der Analog-Digital-Wandlung für kleine Pegel feiner als bei linearer Quantisierung. Für große Pegel ist die Auflösung dagegen gröber, da die Anzahl der Bit, die für die Wandlung zur Verfügung stehen, gleich bleibt.

Auf der Empfangsseite ist eine gegenläufige Expansionskennlinie notwendig, die die Kompression des Sendesignals aufhebt.

Heben sich die Kompressions- und die Expansionskennlinie nicht auf, so schwankt die Gesamtverstärkung des Kanals in Abhängigkeit vom übertragenen Pegel stärker als wenn nur die Quantisierungsverzerrungen auftreten würden.

6.4.4 Gesamtverzerrung

Bei der Analog-Digital-Wandlung entscheidet sich der sendende Codec für die Quantisierungsstufe, die dem Wert des Analogsignals am nächsten kommt. Die resultierende Quantisierungsverzerrung ist durch die endliche Zahl von Bit bestimmt, die zur Verfügung stehen, und nicht zu vermeiden. Durch die nichtlineare Kompression des Analogsignals ist die Quantisierungsverzerrung bei kleinen Signalen kleiner als bei großen Signalen.

6.4.5 Leerkanalgeräusch

Bei einem intakten sendeseitigen Codec ist das analoge Rauschen am Eingang geringer als der Abstand der beiden kleinsten Coderstufen. Damit ändert sich der Wert des digitalen Ausgangssignals nicht und am Empfänger entsteht als Leerkanalgeräusch nur das Rauschen der analogen Ausgangsstufen.

Liegt jedoch der Nullpunkt des sendenden Codecs nicht ideal, so führt auch kleines Rauschen im Eingang zu ständigem, statistischem Umschalten des Analog-Digital-Wandlers, was am Ausgang zu einem statistischen Digitalsignal der Amplitude der kleinsten Coderstufe führt.

6.4.6 Nebensprechen

Bei PCM-Codecs, die einen gemeinsamen Analog-Digital-Wandler für alle Analogkanäle verwenden, können Ladungsreste des zuvor gewandelten Kanals zu Nebensprechen im nächsten gewandelten Kanal führen. Auch andere analoge Baugruppen des Multiplexers können zu Nebensprechen führen.

6.4.6.1 *Nahnebensprechen*

Nahnebensprechen ist das Nebensprechen, das von einem abgehenden Signal auf einem ankommenden Signal erzeugt wird. Der eigene Sender stört den eigenen Empfänger. Der Einfluß des Empfangssignals auf der fernen Seite auf das dortige Sendesignals ist meist geringer.
Prüfsignalsender und Meßempfänger befinden sich am gleichen Ort.

6.4.6.2 *Fernnebensprechen*

Beim Fernnebensprechen können sich sowohl mehrere Sendekanäle auf der entfernten Seite beeinflussen, als auch mehrere Empfangskanäle auf der Seite des Meßgeräts.
Prüfsignalsender befindet sich am entfernten Ort.

6.4.6.3 *Rückhören im eigenen Kanal*

Rückhören im eigenen Kanal ist Nahnebensprechen für den Ausgang des zugehörigen Kanals.

6.4.7 Außerbandsignale

6.4.7.1 *Einfluß von Außerbandstörern*

Durch die Abtastung des Analogsignals mit 8 kHz spiegeln sich Störer höherer Frequenzen in das Sprachband hinein. Der sendeseitige Tiefpaß vor dem Codec soll derartige Artefakte vermeiden, hat jedoch eine endliche Dämpfung. Sendet man mit einem Sendesignal von -25 dBm0 außerhalb des sprachfrequenten Bandes im Bereich von 4,6 kHz bis 72 kHz, so soll der Störpegel im Empfänger innerhalb des Sprachbandes kleiner als -50 dBm0 sein.

6.4.7.2 *Außerbandstörgeräusch*

Auf der Empfangsseite filtert ein Tiefpaß das Sprachband aus dem durch die Digital-Analog-Wandlung entstehenden Frequenzgemisch. Auch dieser Tiefpaß hat eine endliche Dämpfung, so daß bei eingangsseitigem sprachfrequenten Signal noch Modulationsprodukte mit der Abtastfrequenz von 8 kHz vorliegen. Zum Test sendet ein Signalgenerator ein Signal mit 0 dBm0 im Frequenzbereich von 200 Hz bis 4 kHz und am Analogausgang kontrolliert ein Meßempfänger die Mischprodukte im Bereich von 4,6 kHz bis 128 kHz.
Die gleiche Messung ohne Eingangssignal erfaßt die Unterdrückung der Abtastfrequenz und ihrer Vielfachen.

7 Messungen an der digitalen Übertragungsstrecke

H. Melcher

Seit Einführung der digitalen Übertragungstechnik werden Meßwerte wie Bitfehler, Codefehler oder Blockfehler zur Beurteilung der Qualität einer Übertragungsstrecke herangezogen. Die Übertragungsstecke überträgt die codierten Digitalsignale „analog", womit diese auch den bekannten Erscheinungen wie Verzerrung oder Dämpfung unterliegen. Damit behalten neben den digitalen Messverfahren auch die analogen Verfahren ihre Bedeutung bei der Suche nach den Ursachen für Qualitätsbeeinträchtigungen des Digitalsignals.

7.1 Digitale Übertragung

7.1.1 Zusammenhang zwischen Codefehlern und Bitfehlern

7.1.1.1 Ort des Entstehens

Der Decoder am Ende einer Übertragungsstrecke setzt den empfangenen Leitungscode wieder in einen binären Bitstrom um.

Ein Fehler auf der Übertragungsstrecke zwischen dem vorhergehenden Coder und dem betrachteten Decoder führt zunächst zu einer Veränderung des kodierten Signals auf der Leitung.

Beim Auftreten eines Codefehlers, der zu einem illegalen Codezustand führt, muß der Decoder entscheiden, ob er das nächste Bit als binäre Null oder als binäre Eins abgibt. Er erkennt zwar einen illegalen Zustand, muß aber dennoch ein Bit abgeben. So erzeugt der Decoder aus einem illegalen Leitungszustand durch eine falsche Entscheidung möglicherweise einen Bitfehler im Binärsignal. Beim Auftreten eines gestörten Leitungssignals, das die Codierregel nicht verletzt, entscheidet der Decoder falsch, ohne zu erkennen, daß überhaupt eine Störung vorliegt.

Der nächste Coder auf der Übertragungsstrecke kodiert ein Binärsignal wieder in den Leitungscode. Hat das Binärsignal Bitfehler, so kann der Coder dies mangels Redundanz des Binärsignals nicht erkennen und kodiert auch diese in ein korrektes Leitungssignal.

Damit liefert die Messung der Codefehler nur eine Aussage über die Qualität des Leitungsabschnittes zurück bis zum letzen Coder.

7.1.1.2 Fehlervervielfachung

Bei einigen Codes hängt die Entscheidung des Decoders, ob er Null oder Eins abgibt, nicht nur vom aktuell anliegenden kodierten Signal ab, sondern auch von dessen Vorgeschichte. Typisches Beispiel für einen solchen Code ist der HDB3-Code. Bei diesem Code muß der Decoder mindestens drei Codeschritten in der Vergangenheit bei seiner Entscheidung mit einbeziehen.

Ist einer dieser Schritte gestört, so kann das nicht nur zu einem Fehler des aktuellen Bits führen, sondern auch zu weiteren Folgefehlern. Dies geschieht solange, wie das fehlerhafte Bit und daraus resultierende Entscheidungen in den Entscheidungsprozess des Decoders für das jeweils aktuelle Bit einbezogen werden.

Damit hat nicht nur die Art des Fehlers sondern auch das Design des Decoders Einfluß auf die Anzahl von Fehlentscheidungen, die als Folge eines einzelnen Codefehlers auftreten können.

Bei einem korrekt kodierten Signal ohne Codefehler funktionieren Decoder unterschiedlicher Designs gleich, bei einem Signal mit Codefehlern haben sie möglicherweise ein unterschiedliches Verhältnis von Codefehlern zu resultierenden Bitfehlern.

Das folgende Beispiel des HDB3-Codes in Bild 7.1 enthält ein Verletzungsbit zur Unterdrückung einer Folge von 4 Nullen und ein B-Bit zur Sicherstellung der Gleichspannungsfreiheit.

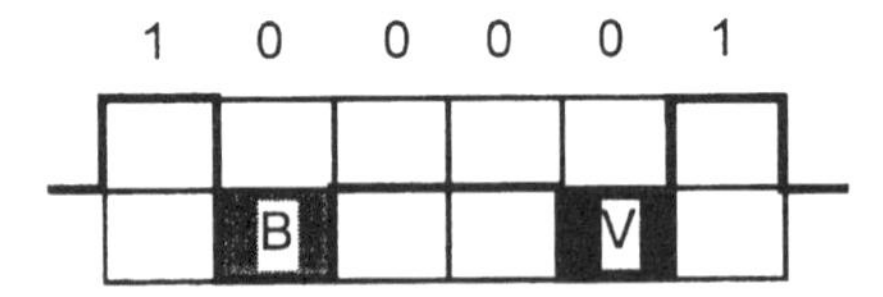

Bild 7.1: HDB3-Code mit Verletzungsbit

Durch Störung eines kodierten Signalschrittes wird aus einem legalen Abschnitt von Leitungssignalen wiederum ein legaler Abschnitt erzeugt, wie in Bild 7.2 dargestellt. Der Decoder kann hierbei den Leitungscodefehler nicht erkennen und gibt den falschen binären Datenstrom ab.

Erst später im kodierten Signalstrom, bei der Unterdrückung der nächsten Nullenfolge, könnte der Decoder die falsche Polarität des dann auftretenden B-Bits erkennen.

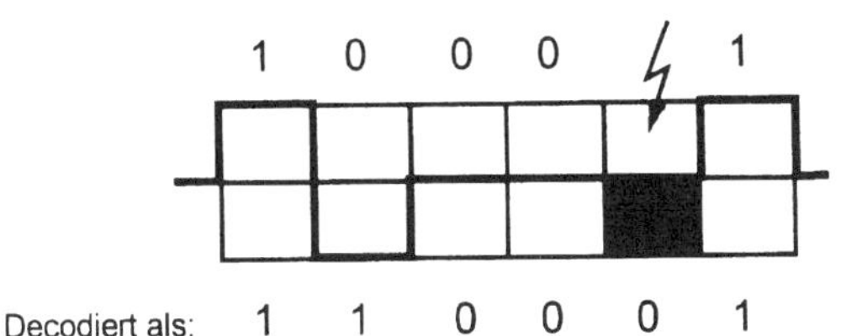

Bild 7.2: HDB3-Signal mit Störung

7.1.2 Bitfehlermessung mit Meßmuster

Eine Bitfehlermessung basiert auf dem Bit-für-Bit-Vergleich eines bekannten und übertragenen Digitalsignals mit der gleichen, auf der Empfangsseite lokal erzeugten, Bitfolge. Sie setzt also voraus, daß nicht nur der Sender sondern auch der messende Empfänger das Meßmuster kennt. Nur dann kann er fehlerhafte Bit als solche erkennen.

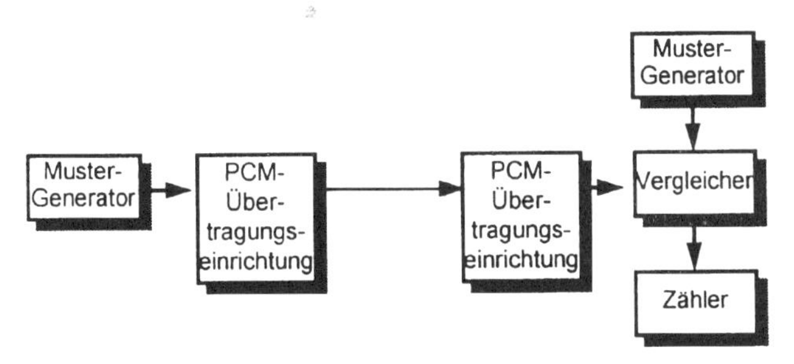

Bild 7.3: Bitfehlermessung mit Meßmuster

Zur Messung ist, wie Bild 7.3 zeigt, eine Reihe von Schritten notwendig:

- Ein Mustergenerator erzeugt eine bestimmte Folge von Bitzuständen und gibt sie auf den Eingang der Übertragungseinrichtung. Sender und Empfänger des Meßgerätes müssen das gleiche Meßmuster verwenden.
- Die zu prüfende Übertragungseinrichtung überträgt das Digitalsignal.
- Der Empfänger des Meßgeräts muß am Ausgang der Übertragungseinrichtung zunächst den Gleichlauf zwischen dem empfangenen und dem intern erzeugten Meßmuster herstellen, er muß synchronisieren. Der Synchronisationsprozess ist unter 7.1.2.3, „Synchronisation" näher beschrieben.
- Hat der Empfänger synchronisiert, so kann er durch Vergleich des ankommenden Bitstroms mit dem intern erzeugten Bitstrom Bitfehler erkennen. Für die Auswertung registriert der Empfänger die Anzahl aller empfangenen Bit und die der fehlerhaften Bit.

Aus der Messung der Bitfehler leitet sich das Resultat der Bitfehlerhäufigkeit her. Die resultierende Bitfehlerhäufigkeit (engl. Bit Error Ratio, BER) ist:

$$BER = \frac{Fehler}{Gesamtzahl} \qquad \text{Gleichung 7-1}$$

Für die Qualität der übertragenen digitalen Information ist die Bitfehlerhäufigkeit maßgebend. Seit der Einführung des ISDN, das alle Dienste digital überträgt, hat die Messung der Bitfehlerhäufigkeit noch mehr an Bedeutung gewonnen.

7.1.2.1 Digitalwort

Ein einfaches Meßmuster ist das sogenannte Digitalworte, kurzperiodische Muster, bei denen der Anwender die Polarität jedes Bit einstellen kann.

Bild 7.4 zeigt ein Digitalwort der Periode 3:

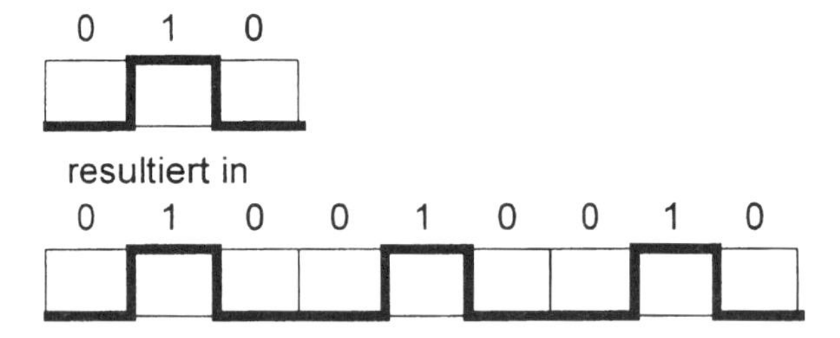

Bild 7.4: Digitalwort der Periode 3

Das Digitalwort findet Verwendung bei

- Test von Coder- und Decoderschaltungen auf korrektes Anwenden der Coderegeln. Dabei stellen lange Digitalworte sicher, daß die Coder einen bestimmten Zustand eingenommen haben. Dieser Zustand hängt von der Vorgeschichte des Binärsignals ab. Ein Mustertriggerausgang am Meßgerät triggert dabei den zur Kontrolle eingesetzten Oszillografen.
- Abgleich von Taktrückgewinnungsschaltungen auf minimalen Jitter.
  Je weniger takthaltige Flanken das Signal enthält, desto mehr entfernt sich ein fehlabgeglichener Oszillator von der Sollfrequenz. Die nächste Flanke zieht den Oszillator mehr oder weniger schnell auf Nominalphase und führt zu Jitter im abgegebenen Signal.

7.1.2.2 *Pseudozufallsfolge*

Eine Pseudozufallsfolge ist eine nach vorgeschriebenen Regeln erzeugte Bitfolge, in der die Verteilung von Nullen und Einsen nicht zufällig sondern nur „Pseudo-"zufällig ist. Sie hat die statistische Eigenschaften von Rauschen, und mit einer Ausnahme nimmt sie im Laufe einer Periode einmal jede Bitkombination an, die der Zahl ihrer Rückkopplungsstufen entspricht.

Der Generator einer Pseudozufallsfolge verwendet meist ein mit Exclusiv-Oder-Verknüpfungen rückgekoppeltes mehrstufiges Schieberegister. Die n Stufen dieses Schieberegisters können maximal 2^n Zustände annehmen, das Muster muß sich also mindestens alle 2^n Bit wiederholen. Außer der Länge des Schieberegisters bestimmt auch die Wahl der Anzapfungen für die Rückführung, ob die maximal mögliche Periode erreicht wird.

Bild 7.5 gibt ein Beispiel eines Schieberegisters mit drei Stufen und verdeutlicht die Funktion eines Pseudozufallszahlengenerators:

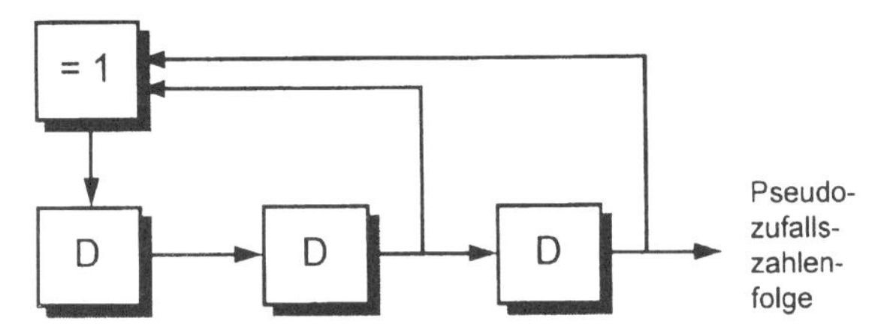

Bild 7.5: Schieberegister zur Erzeugung von Pseudozufallszahlen

Die daraus resultierende Folge von Bit zeigt Bild 7.6:

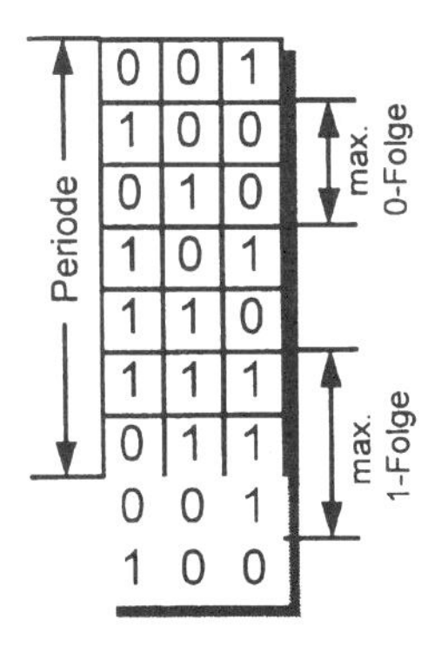

Bild 7.6: Resultierende Bitfolge

Die als Zufallsfolge abgegebenen Bit stammen z.B. aus der letzten Stufe. Die Periode ist 7, eins weniger als die mit drei Bit maximal darstellbare Zahl von Zuständen.

Pseudozufallsfolgen haben bestimmte statistische Eigenschaften:

- Die längstmögliche zusammenhängende Zahl von Einsen ist so lange wie die Länge des Schieberegisters. Hierbei ist vorausgesetzt, daß die Rückkopplungen so gewählt sind, daß die maximale Periodendauer auftreten kann.
- Die längstmögliche zusammenhängende Zahl von Nullen um eins weniger als die Länge des Schieberegisters. Der Zustand, in dem das Schieberegister nur mit Nullen gefüllt ist, kommt nicht vor und wird als „entartet" bezeichnet. Aus diesem Zustand kann der Generator nicht mehr herauskommen, da die Exclusiv-Oder-Verknüpfung einer beliebigen Anzahl von Nullen wieder eine Null ergibt. Der Zustand nach „n mal Null" ist also wieder „n mal Null".

In der Praxis finden längerperiodische Muster Verwendung. ITU-T empfiehlt z.B. in der O.152 ein Muster der Periode $2^{11}-1$ für Messungen im Bereich von 48 kBit/s bis 168 kBit/s, speziell für 64 kBit/s. Dieses Muster erzeugt ein 11-stufiges Schieberegister, wie Bild 7.7 zu sehen, dessen letzte beiden Schieberegisterstufen auf den Eingang rückgekoppelt sind.

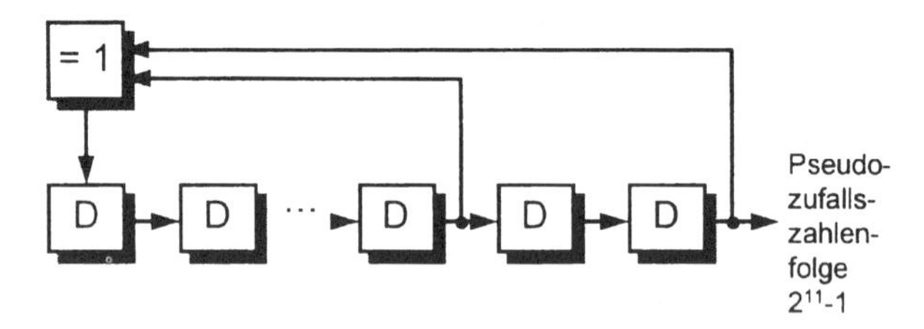

Bild 7.7: Erzeugung der Pseudozufallsfolge $2^{11}-1$

Bei dieser Pseudozufallsfolge ist die längstmögliche Abfolge von Einsen elf, die längste zusammenhängende Folge von Nullen zehn.

7.1.2.3 Synchronisation

Vor Beginn der eigentlichen Messung muß der Meßgeräteempfänger zunächst den Gleichlauf zwischen dem empfangenen und dem intern erzeugten Meßmuster herstellen, er muß synchronisieren.

Digitalworte und Pseudozufallsfolgen gehorchen bekannten Bildungsregeln, beide sind bei Anwendung der gleichen Regeln identisch im Sender und Empfänger zu erzeugen.

Im einfachsten Fall stellt der Empfänger die Synchronität zwischen dem empfangenen und dem selbst erzeugten Muster folgendermaßen her:

- Der Empfänger erzeugt das Referenzmuster, beginnend mit beliebiger Phasenlage. Hat es gleiche Phasenlage, so sind Sender und Empfänger bereits synchron. Die Wahrscheinlichkeit jedoch, daß das Referenzmuster die gleiche Phase hat, wie das Meßmuster, ist sehr klein mit 1/Musterlänge.
- Stimmen Meßmuster und Vergleichsmuster nicht überein, dann treten am Vergleicher Fehlerimpulse auf.
- Für jeden Fehlerimpuls hält der Empfänger nun den Takt an, mit dem er das Vergleichssignal erzeugt und vergleicht erneut. Stimmen beide Phasenlagen überein, so tritt für die Dauer einer Musterperiode kein Fehlerimpuls auf und der Synchronisationsprozess ist abgeschlossen.

Dieser Prozeß dauert je nach Übertragungsrate, Fehlerhäufigkeit auf der Strecke und Synchronisationsverfahren unterschiedlich lange. Besonders bei niedrigen Bitraten wie 64 kbit/s, langen Musterperioden wie 2^{23}-1 und Fehlern auf der Übertragungsstrecke treten recht lange Synchronisationszeiten auf.

Moderne Meßgeräte verwenden ein weiterentwickeltes Verfahren, das bei fehlerfreier Strecke etwa zwei Musterperioden einer Pseudozufallsfolge benötigt, um zu synchronisieren.

7.1.3 Musterverschiebungen (Slips)

Im Laufe der Übertragung eines Digitalsignals wird möglicherweise ein oder mehrere Bit in den Digitalsignalstrom eingefügt oder aus ihm entfernt. Die Ursachen dafür können vielerlei Natur haben:

- zu hoher Jitter auf der Übertragungsstrecke, der zu Fehlabtastungen des übertragenen Signals führt.
- Taktabweichungen im Verlauf der Strecke, meist aufgrund mangelhafter Taktqualität oder im internationalen Verkehr.
- Taktabweichungen von Vermittlungseinrichtungen.
- Diversity-Betrieb bei Richtfunkstrecken.
- Überlaufende Pufferspeicher bei Satellitenstrecken.

Der Empfänger am Ende der Übertragungsstrecke erhält nach einem Slip nicht mehr die Abfolge von Bit, die er erwartet und wertet das als Bitfehler. Bei Pseudozufallsfolgen als Meßmuster führt eine beliebige Phasenverschiebung zu einer scheinbaren Fehlerhäufigkeit von 0,5. Dies ist die gleiche Fehlerhäufigkeit, die ein Signalausfall oder ein Fehlerburst haben.

Die Fehlerursache ist aber eine andere als bei normalen Bitfehlern. Zum Aufspüren und Beseitigen der Fehlerursache ist es daher notwendig, normale Bitfehler von Musterverschiebungen unterscheiden zu können. Bei einem Slip geht nach dem Fehlen eines oder mehrerer Bit das Muster unverändert weiter. Kennt man die Größe der Musterverschiebung in Bit, so kann man sogar Rückschlüsse auf den Ort des Fehlers treffen.

Vermutliche Fehlerursache bei Musterverschiebungen um

- 1 bis ~7 Bit
  Taktproblem. Häufig hat eine der beteiligten Übertragungseinrichtungen keine Zentraltaktversorgung. Eine weitere Möglichkeit ist ein Stopf-/Entstopfproblem.
- n*8 Bit
  Eine Vermittlung hat ein oder mehrere Oktette ausgelassen oder eingefügt. Bei Vermittlungen ist dies im Normalbetrieb etwa einmal pro Vierteljahr zulässig.
- 2^n Bit (n>3)
  Ein Pufferspeicher ist über- oder untergelaufen.

7.1.4 Unterscheidung Fehlerburst / Slip

Kommen sehr hohe Fehlerhäufigkeiten in der Größenordnung von 0,5 vor, so kann das zwei Ursachen haben:

1. Ein Fehlerbündel (engl. error burst) erzeugt kurzzeitig eine hohe Fehlerhäufigkeit.
2. Durch einen Slip hat sich das Meßmuster verschoben und ist nicht mehr in Phase mit dem ursprünglichen Muster. Ein einfaches Meßgerät zählt auch hierbei hohe Fehlerhäufigkeiten und verliert den Synchronismus. Ursache für die scheinbar hohe Fehlerhäufigkeit war jedoch kein einziger Bitfehler sondern eine Musterverschiebung.

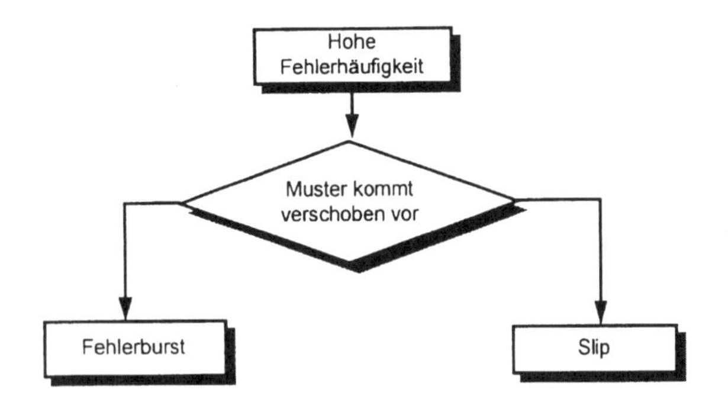

Bild 7.8: Unterscheidung Fehlerburst/Slip

Moderne Meßgeräte beobachten das einlaufende Signal darauf, ob das erwartete Meßmuster eventuell um ein oder mehrere Bit verschoben darin vorkommt. Tritt nun eine scheinbar hohe Fehlerhäufigkeit ein und gleichzeitig liegt das Meßmuster verschoben vor, so erkennt das Gerät die eigentliche Ursache und zeigt einen Slip an, ohne Bitfehler zu zählen. Dies gibt dem Anwender einen wichtigen Hinweis auf den Ort der Fehlfunktion.

7.1.5 Außer-Betrieb-Messungen

7.1.5.1 Gerahmtes Meßmuster

Das gerahmte Muster ist ein Meßmuster der neuen Generation. Vor der Einführung des gerahmten Meßmusters arbeitete man mit durchgehenden Pseudozufallsfolgen. Netzelemente der neueren Generationen haben die Möglichkeit, die Struktur ihrer Zubringersignale auf Vorhandensein eines Rahmenkennungssignals zu überwachen. Diese Überwachung liefert bei Anlegen einer Pseudozufallsfolge einen Alarm, da das Rahmenkennungswort nicht regelmäßig auftritt. Diese Überwachung läßt sich abschalten. Dies ist aber in der Praxis aufwendig, da dazu ein Eingriff über eine Netzmanagementstation notwendig ist. Um trotzdem einfach anschließen und schnell messen zu können, versieht das sendende Meßgerät eine Pseudozufallsfolge mit Rahmen, indem sie die Folge zur richtigen Zeit anhält und ein Rahmenkennungswort einfügt. Das resultierende Signal ist das gerahmte Meßmuster.

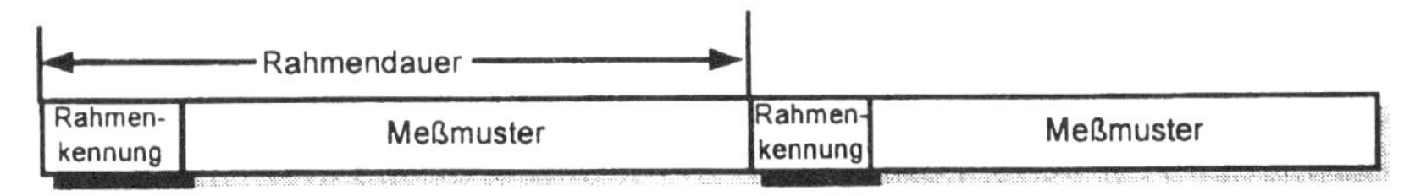

Bild 7.9: Gerahmtes Meßmuster

7.1.5.2 Transparenter Übertragungskanal

Wertet das Netzelement das Rahmenkennungswort nicht aus, so steht der ganze Übertragungskanal transparent für die Übertragung einer Pseudozufallsfolge zur Verfügung.

7.1.5.3 Laufzeit

Ein für den Durchsatz von Datenübertragungsprotokollen wichtiger Parameter ist die Signallaufzeit. Die minimale Laufzeit ist gegeben durch die Länge der Verbindungsstrecke von Sender und Empfänger und die Ausbreitungsgeschwindigkeit des Signals. Dies kann gerade bei Satellitenverbindungen die Laufzeit dominieren mit Zeiten im Bereich einer halben Sekunde. Weiterhin tragen vermittelnde Übertragungseinrichtungen und andere Netzelemente mit Pufferspeichern zur Laufzeit bei.

Laufzeitmessungen erfordern entweder eine sehr genaue und teure Zeitreferenz auf Sender- und Empfängerseite, oder sie erfolgen in Schleife mit Sender und Empfänger im gleichen Gerät.

Das Absenden und Empfangen eines einzelnen Bits und Messen der Zeit zwischen Senden und Empfangen des Bits ist ungeeignet, weil bei jedem Bitfehler auf der Leitung Fehlmessungen auftreten. Statt dessen finden Pseudozufallsfolgen Verwendung.

Der Sender sendet dabei kontinuierlich ein Meßmuster aus und gibt an die Laufzeitmeßeinrichtung immer an einer bestimmten Musterstelle einen Triggerimpuls ab. Der Empfänger synchronisiert sich auf das Muster auf und gibt an der gleichen Musterstelle auch einen Triggerimpuls ab. Der Zeitunterschied zwischen beiden Triggerimpulsen ist die Signallaufzeit.

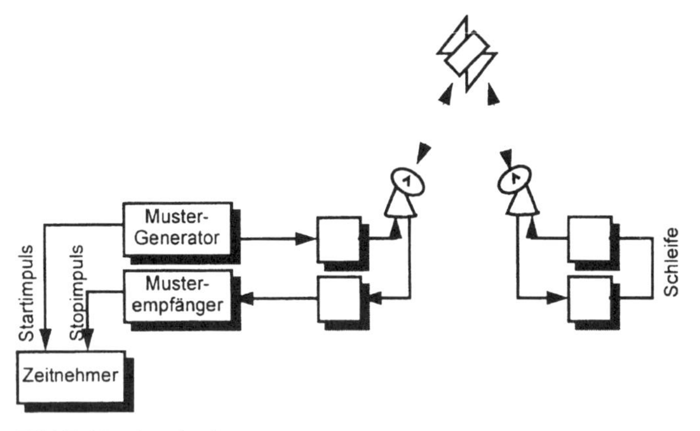

Bild 7.10: Laufzeitmessung

Zur Laufzeitmessung sind vor allem bei hohen Bitraten langperiodische Meßmuster erforderlich, wie z.B. ein Muster mit der Periode 2^{23}-1. Kurzperiodische Meßmuster wiederholen sich im Verlauf der Strecke zu oft, und der Empfänger kann nicht feststellen, welche Wiederholung des Musters er gerade empfängt. In solchem Fall verhält sich die echte Laufzeit zur gemessenen Laufzeit wie

$$Laufzeit_{echt} = Laufzeit_{gemessen} + n * Periodendauer_{Muster}$$ Gleichung 7-2

7.1.6 In-Betrieb-Messungen

In-Betrieb-Messungen dienen der Überwachung und Fehlersuche bei Netzkomponenten, über die echter Teilnehmerverkehr fließt. Moderne Empfehlungen für die Inbetriebnahme von Übertragungssystemen, wie z.B. die ITU-T-Empfehlung M.2100, lassen für einen Teil der Einmessung schon den Betrieb des Übertragungssystems mit Teilnehmerdaten zu.

Zur Qualitätsüberwachung und Fehlermessung an Systemen, die in Betrieb sind, sind Signale mit Rahmenstruktur geeignet.

Die einzelnen Meßverfahren unterscheiden sich in der benötigten Meßdauer, um gleiche Sicherheit in der Meßaussage zu erreichen. Auch belegen sie unterschiedlich viel Übertragungskapazität, die anderweitig zur Übertragung von Daten oder Telefongesprächen genutzt werden kann.

7.1.6.1 Messung in einem Kanal

Für diese Messung wird ein Kanal aus dem Kanalbündel mit dem Meßmuster gefüllt. Er steht damit für die Übertragung von Teilnehmerdaten oder -telefongesprächen nicht mehr zur Verfügung.

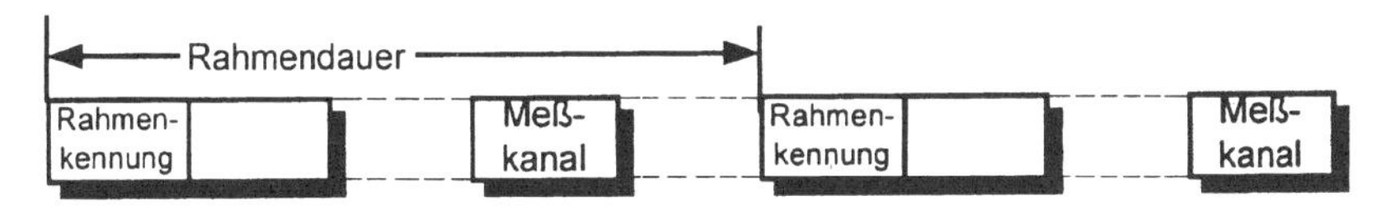

Bild 7.11: Messung in einem Kanal

Der Meßsender sendet das Meßmuster in den Zubringer eines Multiplexers, welcher es in einen Rahmen einbaut. Das Meßmuster ist in einem Kanal eines Rahmens eingebracht.

Eine weitere Möglichkeit, ein Meßmuster einzuspeisen, ist, aus einem vorhandenen Rahmen den Inhalt eines Teilnehmerkanals zu entfernen und durch das Meßmuster zu ersetzen. Diese Betriebsart nennt man „Drop and insert"-Betrieb. Sie ermöglicht eine Halbkanalmessung eines Demultiplexers alleine, ohne zugehörigen Multiplexer.

Der Meßempfänger erhält sein Signal aus dem Ausgang des Demultiplexers. Kann der Meßempfänger das Signal aus dem Meßkanal eines gerahmten Signals entnehmen, so ist die Halbkanalmessung eines Multiplexers alleine möglich, ohne zugehörigen Demultiplexer.

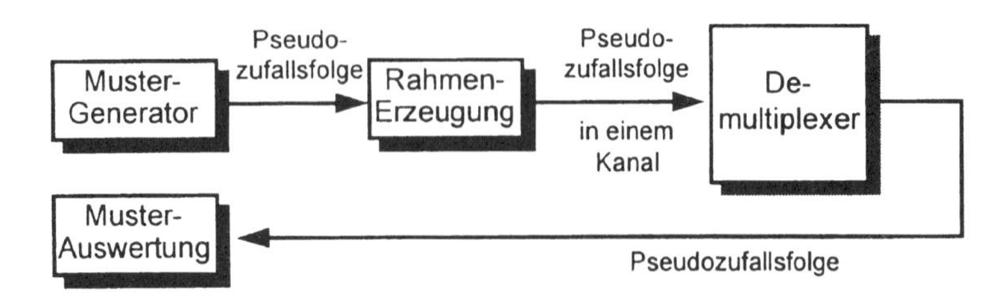

Bild 7.12: Halbkanalmessung eines Demultiplexers

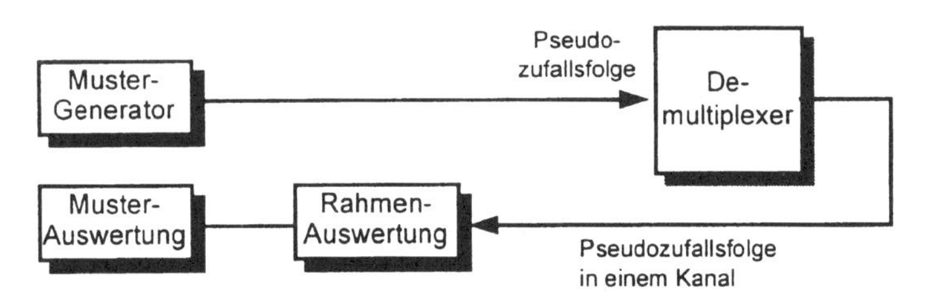

Bild 7.13: Halbkanalmessung eines Multiplexers

Der Vorteil dieser Messung ist, daß die anderen Übertragungskanäle weiterhin für den Teilnehmerverkehr zur Verfügung stehen.

Eine Vergleichbarkeit der Meßergebnisse im Meßkanal mit der Fehlerhäufigkeit in den anderen Teilnehmerkanälen ist dann gegeben, wenn die Fehlerverteilung statistisch über den gesamten Bitstrom gleich ist, was meist der Fall ist. Diese Messung dient daher auch oft der Überwachung der Fehlerhäufigkeit wichtiger Daten- oder Telefonkanäle, die sich im gleichen Rahmen befinden.

7.1.6.2 Messung in mehreren Kanälen

Diese Messung läßt sich mit wenig Aufwand (1 Sender, 1 Empfänger) im Übertragungsweg eines gerahmten Signals durchführen.

Statt wie bei der eben beschriebenen Messung eine Kanals nur einen Kanal zu verwerfen und durch ein Meßmuster zu ersetzen, sendet der Sender das Muster in mehrere Kanäle. Auf der Empfangsseite wertet der Empfänger das Meßmuster aus allen belegten Kanälen aus.

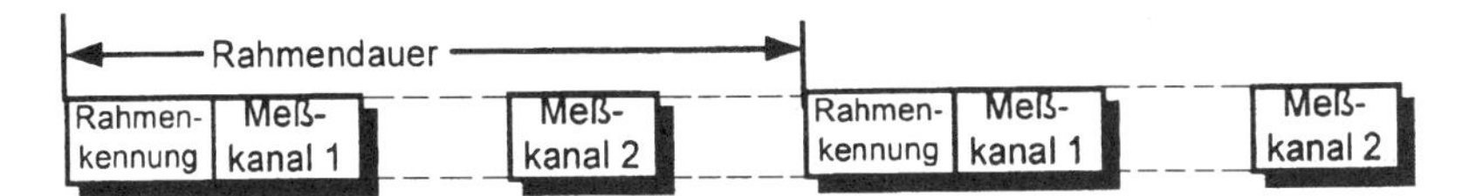

Bild 7.14: Messung in mehreren Kanälen

Vorteil dieser Messung ist, daß bei Messung in n Kanälen die Zahl der gemessenen Bits pro Sekunde n mal größer ist als bei Messung in einem Kanal. Damit ist die gleiche Aussagesicherheit wie bei der Messung in einem Kanal in einem n-tel der Meßzeit erreicht.

Mit Verwendung von mehr und mehr Kanälen nähert sich die Messung sowohl in Aussagesicherheit als auch in der Abdeckung der Messung mit einem gerahmten Meßmuster an (siehe 7.1.5.1, „Gerahmtes Meßmuster").

Nachteilig bei dieser Messung ist, daß die Anzahl der Kanäle, die zur Übertragung von Nutzinformation übrigbleiben, mit zunehmender Anzahl von Meßkanälen immer kleiner wird.

7.1.6.3 Überwachung des Rahmenkennungswortes

Hat sich der Empfänger eines digitalen Übertragungssystems einmal auf den Anfang des Rahmens synchronisiert, so ist der Zeitpunkt bekannt, zu dem das Rahmenkennungswort das nächste Mal auftreten wird.

Beispielsweise ist beim PCM30-Rahmen für 2.048 kBit/s der unveränderliche Teil des Rahmenkennungswortes 7 Bit lang.

Das Rahmenkennungswort wechselt sich mit dem Rahmenmeldewort ab.

7 bekannte Bit des Rahmenkennungsworts, die sich alle 250 ms wiederholen bilden einen Kanal mit 28 kBit/s, der zur Fehlermessung herangezogen werden kann.

Der Empfänger erkennt durch direktes Vergleichen Bitfehler. Ein Aufsynchronisieren auf ein Meßmuster ist nicht mehr notwendig, ist einmal der Rahmensynchronismus erreicht. Ein oder mehrere Bitfehler im Rahmenkennungswort bezeichnet man auch als Wortfehler.

Rahmenkennungswort

C	0	0	1	1	0	1	1

Rahmenmeldewort

C	1	D	N	Y	Y	Y	Y

C: CRC-4 Prüfsumme
D: Dringender Alarm
N: Nichtdringender Alarm
Y: Signalisierung

Bild 7.15: Überwachung von Rahmenkennungs- und -meldewort

Manche digitale Übertragungssysteme leiten ihre Alarme bei Überschreiten einer Fehlergrenze aus einer Wortfehlerhäufigkeit des Rahmenkennungsworts ab.

Die Vorteile dieser Messung sind, daß keine zusätzliche Übertragungskapazität notwendig ist und daß ein Meßgerät auf der Empfangsseite ausreicht. Das sendeseitige Meßgerät kann entfallen, da der sendende Multiplexer das Rahmenkennungssignal einsetzt.

Nachteil dieser Messung ist, wie bei den Fehlermessungen an einem oder mehreren Teilnehmerkanälen, daß sie nicht alle Bits im Rahmen erfaßt.

7.1.6.4 Parity-Prüfsumme

Bei diesem Verfahren bildet der Sender eine 1-Bit-Prüfsumme aus den zu übertragenden Daten. Die Parity-Prüfsumme ergänzt diese Summe ja nach Verfahren entweder auf Null oder auf Eins, je nach Verfahren. Das Verfahren ignoriert dabei den Überlauf der 1-Bit-Prüfsumme, was einer Rechnung Modulo 2 oder einer Bildung mit Exclusiv-Oder entspricht.

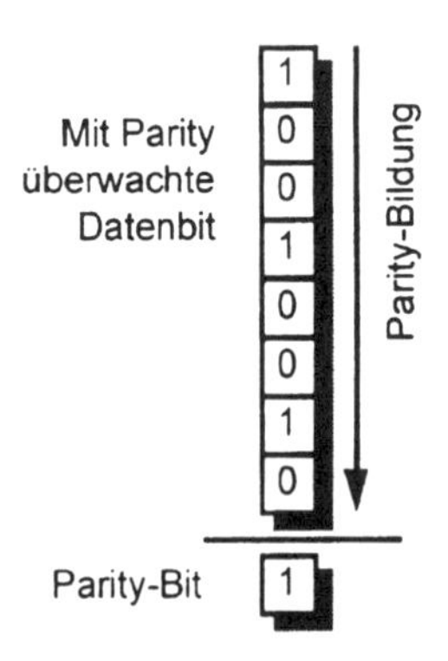

Bild 7.16:
Parity-Prüfsumme

Die Parity-Prüfsumme tritt bei Übertragungssystemen nach US-Norm auf oder als spaltenweise "Bit Interleaved Parity" (BIP) in der SDH.

7.1.6.5 Laufzeit

Messung der Signallaufzeit ist auch mit gerahmten Signalen möglich. Der Sender fügt dazu das Meßmuster in einen oder mehrere Übertragungskanäle eines Rahmens. Die Auflösung der Messung ist jedoch geringer, als bei Verwendung eines ungerahmten Meßmusters. Durch die Belegung eines oder mehrerer Kanäle erfolgt der Transport der Bit des Meßmusters „ruckweise". Immer wenn gerade ein Kanal mit Meßmuster übertragen wird, kommen die Bit mit der Musterfolge beim Empfänger an, der die Taktrate glättet, um einen gleichmäßigen Bitstrom aus seinem Zubringerausgang zu erhalten.

7.1.7 Meß-Sicherheit

Die Sicherheit der Aussage, welche Fehlerhäufigkeit eine digitale Übertragungsstrecke hat, wächst mit der Zahl der beobachteten Bits.
Niemand würde nach nur einem als fehlerfrei gemessenen Bit auf die Idee kommen, die Strecke als fehlerfrei zu bezeichnen, mit der Fehlerhäufigkeit 0.

Ein Meßgerät kann daher nach Beobachtung von n fehlerfreien Bit erst eine Fehlerhäufigkeit von <1/n angeben, z.B. nach Beobachtung von 1 Million fehlerfreien Bit ein Resultat „BER < 1E-6".

7.1.8 Monitoren

Monitoren ist das Beobachten der Übertragungsstrecke, ohne selbst aktiv ein Testsignal zu senden.

- Eine Codefehlermessung läßt Rückschlüsse auf die Übertragungsstrecke vom vorhergehenden Coder bis zum Messpunkt zu. Sie nutzt dazu die in den codierten Signalen vorhandene Redundanz, um illegale Codezustände zu erkennen.
- Überwachung des Rahmenkennungswortes, das - einmal synchron - ebenfalls ein bekanntes Muster darstellt, das zur Fehlermessung herangezogen werden kann
- Überwachung von Prüfsummen oder Parity, die einen ganzen Block von Daten sichern, ohne daß das Meßgerät deren Inhalt kennen muß.
- Beobachten von Fehlermeldungen der Übertragungssysteme in den für Fehlermeldungen vorgesehenen Stellen im Rahmen. Dies sind z.B. Rückmeldungen über Prüfsummenfehler oder über fehlerhafte Signale am Eingang der Gegenstelle.

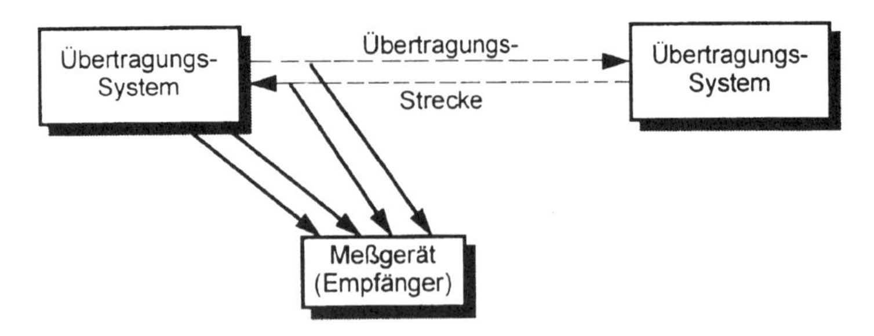

Bild 7.17: Monitoren

Anschlußpunkt für ein Messgeräte zum Monitoren ist an der eigentlichen Leitung nach allen Multiplexeinrichtungen, jedoch meist vor dem Leitungsendgerät. Das Leitungsendgerät übernimmt häufig die Aufgabe der Fernspeisung der Regeneratoren der Strecke. Damit liegt an den Leitungen nach dem Leitungsendgerät eine Spannung von mehreren tausend Volt an, was die Messung erschwert.

Eine weitere Möglichkeit zum Anschluß eines Meßgeräts sind entkoppelte Monitorpunkte, die das Datensignal in abgeschwächter Amplitude zur Verfügung stellen. Diese Monitorpunkte sind fast bei allen Übertragungssystemen vorhanden. Die Kombination von Streckendämpfung und Dämpfung des entkoppelten Monitorpunkts kann jedoch gerade in Empfangsrichtung zu recht kleinen Pegeln führen, auf deren Verarbeitung sich das verwendete Meßgerät einstellen muß.

7.1.9 Streckenmessungen

Die Messung mit dem einfachsten Aufbau ist die Streckenmessung.

Bei dieser Messung steht ein Meß-Sender auf der einen Seite des Übertragungswegs. Auf der anderen Seite des Übertragungswegs steht der Meß-Empfänger, der das Meßsignal empfängt und auswertet. Zum Ausmessen der Gegenrichtung kehren sich die Aufgaben der Sende- und Empfangsseite um: Der Empfänger sendet das Meßmuster und der Sender empfängt es und wertet es aus.

Die Steckenmessung hat als Vorteil, daß aufgetretene Fehler direkt dem gemessenen Übertragungsweg zuzuordnen sind.

Nachteilig ist, daß für die Bedienung des Meß-Senders und des Meß-Empfängers, speziell bei wechselnden Meßaufgaben, auf beiden Seiten des Übertragungswegs Personal erforderlich ist.

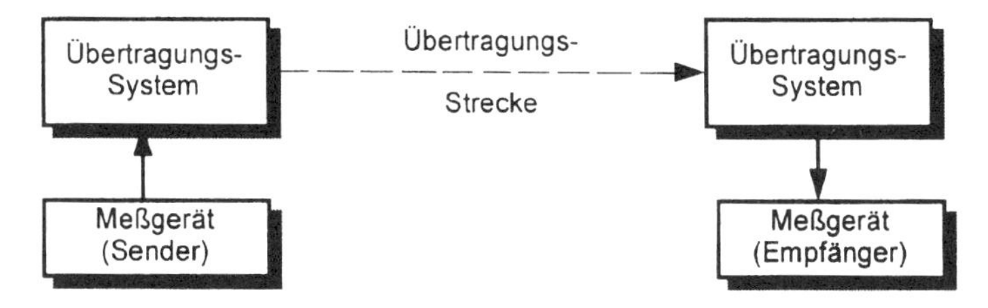

Bild 7.18: Steckenmessung

7.1.10 Streckenmessung mit Schleife

Personell weniger aufwendig ist die Streckenmessung mit Schleife am fernen Ende. Dort, am fernen Ende, schaltet man einmal vor Beginn der ganzen Meßserien eine Schleife und kann sich fortan auf das Meßgerät konzentrieren, das Sender und Empfänger für das Meßsignal enthält.

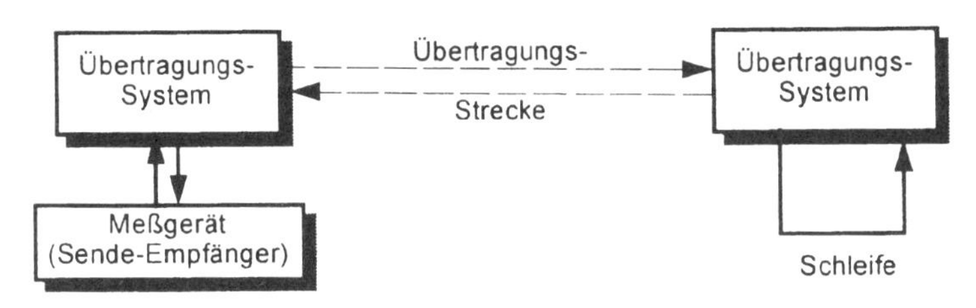

Bild 7.19: Streckenmessung mit Schleife

Nachteil der Steckenmessung mit Schleife ist, daß aufgetretene Fehler nicht eindeutig der Vorwärts- oder Rückwärtsrichtung zuzuordnen sind, da die Messung Fehler in beiden Signalwegen erfaßt.

7.1.11 Streckenmessung durch Auswerten der CRC-Prüfsumme

Bei PCM-30-Übertragungssystemen kann der Sender meist eine CRC-Prüfsumme erzeugen und sie im ersten Bit des Rahmenkennungsworts und des Rahmenmeldeworts übertragen. Damit entfällt ein gesonderter Sender für ein Meßsignal.

Auf der Empfangsseite überprüft ein Meßgerät die Korrektheit der Prüfsummen und gibt bei Nichtübereinstimmen von errechneter und empfangener Prüfsumme ein Fehlersignal ab.

Bei dieser Messung erfolgt der Anschluß des Meßgeräts meist über den entkoppelten Meßpunkt des Empfängers des Übertragungssystems. So braucht man die Leitung nicht unterbrechen, um das Meßgerät einzuschleifen. Der Pegel des zur Verfügung stehenden Signals ist jedoch durch Streckendämpfung und die Dämpfung der Auskopplung recht klein.

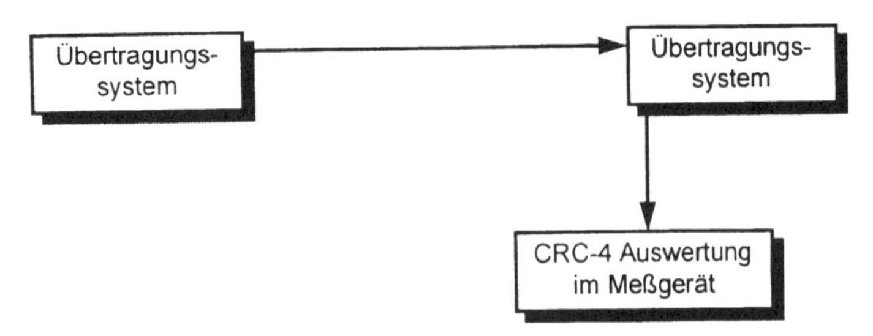

Bild 7.20: Auswertung der CRC-4-Prüfsumme

7.1.11.1 Ergebnis der Rückwärtsrichtung

In der Gegenrichtung überträgt der Empfänger des Übertragungssystems seinerseits die Ergebnisse seines internen Vergleichs von errechneter zu empfangener Prüfsumme.

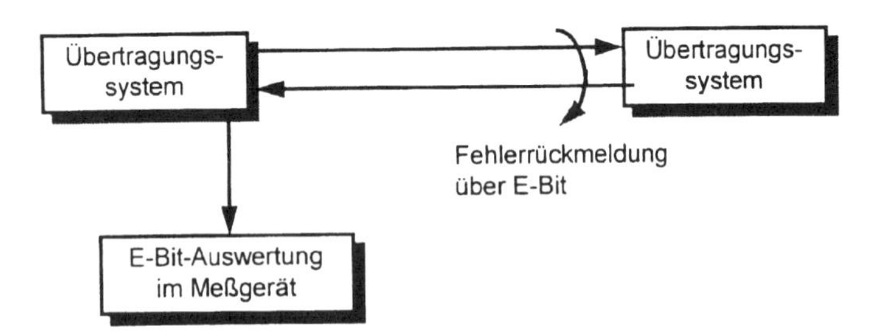

Bild 7.21: Rückmeldung der CRC-4-Fehler

Wie die CRC-Prüfsummenberechnung, die über einen halben Überrahmen erfolgt, so erfolgt auch die Übertragung des Fehlersignals mit 2 E-Bit pro Überrahmen – für jeweils 8 Rahmen ein E-Bit.

Auch die E-Bit-Ereignisse kann ein Meßgerät auswerten und so durch Vergleich seiner aus CRC errechneten Fehlerzahlen mit den empfangenen Fehlerzahlen feststellen, aus welchem Leitungsweg die gemessenen Fehler stammen:

- E-Bit-Ereignisse ohne CRC-Fehler deuten auf einen fehlerhaften Weg von der Seite des Meßgeräts zur Gegenseite hin.
- CRC-Fehler ohne E-Bit-Ereignisse lassen auf einen fehlerhaften Weg von der entfernten Seite bis zur Seite mit dem Meßgerät schließen.

7.2 Messungen an SDH-Übertragungssystemen

SDH-Übertragungssysteme sind Systeme der neuesten Generation. Sie beinhalten deutlich mehr Fehlererfassungs- und -meldeeinrichtungen. Großzügige Dimensionierung von Dienst- und Datenkanälen und von Fehlermeldekanälen erlauben weitreichende Analyse und Signalisierung von Ausnahmezuständen. Netzmanagementfunktionen sind implementiert, auch wenn sie aufgrund von Inkompatibilitäten zwischen verschiedenen Herstellern noch nicht in voller Breite im ganzen Netz genutzt werden können.

Damit verlagert sich auch die Aufgabe der Meßtechnik: Weg vom einfachen Messen und Monitoren und hin zum Simulieren von Fehler- und Ausnahmezuständen und Beobachten der Reaktion des Übertragungssystems auf die simulierten Fehler und Ausnahmen.

7.2.1 Übersicht

Die Meßaufgaben in der SDH sind deshalb recht vielfältig, denn außer den neuen Meßaufgaben der SDH beinhalten sie alle bekannten der PDH.
Die Meßaufgaben umfassen:

- Qualitätsmessung
  Die Qualität eines Übertragungsweges stellt die Grundlage des Vertrags zwischen Netzanbieter und seinen Kunden dar. Sie wird bestimmt durch Verfahren wie die ITU-T-Empfehlung G.826, ergänzt um genaue Spezifikationen der Verfügbarkeit. Grundlage für die Qualitätsaussage sind Übertragungsfehler, gemessen als Bitfehler oder Blockfehler über CRC- oder Parity-Auswertungen.
  Die Qualitätsbeurteilungen nach ITU-T-Empfehlungen G.821 und G.826 versuchen dabei, mit wenigen Parametern eine Vergleichsmöglichkeit über die Qualität einer Übertragungsstrecke zu geben. Diese Aussagen beinhalten den kompletten Pfad vom Sender zum Empfänger und beziehen sich auch auf internationale Leitungswege.
- Bitfehlermessung
  Diese Messung stellt den korrekten Ende-zu-Ende-Transport von Nutzinformation sicher. Die Qualitätsaussage der Messung entspricht der Qualität, die der Teilnehmer von dem betreffenden Teil der Übertragungsstrecke empfindet.

- Messung von Parity-Fehlern
  Parity-Fehler sind die Auswirkungen von Bitfehlern auf dem durch die jeweiligen Parity-Prüfsumme überwachten Abschnitt. Ihre Erfassung ist auch während des echten Betriebs möglich, wenn die Daten in den Teilnehmerkanälen unbekannt sind.
- Mappen
  Das korrekte Einbringen von digitalen Datenströmen mit Zubringerbitrate überprüft diese Messung.
- Demappen
  In Gegenrichtung zum Mappen entnimmt das Netzelement die Zubringerinformation aus dem SDH-Datenstrom und gibt sie an den Ausgangsport ab. Diese Messung stellt die korrekte Funktion sicher.
- Durchschaltung
  Ein SDH-Netzknoten kann tausende von verschiedenen Wegen von Eingang zu Ausgang haben, mit verschiedenen Varianten von Multiplexen, Demultiplexen und Mappen. Meßaufgabe ist hier, sicherzustellen, daß der richtige Eingang auf den richtigen Ausgang durchgeschaltet wird.
- Ziehbereich
  Zubringerschnittstellen von SDH-Netzknoten müssen Frequenzabweichungen des Eingangssignals folgen können. SDH-Übertragungssysteme sollten auch Frequenzabweichungen auf der Seite STM-1 bis STM-16 verarbeiten und eventuell durch Pointerbewegungen in den Administrative Units abbauen.
- Synchronisation
  Wie bei PDH-Systemen so synchronisieren auch SDH-Systeme auf ein Rahmenkennungswort, wobei das Rahmenkennungswort in der SDH 48 Bit lang ist. Die Synchronisation auf das Rahmenkennungswort ist die grundlegendste Funktion eines SDH-Systems, ohne die alle anderen Mechanismen nicht funktionieren können.
- Pointersimulation
  Unter bestimmten Betriebsbedingungen können bestimmte Sequenzen von Pointerbewegungen auftreten, die SDH-Netzelemente noch sicher verarbeiten müssen, um in Betrieb zu bleiben. Dies sind beispielsweise sehr kurze Abstände zwischen zwei aufeinanderfolgenden Pointerbewegungen oder fehlende Pointerbewegungen in einer laufenden Sequenz.
- Pointerstimulation
  Die Pointerstimulation regt durch Verstimmung der STM-n-Bitrate ein extern getaktetes SDH-Übertragungssystem zu Pointerbewegungen an.
- Pointermonitoring
  Beobachten der Pointerbewegungen läßt Rückschlüsse darauf zu, ob ein Netzelement des Übertragungswegs nicht mit dem richtigen Takt arbeitet. In diesem Fall treten ständig Pointerbewegungen auf, mehr, als zum Abbau normaler Verstimmungen notwendig wäre.

- Zubringernumerierung
  Die Zuordnung der einzelnen Zubringerschnittstellen zu Containern im STM-Rahmen nennt man Zubringernumerierung. Diese Messung überprüft, ob die Numerierung stimmt.
- Alarmsensortests
  SDH-Übertragungssysteme verfügen über viel mehr Möglichkeiten der Alarmerkennung und -meldung als PDH-Systeme. Die Alarmsensortests überprüfen das Ansprechen der Auswerteschaltungen und der Rückmeldemechanismen.
- Jittertests
  SDH-Netzelemente haben eine begrenzte Verträglichkeit gegenüber Eingangssignalen mit Jitteranteilen. Auf der Ausgangsseite geben sie als Reaktion auf Pointerbewegungen Signale ab, die Jitter- und Wanderkomponenten enthalten. Die Jittertests umfassen die Prüfung der Eingangsjitterverträglichkeit, der Jitterübertragungsfunktion und des Ausgangsjitters.
- Wandertests
  Wander ist das langsame Verändern der Phasenlage eines Signals, also sehr tieffrequenter Jitter bis hin zur Jitterfrequenz von Null, einer ständigen Verstimmung des Signals.
- Laufzeitmessungen
  Gerade für digitale Datenverbindungen ist die Signallaufzeit ein wichtiges Kriterium, da sie, zusammen mit der Wahl der Fenstergröße bei Datenübertragungsprotokollen, wesentlich den Datendurchsatz bestimmt.
- Überwachen der automatischen Ersatzschaltung
  Bei bestimmten Alarmzuständen kann die automatische Ersatzschaltung der Strecke in Aktion treten. Sowohl die Alarmzustände als auch die Tatsache der Umschaltung läßt sich meßtechnisch erfassen.

7.2.2 Analyse der Overhead-Informationen

Die Overhead-Information eines STM-1-Rahmens ist recht üppig ausgelegt, mit einer Übertragungskapazität von 4,224 Mbit/s ohne Rahmenkennungswort und ohne Pointerbereich. Der SOH eines SDH-Übertragungssystems enthält die Prüfsummenbytes B1 und 3xB2, die Bitfehlereingrenzung auf den Multiplexerabschnitt oder den Regeneratorabschnitt ermöglichen.

7.2.3 Pointersequenzen

Pointer dienen in der SDH dem Auffinden der Nutzlast, die in den Administrative Units schwimmt, d.h. deren Anfang eine veränderliche Position hat. Die SDH-Übertragungssysteme gleichen mit Pointerveränderungen sowohl Abweichungen der STM-1-Takte als auch Taktvariationen in den Zubringersignalen aus.

Das Verfolgen der Abfolge von Pointeränderungen, sogenannten Pointersequenzen, liefert damit einen Einblick in die Taktverhältnisse eines SDH-Netzelements.

Andererseits müssen alle SDH-Netzelemente außer Regeneratoren Pointerveränderungen nachvollziehen können. Pointer zeigen nach der Synchonisationsphase nämlich nicht absolut auf die Position des Anfangs der nächsttieferen Mappingstrukturen, sondern sie zeigen Veränderungen des Pointers durch Invertieren von Bit im Pointerbereich an. Verpassen einer Invertierung ist gleichbedeutend mit dem Verlust der Synchronisation.

7.2.3.1 Auswertung von Pointersequenzen

Ändert sich der AU-4-Pointer nicht, so beobachtet das Meßgerät entweder das erste SDH-Netzelement der Übertragungsstrecke oder es liegen keine Taktdifferenzen zwischen dem Bereich auf den der Pointer zeigt und der Übertragungsbitrate vor. Das erste SDH-Netzelement der Übertragungsstrecke sendet mit konstantem Pointer, jedoch nicht notwendigerweise mit dem Pointerwert Null. In der Regel und bei normal funktionierende Taktversorgung treten immer kleine Pointervariationen um einen Mittelwert auf, die aufgrund von Phasenschwankungen der gemeinsamen Taktversorgung zustande kommen.

Arbeiten zwei SDH-Übertragungssystem mit Takten, die von verschiedenen Taktquellen herstammen, weichen die Takte voneinander ab und es kommt im Mittel zu einer Häufung von Pointererhöhungen oder -erniedrigungen. Dies kommt z.B. im internationalen Betrieb mit Taktung von verschiedenen Zentraltakten vor. Treten heftige Pointerbewegungen in hauptsächlich eine Richtung auf, so ist anzunehmen, daß ein an der Übertragung beteiligtes SDH-System nicht mit Zentraltakt arbeitet, sonder mit einem Takt schlechterer Qualität oder mit interner Taktung.

Das Bild 7.22 zeigt, wie Pointerveränderungen auf dem Meßgerät aussehen:

Das Bild zeigt sowohl die Pointeraktionen als Einzelaktion, da deren Gruppierung für das Funktionieren von Übertragungssystemen wichtig sein kann. Weiterhin den aus den einzelnen Pointererhöhungen und -erniedrigungen errechneten aktuellen Pointerwert, der eine Trendaussage über die Verstimmung der Übertragungstakten von Netzelementen erlaubt.

Beim Auftragen von Pointerbewegungen interessiert sowohl die derzeitige Situation, als auch der langfristige Trend, der die Unterscheidung kurzzeitiger Fluktuationen von der allgemeinen Taktsituation ermöglicht.

7.2.3.2 Simulation von Pointerereignissen

SDH-Übertragungssysteme die in Übertragungsraten mit schlechter Taktversorgung arbeiten, müssen mit schnellen Pointerveränderungen und Pointer-

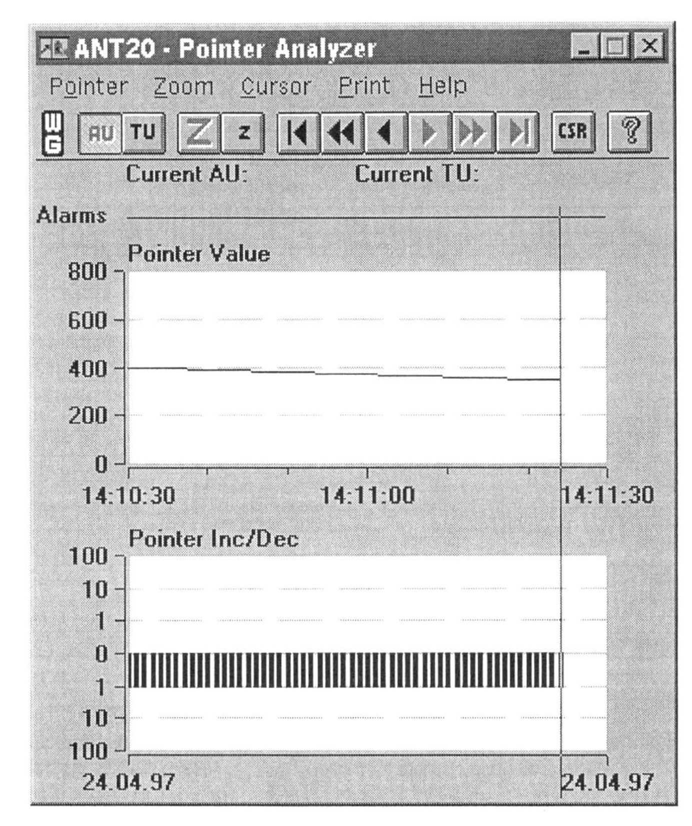

Bild 7.22: Analyse von Pointerbewegungen

Extremsituationen fertig werden. Um die korrekte Funktion der Pointerverarbeitung zu verifizieren, hat die ITU-T eine Reihe von Pointersequenzen definiert, die Extremsituationen darstellen, z.B. periodische Pointeraktionen mit einer fehlenden Pointeraktion:

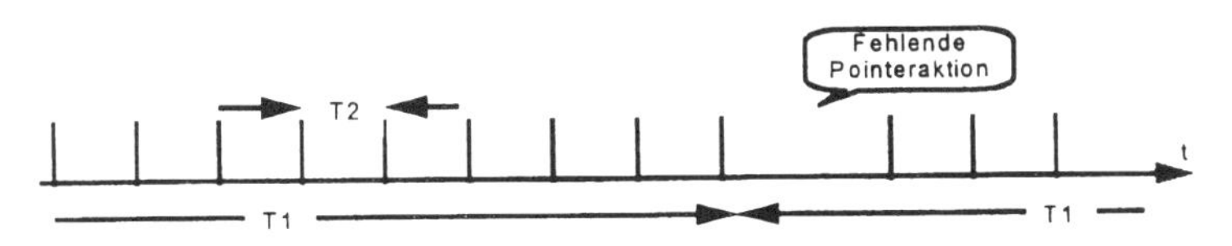

Bild 7.23: Periodische Pointeraktion mit einer fehlenden Pointeraktion

Eine weitere Testsequenz ist die Folge von 87 aufeinanderfolgenden Pointeraktionen mit anschließend 3 fehlenden Pointeraktionen:

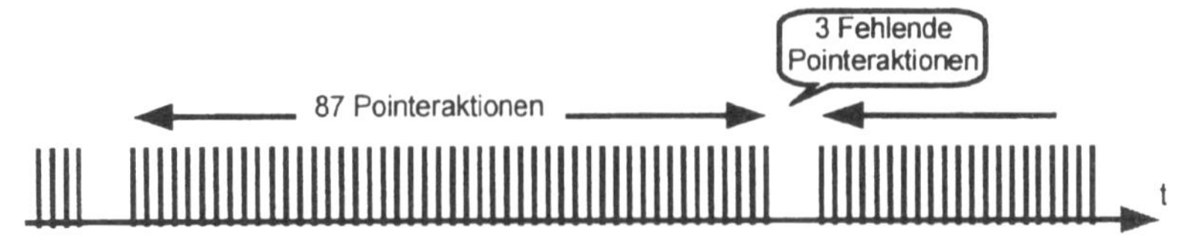

Bild 7.24: Pointersequenz 87/3

Oder die folgende Sequenz aus 43 Pointeraktionen, einer doppelten Pointeraktion, 44 Pointeraktionen und 3 fehlenden Pointeraktionen:

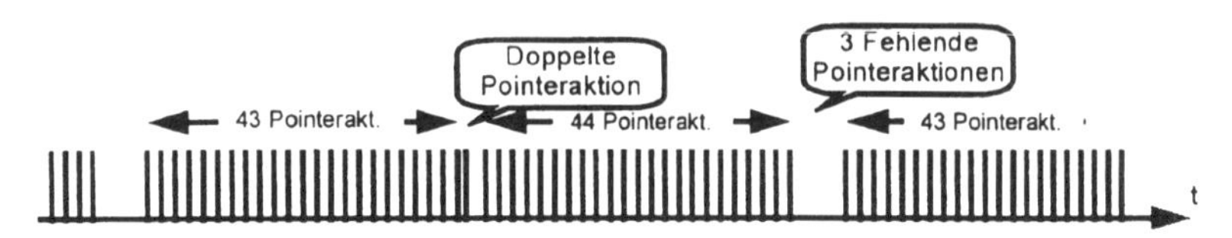

Bild 7.25: Pointersequenz 43/2/44/3

Es gibt viele Möglichkeiten, Pointeraktionen mit fehlenden Pointeraktionen zu kombinieren. Welche Pointersequenz sich als besonderer Prüfstein für SDH-Übertragungssysteme herausstellen wird, ist noch nicht sicher. Um für die Meßaufgaben der Zukunft gerüstet zu sein, muß sich ein Meßgerät flexibel auf die Meßaufgabe einstellen können, z.B. durch Einstellbarkeit aller Parameter einer Pointersequenz:

7.2.3.3 Pointerstimulation

Pointer dienen den SDH-Netzelementen zum Abbau von Taktvariationen des Übertragungstaktes und der Zubringertakte. Eine offensichtliche Möglichkeit, Pointeraktionen zu stimulieren ist daher die Verstimmung von Übertragungstakt, die Pointeraktionen im nächsten SDH-Netzelement auslöst (außer bei Regeneratoren). Hier beobachtet ein Meßgerät nach dem nächsten Netzelement im Mittel eine Häufung der Pointerbewegungen in aufsteigender oder absteigender Richtung.

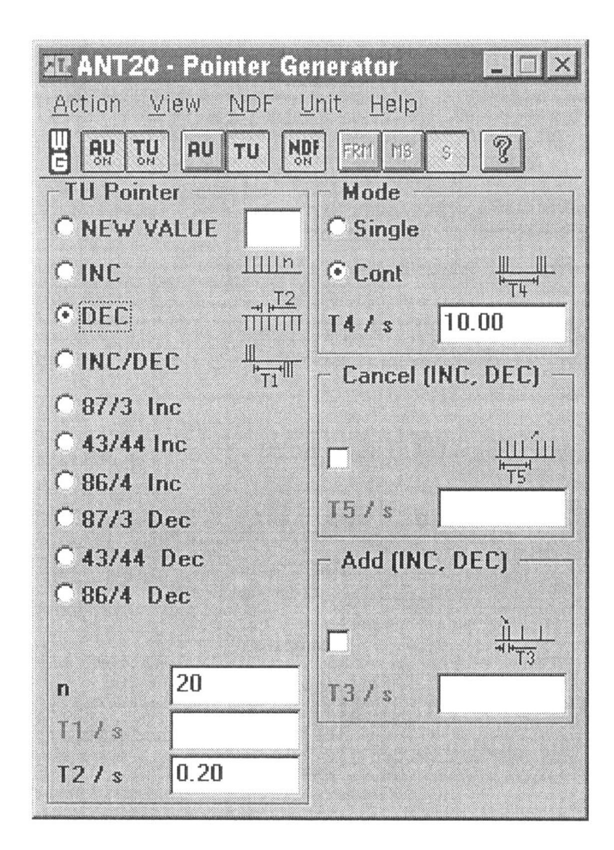

Bild 7.26: Erzeugung von Pointeraktionen

7.2.4 Bitfehlermessung im virtuellen Container

Die Bitfehlermessung im virtuellen Container überprüft die Integrität der Nutzdaten auf dem Weg durch ein SDH-Übertragungssystem. Diese Messung liefert eine genauere Meßaussage als die Überwachung der Parity-Prüfsummen, aber sie belegt den Platz der Teilnehmerdaten, ist also während des Betriebs nicht geeignet. Die ideale Messung für Inbetriebnahme einer Übertragungsstrecke.

7.2.5 Mapping-Tests

Das korrekte Einbringen der Zubringerdaten oder der in einem Netzknoten intern erzeugten PDH-Signale in einen Container überprüfen die Mappingtests.

Dazu ist die Kenntnis des Mappingpfades notwendig, da es meist verschiedene Wege gibt, ein Signal in die SDH-Struktur einzupassen.

Ein Netzknoten kann z.B. ein 2-Mbit/s-Signal, das in einem 140-Mbit/s-Signal enthalten ist, auf folgenden Wegen in die STM-1 mappen bzw. multiplexen:

- 140-Mbit/s direkt gemappt nach C-4
  Ergebnis: Alle 64 2-Mbit/s-Signalen untergebracht.
- 140-Mbit/s gedemultiplext nach 34-Mbit/s PDH,
  dann gemappt nach C-3.
  Ergebnis: 48 von 64 2-Mbit/s-Signalen untergebracht.
- 140-Mbit/s gedemultiplext nach 34-Mbit/s PDH,
  dann gedemultiplext nach 8- und 2-Mbit/s PDH,
  dann gemappt nach C-12.
  Ergebnis: 63 von 64 2-Mbit/s-Signalen untergebracht.

Das folgende Bild 7.27 zeigt die einzelnen Möglichkeiten:

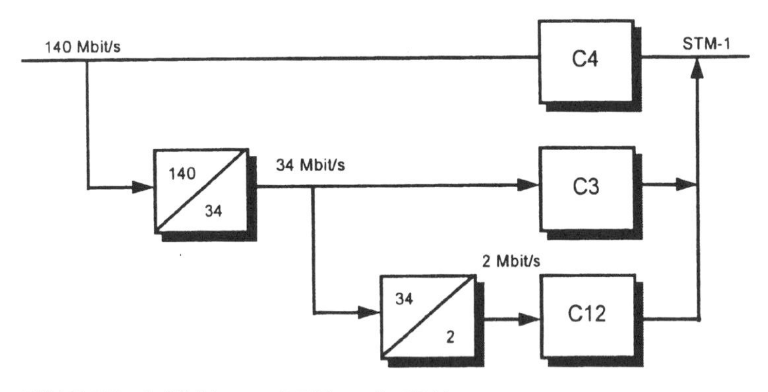

Bild 7.27: 2-Mbit/s von PDH nach SDH

7.2.6 Demapping-Tests

Analog zu den Mapping-Tests überprüfen die Demapping-Tests das korrekte Herauslösen der Zubringerinformation und die Weitergabe an die Zubringerschnittstellen oder an die weitere PDH-Signalverarbeitung in einem Netzknoten.

7.2.7 Alarmsensor-Tests

Das Ansprechen der vielfältigen Alarmsensoren überprüfen die Alarmsensortests. Durch Beobachten der Information in den Overheadkanälen des Regeneratorabschnitts, des Multiplexerabschnitts und des kompletten Pfades kann der Anwender ebenfalls das Funktionieren der Rückmeldemechanismen überprüfen.

Dabei unterscheidet man zwischen Anomalien wie z.B. Codefehlern, Fehlern des Rahmenkennungsworts und Fehlern der Paritypfüfsummen und zwischen Defekten wie z.B. kein Signal, Verlust des Rahmensynchronismus und Alarm Indication Signal:

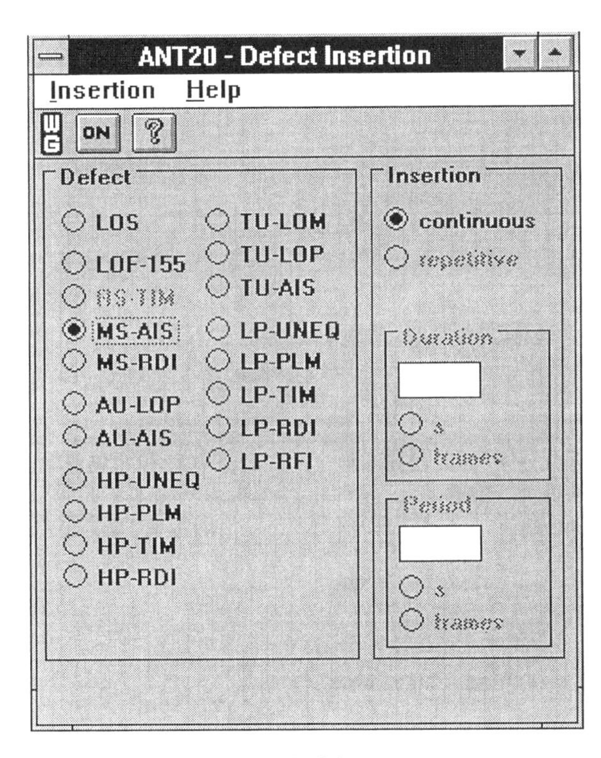

Bild 7.28: Einfügen von Defekten

Während des Betriebs kommt der Anwender eines Meßgeräts durch zeitgenaue Registrierung von Alarmen deren Ursache schneller auf die Spur:

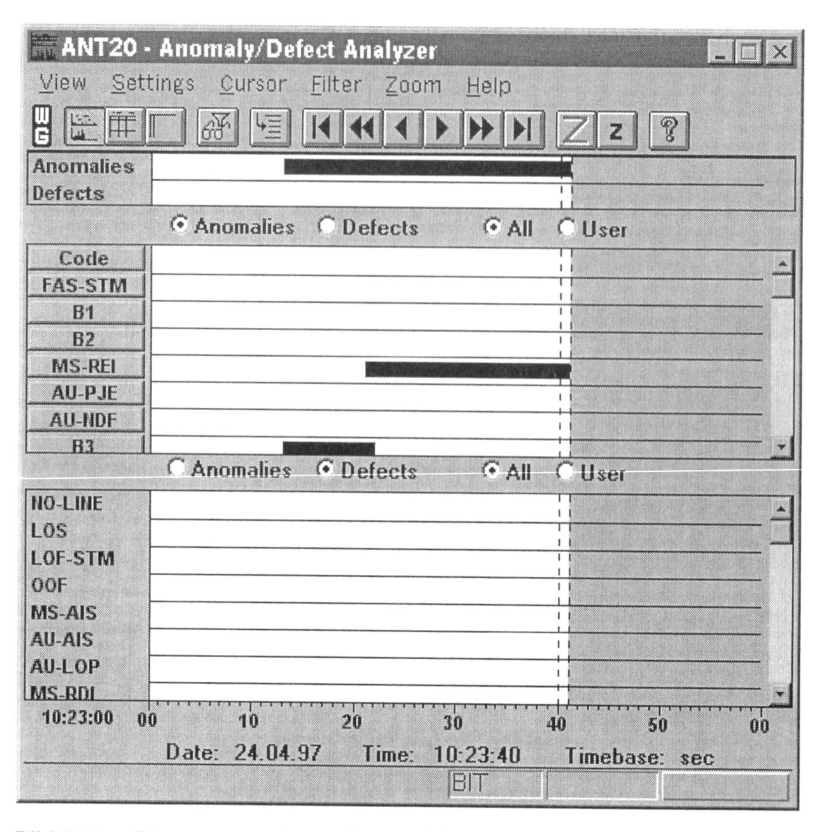

Bild 7.29: Erfassen von Anomalien und Defekten

7.2.8 Messaufgaben für verschiedene Prüflinge

Je nach Prüfling gibt es einen anderen Satz von sinnvollen Messungen, die sich dazu noch in Messung bei Inbetriebnahme oder bei Ausfällen und Messungen während des Betriebs unterscheiden. Außerdem ist je nach Prüfling und Mapping-Pfad ist eine andere Anschaltung des Meßgeräts erforderlich. Das nächste Bild zeigt die möglichen Mapping-Pfade auf der SDH-Seite - dazu kommen noch alle PDH-Multiplex-Wege.

Die nachfolgenden Beispiele zeigen jeweils zuerst die Meß-Applikation und danach die dazu erforderliche Einstellung des Meßgeräts. Bei den Bildern der Einstellung ist jeweils der Prüfling in Seitenmitte gezeichnet.

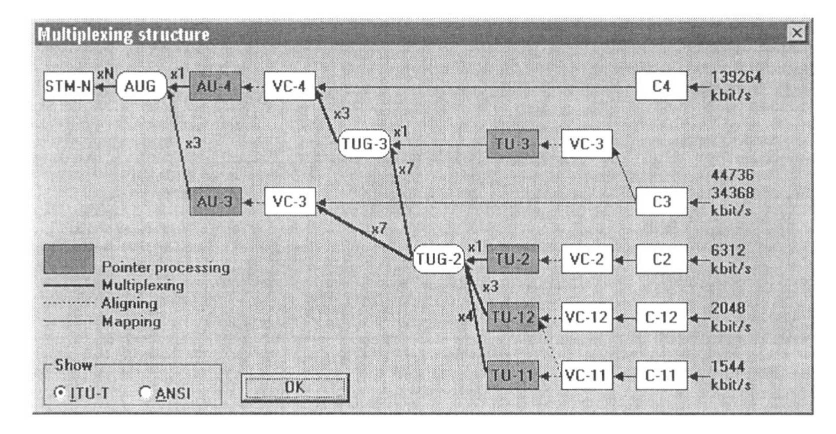

Bild 7.30: Verschiedene Mapping-Wege

7.2.8.1 Add-Drop-Multiplexer

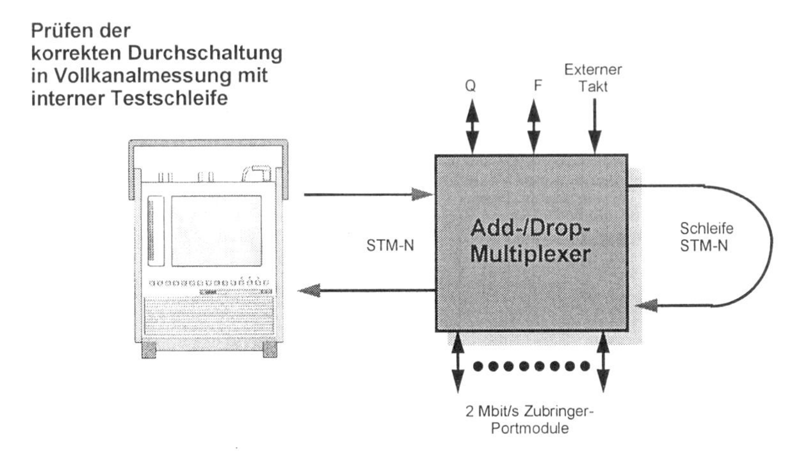

Bild 7.31: Test eines Add/Drop-Multiplexers im Vollkanal

Einstellung des Meßgerätes:

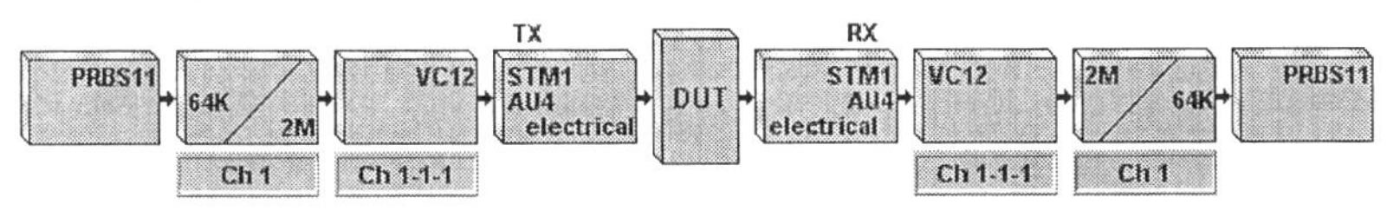

Bild 7.32: Messgeräte-Einstellung dazu

Prüfen der korrekten Durchschaltung in Halbkanalmessung mit interner Testschleife

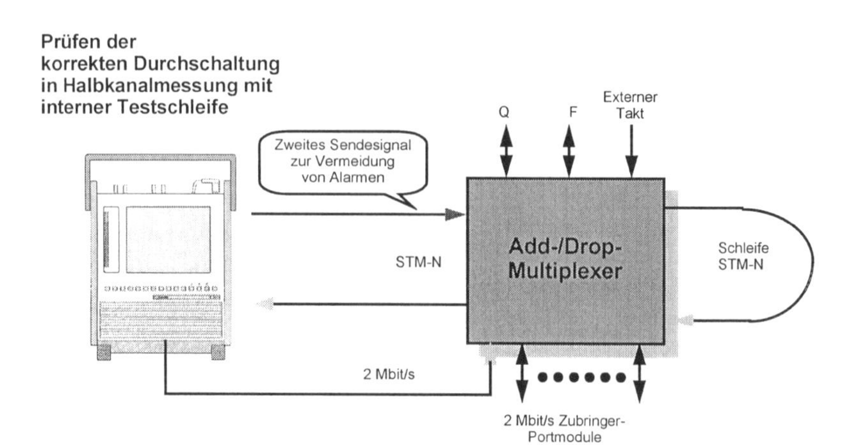

Bild 7.33: Test eines Add/Drop-Multiplexers im Halbkanal

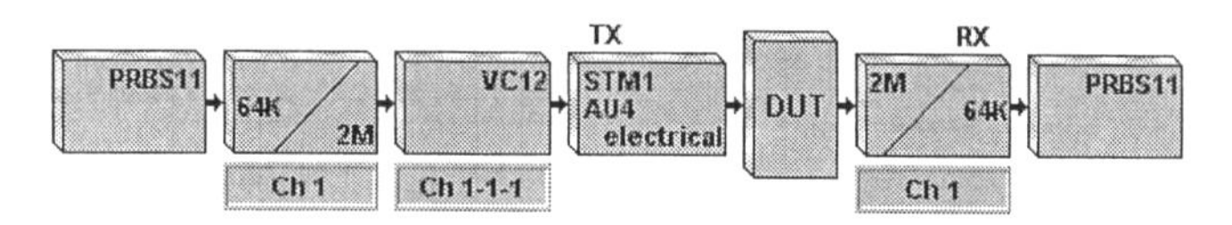

Bild 7.34: Messgeräte-Einstellung dazu

Prüfen der Add-Drop-Funktion

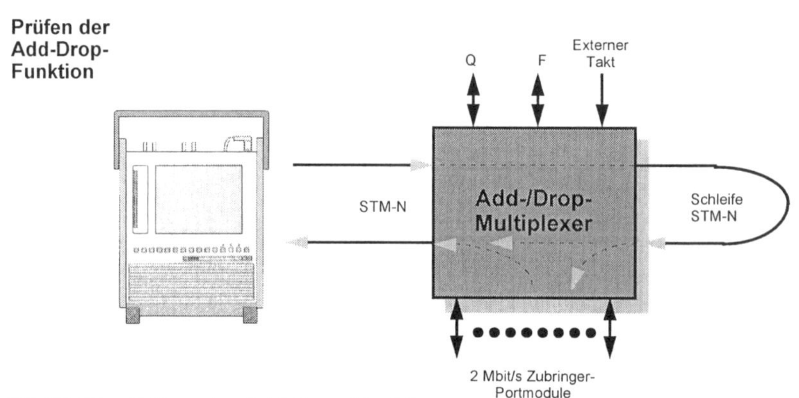

Bild 7.35: Prüfen der Add-Drop-Funktion

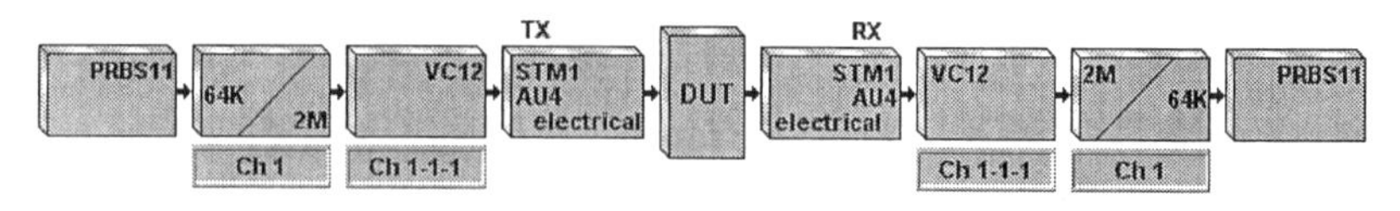

Bild 7.36: Messgeräte-Einstellung dazu

7.2.8.2 Cross-Connect

Vollkanalmessung mit Schleife

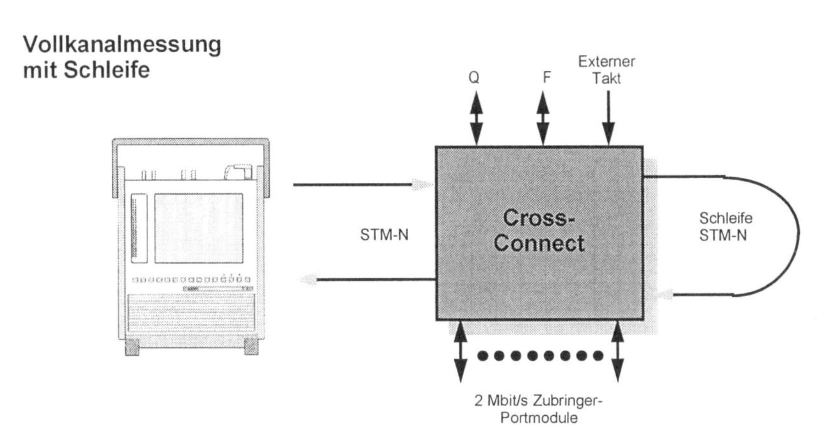

Bild 7.37: Cross-Connect-Test im Vollkanal

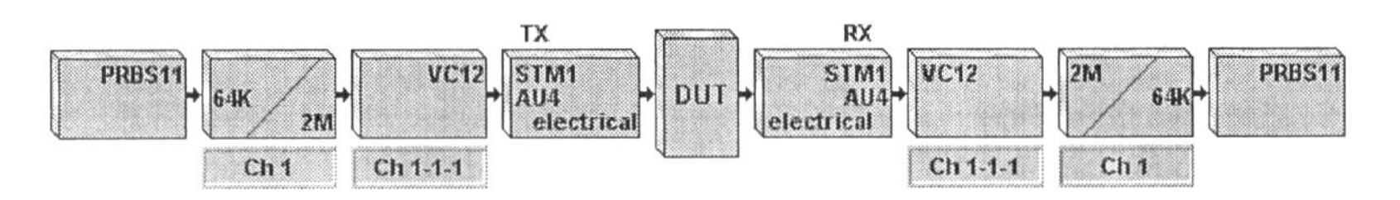

Bild 7.38: Messgeräte-Einstellung dazu

Halbkanalmessung mit Schleife

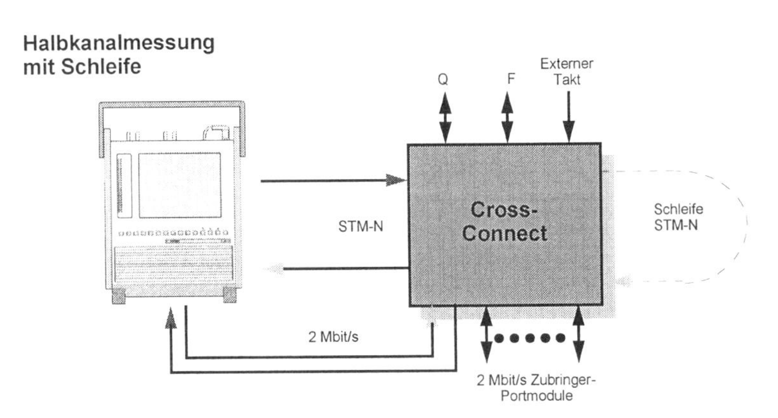

Bild 7.39: Cross-Connect-Test im Halbkanal

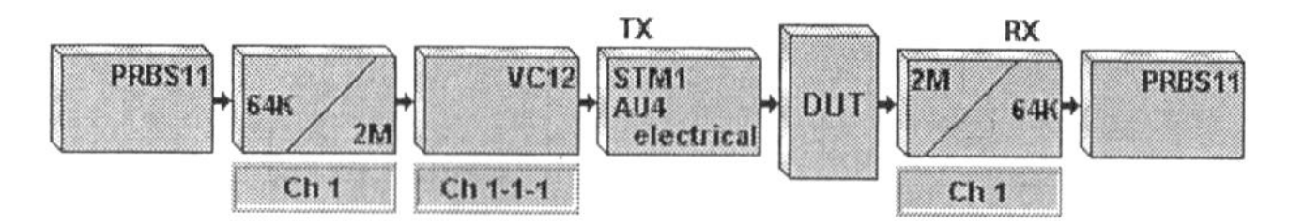

Bild 7.40: Messgeräte-Einstellung dazu

PDH-Multiplexer/Demultiplexer im Cross-Connect:

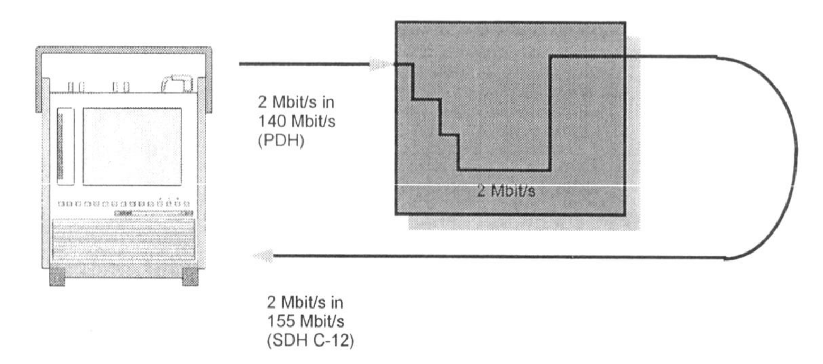

Bild 7.41: Test des PDH-Mux/Demux im Cross-Connect

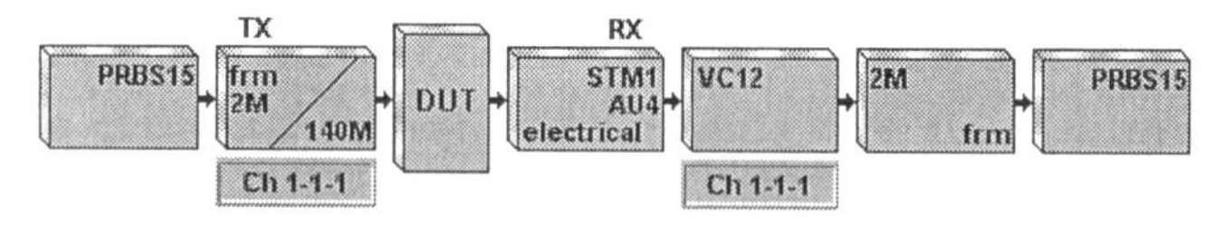

Bild 7.42: Messgeräte-Einstellung dazu

7.2.8.3 Übersicht über SDH-spezifische Messungen

gegliedert nach Prüflingstyp und In-Betrieb- und Außer-Betrieb-Messungen.

		Regenerator	Add-Drop-Multiplexer	Netzknoten
In-Betrieb	Parity	B1	B1, B2, B3	B1, B2, (B3)
	Pointer-monitoring			
	Performance-tests			
	Alarm-monitoring			
	Jittermessung			
	Ersatz-schaltung			
Außer-Betrieb	Bitfehler-messung			
	Mappen			
	Demappen			
	Durch-schaltung			
	Ziehbereich			
	Synchroni-sation			
	Laufzeit			
	Alarmsensor-tests			
	Jitterverträg-lichkeit			
	Jitterübertra-gung			

Bild 7.43: Übersicht über SDH-spezifische Messungen

7.3 Qualitätsanalyse nach ITU-T-Empfehlung G.821

Die ITU-T-Empfehlung G.821 verfolgt die Absicht, zu einer detaillierteren Angabe der Qualität zu kommen als die reine Bitfehlermessung.

Folgende Parameter geben die Qualität einer Stecke nach ITU-T-Empfehlung G.821 an:

ES: Errored Second: Fehlerbehaftete Sekunde
Zeitintervall von einer Sekunde Dauer,
das einen oder mehrere Bitfehler enthält

EFS: Error Free Second: Fehlerfreie Sekunde
Zeitintervall von einer Sekunde Dauer ohne Bitfehler

SES: Severely Errored Second: Stark fehlerbehaftete Sekunde
Zeitintervall von einer Sekunde Dauer, in dem die Bitfehlerhäufigkeit größer als 10-3 ist (entspricht 64 Fehlern)

DM: Degraded Minute: Gestörte Minute
Zeitintervall von einer Minute Dauer, in dem die Bitfehlerhäufigkeit größer als 10-6 ist

US: Unavailable Second: Nichtverfügbare Sekunden
Ab der ersten von mindestens 10 aufeinanderfolgenden SES gilt eine Leitung als nicht verfügbar
Ab der ersten von mindestens 10 aufeinanderfolgenden Sekunden ohne SES gilt die Leitung als verfügbar

EFI: Error Free Interval: Fehlerfreies Intervall
Meßintervall ohne Bitfehler

Qualitätsangaben sollen vergleichbar sein durch Normierung der Strecke auf eine hypothetische Referenzverbindung.

7.3.1 Hypothetische Referenzverbindung

Die hypothetisch Referenzverbindung ist ein Modell, das alle bei einer internationalen Verbindung auftretenden Steckenabschnitte berücksichtigen kann. Sie hat eine Gesamtlänge von 27.000 km und teilt sich in einen lokalen Abschnitt des Teilnehmeranschlußbereichs, einen nationalen Abschnitt und einen internationalen Abschnitt auf, wie Bild 7.44 zeigt.

Die Bewertung der Teilabschnitte ist, jeweils bezogen auf grade=100%:

ES: 8 %

SES: 0,1 %, zusätzlich
0,1 % bei Übertragung über Richtfunk oder Satellit

DM: 10 %

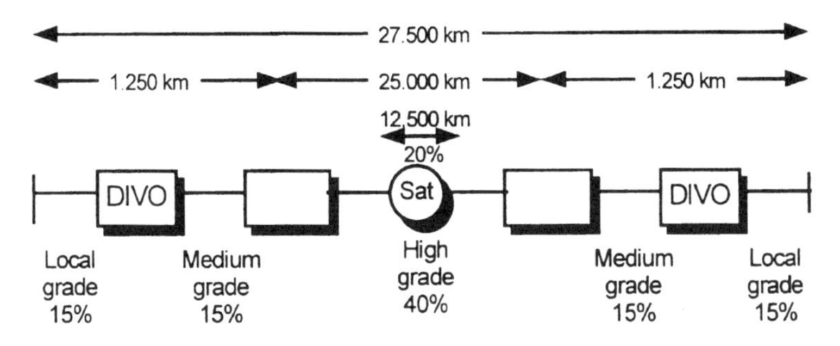

Bild 7.44: Hypothetische Referenzverbindung

7.3.2 Auswertung

Die ITU-T-Empfehlung G.821 war ursprünglich nur für 64 kbit/s-Signale geplant gewesen, was ihre Verallgemeinerung auf höhere Bitraten schwierig machte. Der Bedarf an Qualitätsbeurteilung von höheren Bitraten steigt jedoch zunehmend durch Kanalbündelung, Verfügbarkeit von 2-, 34- oder 140-Mbit/s im Teilnehmeranschlußbereich und neue bandbreitenintensive Dienste wie Video-Conferencing.

Schwierig war beispielsweise, festzulegen, wie ein Bitfehler bei einer höheren Bitrate wie 140-Mbit/s sich auf die 64-kbit/s-Teilnehmerkanäle verteilen soll. Dies könnte z.B. als 1/1920 Bitfehler geschehen, da der 140-Mbit/s-Kanal 1920 Kanäle á 64-kbit/s transportiert.

Ein Versuch, die G.821 durch einen Anhang zur Spezifikation – Anhang D – auf höhere Bitraten zu erweitern, fand keine breite Zustimmung, so daß die Qualitätsanalyse bei Bitrate ab der Primärmultiplexebene (2-Mbit/s) der ITU-T-Empfehlung G.826 vorbehalten bleibt.

7.4 Qualitätsanalyse nach ITU-T-Empfehlung G.826

Fehlermessungen mit einem Meßmuster in einem Übertragungskanal belegen den Kanal, so daß er nicht mehr für die Übertragung von Nutzinformation zur Verfügung steht. Damit ist die Messung während des Betriebs zumindest dieses Kanals nicht möglich. Im Gegensatz dazu definiert die G.826 eine Blockfehlerhäufigkeit, deren Erfassung auch während des Betriebs eines Übertragungssystems möglich ist.

7.4.1.1 Bitratenbereich

Anders als die ITU-T-Empfehlung G.821, die nur für 64 kbit/s Anwendung findet, gilt die G.826 für verschiedene Bitratenbereiche. Dabei hat sie unterschiedliche Fehlerkriterien für die einzelnen Bitratenbereiche, die schärfer sind, als die Kriterien, die man aus der G.821 herleiten könnte.

7.4.2 Bezugspfad

Der Bezugspfad ist diejenige hypothetische Übertragungsstrecke, auf die sich die Fehlerkriterien und Grenzwerte beziehen. Bild 7.45 zeigt den 27.500 km langen hypothetischen Bezugspfad und seine Aufteilung in nationale und internationale Abschnitte.

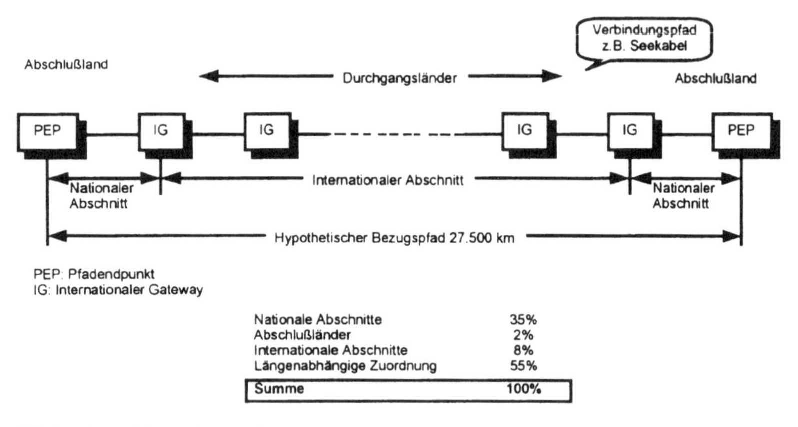

Nationale Abschnitte	35%
Abschlußländer	2%
Internationale Abschnitte	8%
Längenabhängige Zuordnung	55%
Summe	100%

Bild 7.45: Hypothetischer Bezugspfad

7.4.3 Fehlerereignisse

Folgende Ereignisse gelten als Fehlerereignisse im Sinne der G.826:

- Fehlerhafter Block (Errored Block: EB)
  Ein Block, in dem ein oder mehrere Bits fehlerhaft sind
- Gestörte Sekunde (Errored Second: ES)
  Zeitabschnitt von einer Sekunde, der einen oder mehrere fehlerhafte Blöcke enthält
- Stark gestörte Sekunde (Severely Errored Second: SES)
  Zeitabschnitt von einer Sekunde, der mehr als 30% gestörte Blöcke oder mindestens einen stark gestörten Zeitabschnitt (SDP) enthält

- Hintergrund-Blockfehler (Background Block Error, BBE)
  Fehlerhafter Block, der nicht zu einer stark gestörten Sekunde gehört
- Stark gestörter Zeitabschnitt (Severely Disturbed Period, SDP)
  - Auftreten von Defekten
  - Außerhalb des Übertragungsbetriebs:
    Bitfehlerhäufigkeit größer als 10-2

7.4.4 Kenngrößen

Aus den Fehlerereignissen bildet die G.826 folgende Kenngrößen:

- Errored Second Ratio, ESR
  Verhältnis von gestörten Sekunden zur Gesamtzahl der im Meßintervall beobachteten Sekunden
- Severely Errored Second Ratio, SESR
  Verhältnis von stark gestörten Sekunden zur Gesamtzahl der im Meßintervall beobachteten Sekunden
- Background Block Error Ratio, BBER
  Verhältnis von fehlerhaften Blöcken zur Gesamtzahl der im Meßintervall beobachteten Blöcke

Wichtig dabei ist, daß die Kenngrößen nur für die Zeiten der Verfügbarkeit gelten. Die Verfügbarkeit endet mit Beginn des Zeitabschnittes mit 10 stark gestörten Sekunden und beginnt wieder mit Beginn des Zeitabschnittes, der 10 Sekunden enthält, die nicht stark gestört sind.

7.4.5 Kriterien für das Fehlerverhalten

Bild 7.46 zeigt die Kriterien für das Fehlerverhalten für die verschiedenen Bitratenbereiche, die die G.826 abdeckt. Dabei zeigt sie auch die Blockgrößen, die den Kriterien zugrunde liegen und die mit einer Blocküberwachung beobachtet werden

Bitrate [Mbit/s]	1,5 ... 5	>5 ... 15	>15 ... 55	>55 ... 160	>160...3500
Bits/Block	800 ... 5000	2000...8000	4000...20000	6000...20000	15000....30000
ESR	0,04	0,05	0,075	0,16	Noch nicht definiert
SESR	0,002	0,002	0,002	0,002	0,002
BBER	2×10^{-4}	2×10^{-4}	2×10^{-4}	2×10^{-4}	1×10^{-4}

Bild 7.46: Kriterien für das Fehlerverhalten

7.4.6 Kriterien für PDH-Systeme

Für Übertragungssysteme der plesiochronen digitalen Hierarchie zeigt Bild 7.47, welche Kriterien für die Beurteilung des Fehlerverhaltens relevant sind.

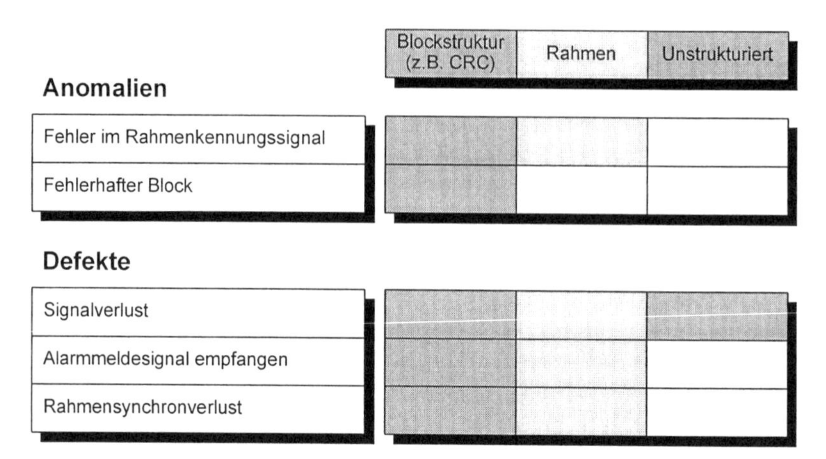

Bild 7.47: Kriterien für PDH-Systeme

Idealerweise haben die PDH-Signale eine Blockstrucktur, wie z.B. beim PCM30-Signal mit CRC-4-Überwachung.

Liegt keine Prüfsumme über die Nutzdaten vor, dann kann die Messung immer noch ein Rahmenkennungswort als Block betrachten und darüber Aussagen treffen (dabei trifft allerdings die gewünschte Zahl von Bits pro Block für die angegebene Bitrate nicht mehr zu...)

Ein Signal mit unbekannter Struktur bringt keine andere verwertbare Information mit als den Verlust des Signals, was zu einem Defekt führt.

7.4.7 Kriterien für SDH-Systeme

Bei den Übertragungssystemen der synchronen digitalen Hierarchie sind die Möglichkeiten der Fehlerüberwachung vielfältiger als bei der PDH. Dementsprechend dienen andere Parameter zur Beurteilung des Übertragungsqualität:

Eine Störung führt zu einer Verletzung der "Bit Interleaved Parity"-Prüfsumme und damit zu einer gestörten Sekunde. Liegen wesentlich mehr als eine Störung pro Sekunde vor, kann das zu einer stark gestörten Sekunde führen mit

Kriterien, die für die unterschiedlichen Zahlen überwachter Bytes unterschiedlich sind. Bild 7.48 zeigt die Kriterien für die verschiedenen virtual Container.

Pfad-typ	BIP
VC-11	600
VC-12	600
VC-2	600
VC-3	2400
VC-4	2400

Bild 7.48: Kriterien für SDH-Systeme

7.4.8 Ermittlung der Parameter

Die G.826 unterscheidet zwischen kleineren Störungen der Übertragung und schweren Übertragungsstörungen. Schwere Störungen bezeichnet man als Defekte, kleinere Störungen, die nicht zum Ausfall der Übertragung führen, als Anomalien.

Hat die G.826-Auswertung einen Defekt erkannt, so ist die Dauer des Defekts ein stark gestörter Zeitabschnitt. Alle Sekunden des stark gestörten Zeitabschnitt sind stark gestörte Sekunden.

Hält eine ununterbrochene Folge stark gestörter Sekunden für 10 Sekunden und länger an, so bedeutet dies einen Abschnitt der Unverfügbarkeit der Übertragungsstrecke. Die G.826-Auswertung registriert die Dauer der Unverfügbarkeit, während dieser Zeit zählt sie jedoch keine fehlerhaften Blöcke.

Anomalien führen zu fehlerhaften Blöcken, diese wiederum zu gestörten Sekunden. Treten mehr als 30 % fehlerhafte Blöcke auf, so führt dies auch zu stark gestörten Sekunden.

Als Sekunden mit Störungen zählen auch stark gestörte Sekunden.

Bild 7.49 zeigt die Zusammenhänge der Ermittlung der Parameter.

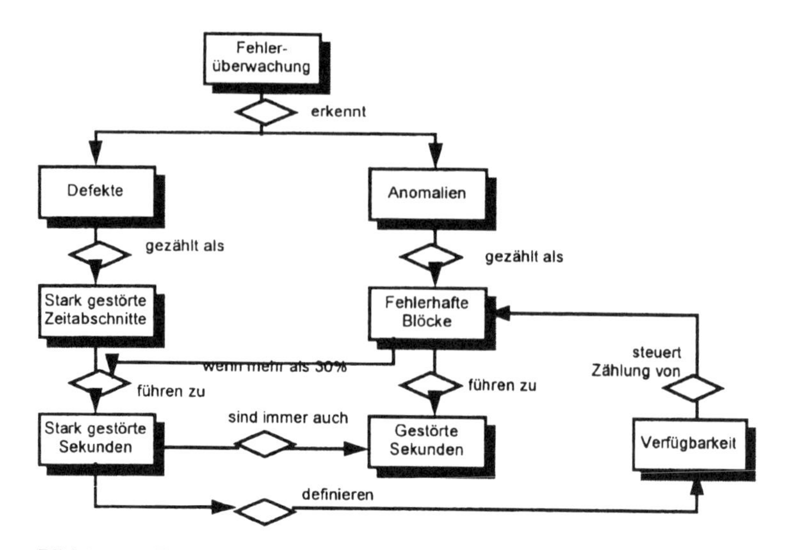

Bild 7.49: Ermittlung der Parameter

8 Jitter und Wander

H. Melcher

Jitter sind kurzzeitige Abweichungen der Zeitpunkte von Signalflanken von ihren idealen Werten. Ändern sich die Zeitpunkte schnell, so spricht man von Jitter, langsame Variationen der Zeitpunkte heißen Wander.

Die Einheit des Jitters bezieht sich auf die Dauer eines digitalen Symbols auf dem Übertragungsmedium und heißt "Unit Interval", abgekürzt UI. Bild 8.1 zeigt ein Datensignal, bei dem mehrere Symbole überlagert dargestellt sind, deren Flanken zu unterschiedlichen Zeiten auftreten.

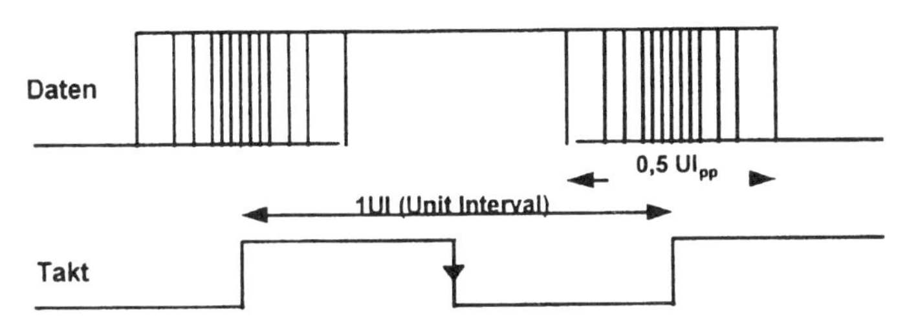

Bild 8.1: Jittereinheit UI

8.1 Ursache und Einfluß von Jitter auf die Übertragungsqualität

Jitter kann vom Muster des Signals im beobachteten Kanal abhängen oder nicht. Je nachdem spricht man von musterabhängigem Jitter oder von musterunabhängigem Jitter.
Ursachen von musterunabhängigem Jitter sind:

- Über-/Nebensprechen.
  Die Signale, die stören, hängen nicht vom beobachteten Muster ab, sondern von den Mustern in den benachbarten Übertragungswegen.
- Thermisches Rauschen.
  Rauschen von Bauelementen, vor allem in Oszillatorbaugruppen und Taktrückgewinnungsschaltungen.
- Versorgungsnetz (EVU, Bahn).
  Übersprechen von Stromleitungen, die in der Nähe von Datenleitungen laufen.

- Atmosphärische Störungen.
- Netzteile, die Störungen auf Versorgungsspannungen erzeugen.

Ursachen von musterabhängigem Jitter sind:

- Unstetige Phasenvergleicherkennlinien
- Einschwingen von Übertragungsgliedern
- Güte der frequenzbestimmenden Bauteile

Weitere Ursachen von Jitter sind Stopfprozesse in plesiochronen und synchronen Übertragungssystemen und Pointerveränderungen in synchronen Übertragungssystemen.

8.1.1 Musterabhängiger Jitter

Musterabhängiger Jitter, d.h. Jitter, dessen Amplitude von der Abfolge von Bit im Digitalsignal abhängt, kann aus mehreren Quellen stammen:

- Flanken eines Digitalsignals sind in Praxi nicht rechteckförmig sondern durch die Tiefpaßcharakteristik des Übertragungswegs verrundet. Diese Signalverzerrung soll ein Entzerrer im Empfängereingang ausgleichen. Ungenügende Entzerrung des Eingangssignals in einem Empfänger kann die Form des Digitalsignals ein einer Art beeinflussen, die vom Muster des Signals abhängt. Dieses ungenügend entzerrte Signal bewirkt in der Taktrückgewinnungsschaltung des Empfängers unerwünschte Phasenveränderungen.
  Bild 8.2 zeigt, wie ein Signal beim Übergang zu "+1" mit ungenügend entzerrter Form Entscheiderschwellen zu unterschiedlichen Zeiten passiert, je nachdem ob zuvor ein Zustand "-1" oder "0" vorlag.
- Die Impulse, die einen Tankkreis zur Taktrückgewinnung triggern, sollten zur gleichen Zeit einen Nulldurchgang haben wie die Ausgangssignale des Tankkreises. Fall diese Durchgänge nicht zur gleichen Zeit erfolgen, entsteht Jitter, der von der Impulsform und dem Muster des Eingangssignals abhängt.

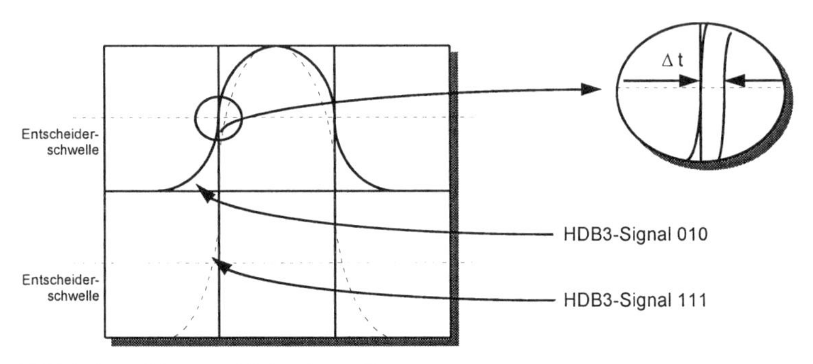

Bild 8.2: Musterabhängiger Jitter

8.1.2 Übersprechen

Übersprechen von anderen Signalen im gleichen Medium kann Übersprechen auf dem Leitungsweg oder in Sender- und Empfängerschaltungen bewirken. Derartige Effekte lassen sich meßtechnisch daran erkennen, daß Störungen in den Zeiten großer Systemlast häufiger auftreten.

8.1.3 Stopfjitter

Jitter, der durch Stopfen in plesiochronen oder synchronen Übertragungssystemen ausgelöst oder übertragen wird, hat als vordringliche Ursache den Wartezeitjitter.

Wartezeitjitter ist der Jitter, der durch das Warten zwischen dem Punkt der Stopfentscheidung und der nächsten Stopfmöglichkeit entsteht. Dieses Warten führt dazu, daß Taktvariationen nicht gleichmäßig, sondern ruckartig abgebaut werden.

8.1.4 Pointerjitter

Verändert ein SDH-Netzelement den Wert des AU4-Pointers auf den virtuellen Container VC4, so hat der letzte SDH-Demapper beim Erzeugen eines plesiochronen Bitstroms 3 Bytes mehr oder 3 Bytes weniger abzubauen als ohne Pointerveränderung. Diese 3 Bytes entsprechen 24 Bit, die der Demapper über eine geringfügige Frequenzerhöhung oder -verringerung abbaut, was immer zu Phasenveränderungen des Ausgangssignals führt. Dies entspricht Jitter oder in Fällen langsamer Phasenveränderungen Wander.

Theoretisch sind Maximalwerte von 24 UI pro Pointerveränderung möglich, in der Praxis liegen die entstehenden Jitteramplituden darunter.

8.1.5 Einfluß auf die Übertragungsqualität

Bei zu großen Abweichungen der Flanken von Datensignal und Abtasttakt treten Bitfehler auf. Diese reduzieren die Qualität des Übertragungswegs.

Fehlabtastungen durch Jitter können bewirken, daß durch Doppelabtastung ein Bit im Datenstrom zuviel oder durch Auslassen eines Abtastung ein Bit zuwenig auftritt. Dies führt zum sofortigen Verlust des Synchronismus aller niedrigeren nachfolgenden Multiplexebenen und zum Ausfall der nachfolgenden Strecken.

8.2 Ausgangsjitter

Ausgangsjitter ist derjenige Jitter, der als Eigenjitter von Übertragungselementen an deren Ausgang vorliegt, während sie mit einem jitterfreien Eingangssignal gespeist werden. Bis zum nächsten Übertragungselement addiert sich zu ihm noch der musterabhängige Jitter, der durch die Übertragungsstrecke verursacht wird.

8.3 Jitterübertragungsfunktion

Die Jitterübertragungsfunktion gibt das Verhältnis von Jitter am Ausgang eines Übertragungselements zum Jitter an seinem Eingang wieder. Dieses Verhältnis variiert mit der Frequenz des Jitters, je nachdem, ob das Übertragungselement den Jitter der entsprechenden Frequenz unterdrückt oder verstärkt.

Stopfende PDH-Übertragungssysteme übertragen Jitter mit Frequenzen unterhalb der halben Rahmenfrequenz aus folgendem Grund:

Der Sender entscheidet zum Rahmenanfang, ob die Verstimmung des Eingangssignals so groß ist, daß er stopfen muß oder nicht. Dies entspricht einer Abtastung mit der Rahmenfrequenz.

Nach dem Nyquist-Theorem überträgt ein stopfendes System somit Jitter mit Frequenzen kleiner der halben Rahmenfrequenz

Bitrate	Rahmenfrequenz	Jitterübertragung
8 Mbit/s	9,962 kHz	< 4,981 kHz
34 Mbit/s	22,375 kHz	< 11,1875 kHz
140 Mbit/s	47,564 kHz	< 23,782 kHz

Bild 8.3: Jitterübertragung

Für stopfende SDH-Übertragungssysteme gelten die oben angeführten Betrachtungen analog mit der Rahmenfrequenz des SDH-Rahmens von 8 kHz.

8.3.1 Meßverfahren

Die Jitterübertragungsfunktion hat als Parameter der Messung die Jitterfrequenz. Moderne Meßgeräte können an die Messung des Verhältnisses von Ausgangs- zu Eingangsjitter an voreinstellbaren Frequenzen durchführen oder automatisch an einigen Punkten eines ganzen Frequenzbereichs. Für diese Messung nimmt das Meßgerät den Prüfling in die Zange.

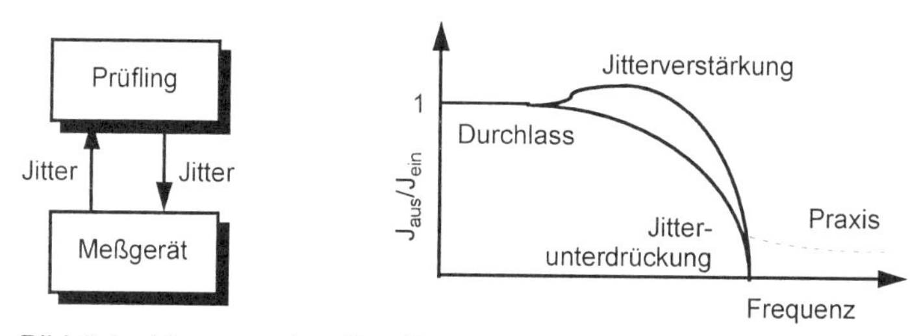

Bild 8.4: Messung der Jitterübertragungsfunktion

Für die Messung gibt das Meßgerät für jede gewählten Frequenz des gewünschten Bereichs ein Signal mit einer konstanten Jitteramplitude auf den Prüfling. Aus dem Verhältnis vom am Ausgang gemessenen Jitter und dem bekannten Eingangsjitter errechnet das Gerät die Jitterübertragung für die untersuchte Frequenz. Durch Messen an allen gewünschten Frequenzen ergibt sich die Jitterübertragung in Abhängigkeit von der Frequenz. In der Praxis sitzt im Bereich kleiner Ausgangsamplituden die breitbandige Jittermessung auf dem Eigenjitter des Prüflings auf. Eine selektive Messung der Jitterübertragungsfunktion mit einem Pegelmesser am Jitterdemodulatorausgang des Meßgeräts erlaubt, den Meßbereich zu erweitern.

8.4 Jitterverträglichkeit

8.4.1 Meßverfahren

Wie bei der Messung der Jitterübertragungsfunktion nimmt das Meßgerät den Prüfling in die Zange. Jedoch reicht für die Messung der Jitterverträglichkeit eine Bitfehlermessung am Ausgang des Prüflings aus; eine Messung des Jitters ist nicht nötig.

Die resultierende Kurve zeigt bei sehr tiefen Jitterfrequenzen eine unendliche hohe Jitterverträglichkeit. Bis zu einer bestimmten Grenzfrequenz überträgt der Prüfling alle Phasenvariationen und kann daher beliebige Amplituden verarbeiten.

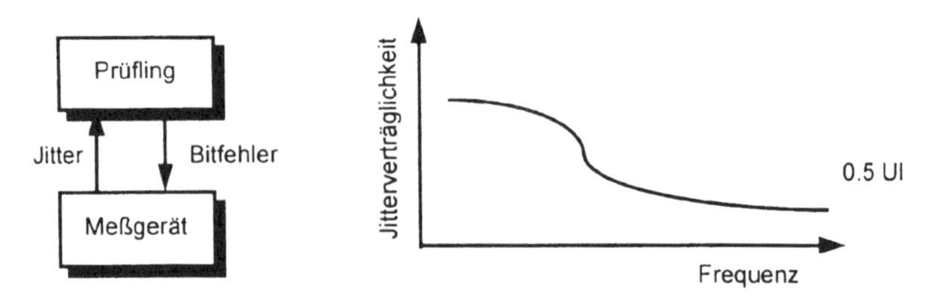

Bild 8.5: Messung der Jitterverträglichkeit

Bei sehr hohen Jitterfrequenzen kann die Taktrückgewinnung des Empfängers des Prüflings den Phasenschwankungen nicht mehr folgen. Daher liegt die Jitterverträglichkeit hier unter dem theoretischen Maximum von 0,5 UI.

Das Bild 8.6 zeigt das Beispiel einer Messung der Jitterverträglichkeit eines Systems mit gerahmten Signalen.
Für jede gewählte Frequenz erneut läuft die Messung folgendermaßen ab:

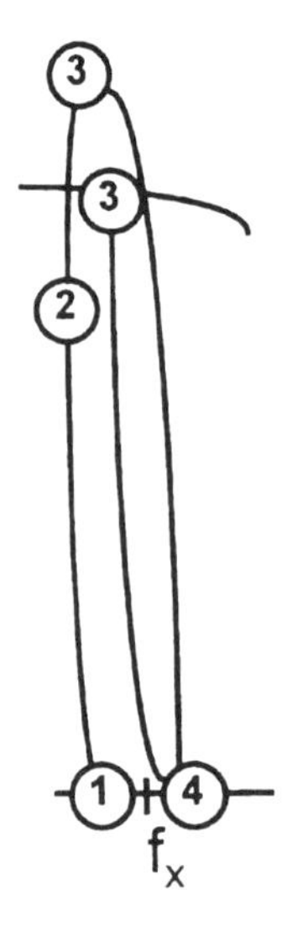

Bild 8.6:
Ablauf der Messung der Jitterverträglichkeit

1. Das Meßgerät stellt zunächst die Frequenz ein und gibt ein Meßmuster mit einer Jitteramplitude von Null an den Eingang des Prüflings.
2. Nun erhöht das Meßgerät die Jitteramplitude, bis im Muster auf der Ausgangsseite des Prüflings Bitfehler auftreten. Da die Auflösung der erzeug-

baren Jitteramplitude bei modernen Meßgeräten sehr fein ist, würde dieser Prozeß sehr lange dauern, wenn die Schrittweite linear wäre. Statt dessen arbeitet das Meßgerät nach der Methode der Intervallhalbierung. Es erzeugt im ersten Schritt die halbe Maximalamplitude. In unserem Beispiel treten keine Fehler auf, da die Messung innerhalb der Jitterverträglichkeit des Prüflings liegt.

3. Das Meßgerät halbiert nun das Intervall oberhalb der derzeitigen Amplitude, da keine Bitfehler auftraten. In unserem Fall stellt es eine Amplitude von ¾ der Maximalamplitude ein. Nun treten Fehler auf.
4. Eigentlich müßte das Meßgerät nun das Intervall unterhalb der derzeitigen Amplitude halbieren. In der Praxis traten jedoch so viele Fehler auf, daß der Prüfling die Synchronität verloren hat. Das Meßgerät stellt daher zunächst den Jitter ab und wartet, bis der Prüfling wieder synchronisiert hat.
5. Nun halbiert das Meßgerät das Intervall unterhalb der letzten eingestellten Amplitude vor der Neusynchronisierung.
6. Dieser Vorgang läuft so lange ab, bis die Intervalle so klein sind, wie die Auflösung des Jittergenerators. Der zuletzt eingestellte Wert ist die Jitterverträglichkeit.

Erschwerend für die Erkennung des Überschreitens der Jitterverträglichkeit ist, daß schon bei Jitteramplituden, die der Prüfling verarbeiten kann, Bitfehler auftreten können. Diese resultieren nicht aus Jittereffekten sondern entsprechen der Hintergrundfehlerhäufigkeit des Prüflings. Die Auswerteschaltung meldet daher nicht schon bei einem Fehler das Überschreiten der Jitterverträglichkeit, sondern erst, wenn mehrere Fehler zusammenkommen.

8.5 Wander

Wander sind tieffrequente Phasenänderungen eines Signals bezogen auf ein stabiles Referenzsignal. Die Frequenzen dieses tieffrequenten Jitters liegen unterhalb von 10 Hz.

Wie zuvor gezeigt sind Übertragungssysteme transparent für niederfrequenten Jitter und damit erst recht für Wander.

8.5.1 Ursachen

Eine mögliche Ursache von Wander sind Abweichungen in der Takterzeugung oder -übertragung: Unterschiedliche Zentraltakte variieren gegeneinander oder Laufzeiten auf Leitungen ändern sich aufgrund unterschiedlicher physikalischer Bedingungen unterschiedlich stark.

Eine weitere Ursache ist die Taktverteilung mit Übertragungssystemen höherer Hierarchie. Wird ein 2-Mbit/s-Signal über ein SDH-Übertragungssystem mit Pointerbewegungen geführt, so verschlechtert dies die Taktqualität des 2-Mbit/s-Signals. Dieses Signal kann später nur in Ausnahmefällen zur Taktung verwendet werden.

8.5.2 Auswirkungen

Durch Auseinanderlaufen der Takte des Digitalsignalsenders mit dem Takt, mit dem ein anderes Netzelement die Daten weitergeben kann, kommt es zum Auslassen oder Einfügen unerwünschter Bits in den Digitalsignalstrom. Den auftretenden Effekt nennt man Bit-Slip. Er tritt meist bei Netzübergängen auf, bei denen die Betreiber zweier Netze mit unterschiedlichen Takten arbeiten.

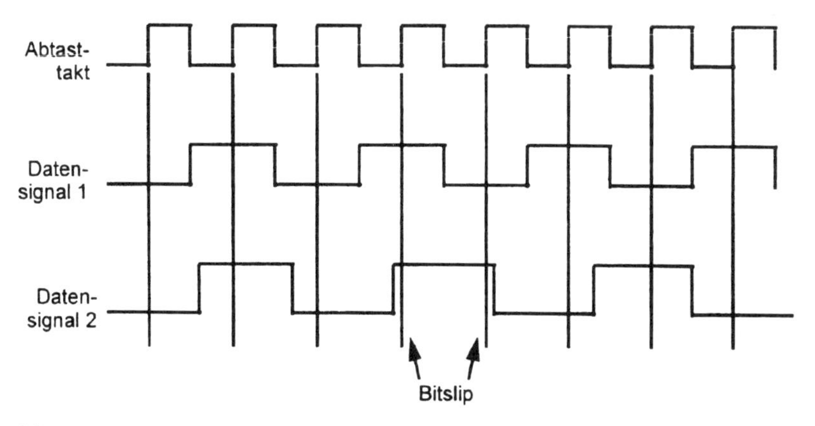

Bild 8.7: Fehlabtastung durch Wander

Schon bei kleinen Taktdifferenzen kommt es zu Slips:

Bitslips führen im einfachsten Fall zu Knacken in einer Telefonleitung, bei Datenverbindungen im Schnitt zu zwei zusätzlichen Blöcken.

Tritt ein Bitslip jedoch auf einer Verbindung mit gerahmten Signalen auf, so geraten alle nachfolgenden Übertragungssysteme niedriger Hierarchien außer Synchronismus, was einen mehrere Sekunden langen Totalausfall bedeutet.

Übertragungseinrichtungen, die ihren Takt aus Signalen mit Wander ableiten, erzeugen ihrerseits Digitalsignale mit Wander. Dies kann bei allem bei Netzübergänge Probleme verursachen.

Taktungenauigkeit	1 Bit-Slip in	1 Rahmen-Slip in
10^{-12}	3 Tage	700 Tagen
10^{-11}	7 Stunden	70 Tagen
10^{-10}	40 Minuten	7 Tagen
10^{-9}	4 Minuten	17 Stunden
10^{-8}	24 Sekunden	1,75 Stunden
10^{-7}	3 Sekunden	10 Minuten
10^{-6}		1 Minute
10^{-5}		6 Sekunden

Bild 8.8 Slips in Abhängigkeit von der Taktgenauigkeit

Mobilfunk Base Station Controller und Basisstationen sind besonders empfindlich gegen Wander, da sie ihr internes Timing und die Frequenzerzeugung vom ankommenden Digitalsignal ableiten.

Sachregister

Abkürzungsverzeichnis

ADM	Add Drop Multiplexer
AGG	Aggregat
AIS	Alarm Indication Signal
AMI	Alternate Mark Inversion
ANSI	American National Standards Institute
APS	Automatic Protection Switching
ATM	Asynchronous Transfer Mode
ATPC	Automatic Transmit Power Control
AU	Administrative Unit
AUG	Administrative Unit Group
BB	Basisband
BFH	Bitfehlerhäufigkeit
BIP	Bit Interleaved Parity
C	Container
C/N	Carrier to Noise
CCITT	Commitee Consultatif International de Télécommunication et Télégrafique
CCM	Cross Connect Multiplexer
CCS	Central Control station
CMI	Code Mark Inversion
CRC	Cyclic Redundancy Check
CRS	Central Radio Station
CS	Central Station
CT	Craft Terminal (Bedienungsstation)
DAMA	Demand Assigned Multiple Access
DBA	Dynamic Bandwidth Allocation
DCC	Data Communication Channel
DCN	Digital Communication Network
DM	Demodulator
DRS	Digitales Richtfunk System
DS-CDMA	Direct Sequenz Code Division Multiple Access Methods
DXC	Digital Cross Connect
EM	Empfänger
EPS	Equipment Protection Switching
EQC	Equipment Controller
ETSI	European Telecommunication Standard Institute
FDDI	Fiber Distributed Digital Interface
FDMA	Frequency Division Multiple Access Methods
FEC	Forward Error Correction
GHz	Giga Hertz
GNE	Gateway Network Element
GSM	Global Standard for Mobile Communication

H	Horizontal
HDB	High Density Bipolar
HF	High Frequency
HOP	Higher Order Path
HPA	High order Path Adaptation
HPT	High order Path Termination
HW	Hardware
I	Inphase
IEEE	Institute of Electrical and Electronic Engineers
ISDN	Integrated Service Digital Network
ITU	International Telecommunication Union
ITU-R	International Telecommunication Union-Radio Standardization Sector
ITU-T	Telecommunication Standardization Sector of ITU
kbit/s	kilobit pro Sekunde
LAN	Local Area Network
LE	Line Equipment, Leitungsendgerät
LOF	Loss of Frame
LOP	Lower Order Path
LOS	Loss of Signal
LPA	Lower order Path Adaptation
LPC	Lower order Path Connection
LPT	Lower order Path Termination
LSB	Lowest Significant Bit
LT	Line Terminal
LXC	Local Cross-Connect
MAN	Metropolitan Area Network
Mbit/s	Megabit pro Sekunde
MCMI	Modified CMI
MD	Modulator
MHz	Mega Hertz
MMC	Man-Machine Interface
MS-DPRING	Multiplexer Section Dedicated Protection Rings
MS-SPRING	Multiplexer Section Shared Protection Rings
MSP	Multiplex Section Protection
MST	Multiplex Section Termination
NE	Netzelement
NPI	Null Pointer Indication
NRZ	non-return-to-zero (Leitungscode)
OAM	Operation, Administration and Maintenance
OSI	Open System Interconnection
P-MP	Point to Multipoint
PAMA	Pre-Assigned Multiple Access
PCM	Pulse Code Modulation
PDH	Plesiochronous Digital Hirarchy
PLL	Phase Locked Loop
PMP	Point to Multipoint
POH	Path Overhead
PPS	Path Protection Switching
PTR	Pointer
PW	Polarisationsweiche

Q	Quadraturphase
QAM	Quadratur Amplituden Modulation
Qx	Schnittstelle zum Transport von Netzmanagementdaten
RF	Radio Frequency
RFC	Remote Frequency Control
RFCOH	Radio Frame Complementary Overhead
RSOH	Regenerator Section Overhead
RST	Regenerator Section Termination
RTPC	Remote Transmit Power Control
Rx	Empfangsseite
RZ	Return Zero (Leitungscode)
SD	Sender
SDH	Synchronous Digital Hirarchy
SES	Severely Errored Second
SISA	Supervisory and Information System for Local and Remote Areas
SMT	Synchronous Terminal Multiplexer
SOH	Section Overhead
SONET	Synchronous Optical Network
STM	Synchronous Transport Modul
STS	Synchronous Transport Signal
TDMA	Time Division Multiple Access Methods
TE	Terminal Equipment
TMN	Telecommunication Management Network
TN	Telecommunication Network
TRB	Tributary
TS	Terminal Station
TU	Tributary Unit
TUG	Tributary Unit Group
TUOH	Tributary Unit Overhead
Tx	Sendeseite
V	Vertikal
VAMI	Violated AMI
VC	Virtueller Container
VoD	Video on Demand
WAN	Wide Area Network
XPD	Cross Polarization Decoupling
XPE	Kreuzpolarisationsentzerrer
XPIC	Cross Polarization Interference Canceller
ZF	Zwischenfrequenz
ZK	Zeitkanal
ZWR	Zwischenregenerator

Autorenverzeichnis

Prof. Dipl.-Ing. Roland Kiefer
Fachhochschule Stuttgart
Hochschule für Druck und Medien
e-Mail: Kiefer@hdm-stuttgart.de

Dipl.-Ing. Heiko Bonn
Alcatel SEL
Stuttgart

Prof. Dr. Harald Melcher
Fachhochschule Esslingen
Hochschule für Technik

Dipl.-Ing. Michael Müller
Bosch Telekom ANT
Backnang

Dipl.-Ing. Siegfried Schmoll
Alcatel SEL
Stuttgart